대멸종의 지구사

대멸종의 지구사

—생명은 어떻게 살아남고 적응하고 진화했는가

마이클 J. 벤턴 지음
김미선 옮김

뿌리와
이파리

Extinctions: How Life Survives, Adapts, Evolves
by Michel J. Benton

Published by arrangement with Thames & Hudson Ltd, London,

This edition first published in Korea in 2024 by PURIWA IPARI Publishing Co., Seoul

차례

머리말

위대한 환경보호 활동가 에드워드 O. 윌슨은 자연 사랑, 그리고 특히 생물 다양성 사랑을 바이오필리아biophilia라고 불렀다. 그는 우리의 야외 사랑, 자연 사랑, 우리의 허둥대는 기술세계로부터의 도피에 대한 사랑뿐만 아니라 야생생물 보호를 위한 근본적 정당화까지 염두에 두었다. 우리는 종이 멸종하는 것을 왜 막아야 할까? 우리는 경제적 논거를 만들어 우리가 식품과 의약품 같은 유용한 제품을 많은 식물에서 얻는다거나 천연 서식지가 지구의 에너지 흐름, 산소와 탄소의 균형을 유지한다고 말할 수 있을 것이다. 하지만 윌슨은 순수하게 경제적인 논거만으로는 불충분하거나 오히려 오용될 수도 있다는 걸 일깨우려는 마음이 간절했다. 그의 요점은 우리가 생물 다양성, 모든 생물의 풍부함과 빛깔을 사랑해야 하고, 인간은(아니 다른 어떤 종도) 다른 종의 구성원을 전부 죽여 없앨 권리가 없다는 것이었다.

하지만 내가 일곱 살 사내아이로서 공룡과 화석 일반에 입문했을 때, 나는 그들이 멸종했다는 사실을 사랑했다. 나는 이 삼엽충, 훌륭한 뼈 갑옷을 두른 물고기, 어룡, 공룡, 매머드의 과거 세계를 상상할 수 있었다. 그들은 무지무지하게 달랐을 게 틀림없어! 실물이, 우리 앞의 세계가 그렇게 엄청난 세월을 거쳐왔고 그토록 많은 외계를 경험해왔는데, 과학소설에 나오는 공상의 산물이 누구한테 필요한 거지? 그리고 이 멸종한 수천수만 종의 증거가 암석 안에 화석으로 보존되어 있는데. 나는 그때, 내 공룡 책들을 보면서 언젠가 내가 이 화석들을 파내어 그들을 되살릴 수 있다는, 문자 그대로가 아니라 과학 실험실에 있는 그 모든 영리한 도구를 이용해 특정한 공룡이 온혈이었나 아니었나, 거대한 익룡이 날 수 있었나 없었나, 50톤의 용각류가 그 거대한 몸의 기능을 성공적으로 유지하기에 충분한 먹이를 어떻게 찾을 수 있었나를 알아낼 수 있다는 꿈을 품었다. 그리고 우리는 공룡보다 더 많은 것에 마음을 쓴다. 우리는 아노말로카리스*Anomalocaris*와 할루키게니아*Hallucigenia* 같은, 캄브리아기 대폭발의 가장 초기 해양 동물 일부를 대표하는 생명체에 경탄한다. 그들의 이름조차 우리에게 그들은 기이하고 굉장한 변칙, 혹은 악몽에 나올 모습이라고 이야기한다. 우리는 공룡이 사라진 후 지구상에 존재했던 뒤죽박죽 생태계, 그리고 어떤 곳에서는 뭍을 걷는 거대한 악어가 주된 포식자였고 남아메리카에서는 거대한, 날지 못하는, 말을 잡아먹는 새가 뭇 생명을 공포에 떨게 했던 6000만 년 전 한때에 관한 이야기를 읽는다.

이것은 이 관점을 위해 내가 지어낸 길고 발음하기 힘든 단어, '고생물 자체를 위한 고생물 사랑'을 뜻하는 '팔레오바이오필리아palaeobiophilia'다. 여기에 우리를 위해 화석이 어떤 식으로 쓸모가 있거나 도덕적 교훈을 날라야 한다는 논변 따위는 없다. 그들은 살아 있는 종과 가까운 친척이거나 아니거나 할 필요도, 가장 큰 이것 혹은 가장 오래된 저것이라는 따위 어떤 굉장한 속성을 보여줄 필요도 없다. 그들은 정말로 존재했고, 우리가 그들에 관해 뭔가 알고 그들의 이야기에 경탄할 수 있다는 것이면 충분하다. 화석 종마다 시작과 끝이 있었다. 끝은 그 종의 멸종, 마지막 개체군 또는 개체가 죽은 시점, 그 시점까지 마지막 개체들의 유전자 부호 안에 보존되었던 모든 역사의 종식이고, 종마다 마침내 사라진 이유가 있었다.

멸종은 서로 다른 규모로 일어난다. 우리가 보통 생각하는 멸종은 도도

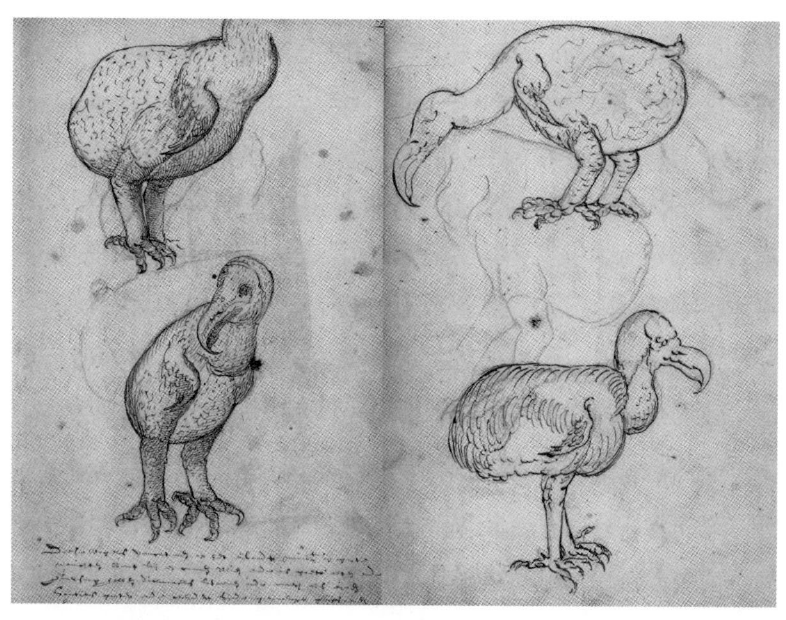

이것이 도도새가 실제로 지녔던 모습일까? 살아 있는 표본과 최근에 살해된 표본을 보여주고 있는, 겔더란트호의 1601년 항해일지에서 나온 스케치들.

새나 콰가얼룩말의 완전한 소멸 같은 단 한 종의 멸종이다. 그런 멸종은 저마다 원인이 있고, 이 두 사례에서는 그것을 짐작건대 지금쯤 이름이 잊힌 어느 한 사람에게 덮어씌울 수도 있을 것이다. 그렇지만 단 한 종의 멸종은 생명이 처음 진화한 이후로 늘 일어나왔다. 어떤 종도 영원히 가지 않으며 실은, 포유류와 조류 종은 전형적으로 약 100만 년을 가고, 연체동물과 일부 식물 같은 그 밖의 일부 집단의 경우 개별 종이 1000만 년을 갈지도 모른다. 이것은 긴 기간이지만, 지구가 45억 살이 넘었음을 떠올리면 종은 단명하다. 그들은 왔다가 떠난다. 일부는 그들의 동네에 먹이가 떨어져서, 혹은 기후가 너무 더워지거나 너무 추워져서 절멸한다. 다른 일부는 혈기 넘치는 전입자가 그들의 먹이나 공간을 모두 빼앗아서 절멸한다. 이는 고생물학자들이 '배경 멸종background extinction'이라고 부르는 것이다. 이것은 다소 오만한 용어이긴 해도 전형적으로 '멸종 사건extinction event'으로 불리는 더 광범위한 사건들과 대비를 이룬다.

멸종 사건이란 아마도 관련된 이유로, 많은 종이 동시에 절멸하는 때다. 그것은 596만 년 전부터 533만 년 전까지의 메시나절 염분 위기Messinian Salinity Crisis 동안 지중해가 말라버렸을 때처럼, 지역적일 수 있다. 북쪽에 있는 스페인과 지브롤터 그리고 남쪽에 있는 모로코 사이에 위치한, 대서양으로 연결되는 지중해의 서쪽 통로가 막혀버렸을 때, 바다였던 자리가 육지로 변했다. 갇힌 바닷물은 짙은 소금 침전물을 남기며 증발했고, 여기서 '염분 위기'라는 이름이 나왔다. 모든 어류fish, 패류貝類, shellfish와 기타 해양 생물이 죽었다. 이 가운데 다수는 광범위한 종의 지역 주민이었으므로 종 전체가 멸종되지는 않았다. 하지만 어류와 연체동물 가운데 일부 종은 지중해에 국한되어 있었으므로 얼마간은 같은 이유로 같은 시기에 멸종되었다.

북반구의 마지막 빙상氷床, ice sheet들이 북아메리카, 북유럽, 아시아에서 물러난 1만 년 전 플라이스토세 말에 우연히 그랬듯, 멸종 사건은 특정한 종류의 종에만 영향을 미칠 것이다. 매머드, 마스토돈, 털코뿔소, 동굴곰 등 추위에 적응된 종은 물러나는 얼음과 함께 북쪽을 향했지만, 이 가운데 일부 종의 행로는 사냥하는 초기 인간 무리가 거들었을 개연성이 있다 해도, 종국에는 공간과 먹이가 떨어져 절멸했다.

일부 멸종 사건은 훨씬 더 컸고, 너무도 거대해서 '대멸종mass extinction'이라고 불린다. 이것은 바닷속과 땅 위에 사는 광범위한 다수의 식물과 동물을 대표하는 수천 종 또는 수백만 종이 세계의 모든 부분에서 동시에 절멸하는 시기다. 1만 년 전 우리의 조상들이 세계의 모든 지역에서 대형 포유류의 멸종을 목격하기는 했어도, 인간이 대멸종을 목격한 적은 한 번도 없다. 고생물학자들은 지질 기록에서 각각 4억 4400만 년 전, 3억 7200만 년 전(그리고 3억 5900만 년 전), 2억 5200만 년 전, 2억 100만 년 전, 6600만 년 전의 지질학적 기간인 오르도비스기 말, 데본기 후기, 페름기 말, 트라이

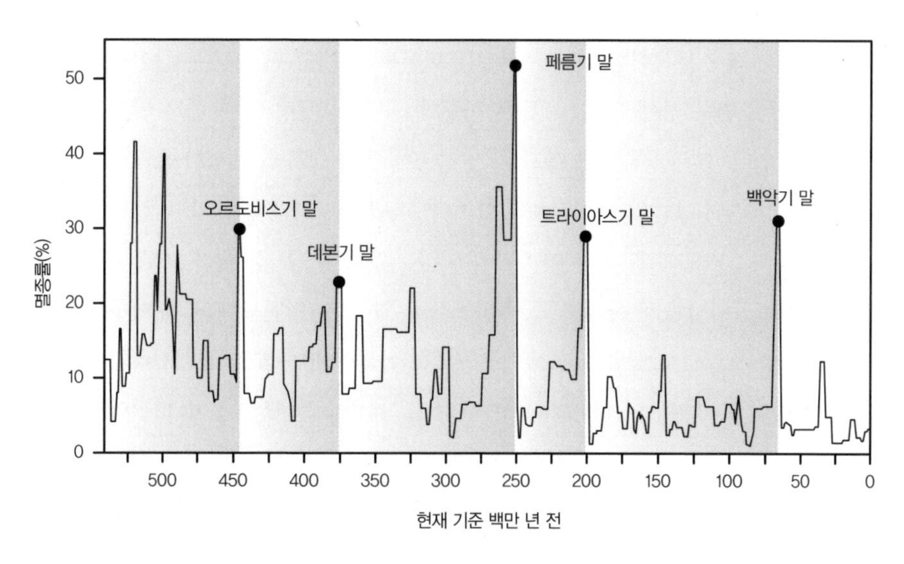

지난 5억 4000만 년 사이에 멸종률이 특히 높았던 시기로 밝혀진 '5대' 대멸종.

아스기 말, 백악기 말에서 다섯 건의 대멸종을 확인한 바 있다. 이것이 '5대 big five' 대멸종이고, 많은 논평가가 현재의 생물다양성 위기를 '여섯 번째 대멸종'이라고 밝혀온 이유이기도 하다.

우리는 이런 멸종을, 특히 아득히 먼 지질학적 시간의 맥락에서 어떻게 바라보아야 할까? 우리가 도도새의 죽음에 눈물짓는다면, 과거의 대멸종 하나하나에서 절멸한 수천 또는 수백만 종도 애도해야 할까? 이 가운데 가장 유명한 백악기 말 대멸종에서는 수십 종의 공룡만 사라진 게 아니라 익룡(하늘을 나는 거대한 파충류)과 다양한 해양 파충류 집단도 사라졌다. 엄청난 숫자의 플랑크톤 종을 비롯해 헤엄치는 풍부한 연체동물, 암모나이트와 벨렘나이트가 그랬듯, 많은 조류와 포유류가 땅 위에서 동시에 절멸했다. 어느 운석이 지구를 때리지 않았더라면, 최소한 지질학적으로 말해 짧은 시간 동안은 이 종들이 대부분 살아남았을 것이다.

하지만 대멸종에는 창조적인 측면도 있다. 생명은 늘 딛고 일어서왔다.

살생 대행업체—운석이든 대규모 화산 분화든—가 가고 난 후에는 살아남은 종이 주도권을 갖게 된다. 그들은 한동안, 구멍이 뻥뻥 뚫린 매우 낯선 생태계를 점유한다. 생태계란 종과 특정 장소에 있는 그들의 특정한 물리적 서식지와 연관된 그들의 상호작용의 합이다. 대멸종은 생태계 안의 종 절반을 케이오시킬지도 모른다. 북아메리카에 있는 현대의 삼림지대를 예로 들면, 토끼는 살아남을지 몰라도 토끼의 포식자 일부, 어쩌면 코요테와 여우가 사라질지도 모른다. 땃쥐와 생쥐는 아직 덤불 속에서 코를 킁킁거리고 있을지 몰라도, 들쥐는 올빼미와 새매 같은 그들의 포식자 일부와 더불어 사라졌을지도 모른다. 생존자 또한 충격에 시달리고 있을지도, 그리고 심지어 트라우마를 보여줄지도 모른다. 하지만 그들은 먹이를 찾으러 가고, 삶은 계속된다. 몇 세대 후, 숫자가 쌓이고 훼손된 풍경이 회복된다. 몇천 세대 후, 생존자는 새로운 기회를 이용해 크기나 식성을 바꾸면서 눈에 띄게 달라졌을지도 모른다. 새로운 종이 출현하고, 먹이그물이 다시 짜이고, 종국에는 새로운 생태계가 확립되게 되었다.

황폐로부터 회복하는 이런 시기에 또 흔히 보이는 것이 완전히 새로운 뭔가, 예컨대 최초의 헤엄치는 가리비나 최초의 공룡이다. 지배적인 식물과 동물의 제거가 다른 식물과 동물에게 주도권을 넘겨받을 기회를 주는 생태계 재건 기간에는 특별한 뭔가가 일어날 수 있다. 생태계에는 일종의 관성이 있는 듯하다. 구체제를 흔들려면 생태나 진화 면에서 노력이 너무 많이 들기 때문에 똑같은 안정된 체계가 이어지고 또 이어지는. 이것이 생태학자 마이클 로젠츠바이크와 로버트 맥코드가 '현직 효과incumbent advantage'라고 부른 것이다. 당신이 지배체제의 일원이면 당신은 거기 있기만 해도 보호받는다.

화석 기록에서 현직 효과와 후임자의 가장 좋은 예는 아마도 6600만 년 전 공룡과 포유류의 사례일 것이다. 줄거리는 언제나 포유류가 예나 지금이나 영리하고, 온혈이고, 새끼를 보살펴서 성공했다는 것이었다. 공룡은 거대했고, 우둔했고, 냉혈이었고, 새끼를 전혀 보살피지 않았으니 어떻게든 죽어야 마땅했다. 내가 고생물학자로 경력을 쌓기 시작했을 때는 그런 도덕적 이야기를 거부하는 게 유행이었다. 단지 우리가 포유류라고 해서 포유류가 최고가 되는 것은 아니다. 사실 파충류에게는 파충류의 자리가 있고, 그들이 더 천천히 대사하고 물을 아끼도록 적응된 것은 그들이 뜨겁고 건조한 곳에서 번성할 수 있다는 뜻이다. 그리고 물론, 사실들 자체가 아주 적합하지도 않았다. 우리가 아는 한은 공룡도 온혈이었으므로, 그게 반드시 포유류의 장점은 아니었다. 그리고 사실 포유류는 트라이아스기 후기에 최초의 공룡들과 거의 동시에 진화했는데, 그들이 그렇게 영리했다면 왜 그때 세계를 넘겨받지 않았을까? 고생물학의 신세계에서 우리는 도덕적 이야기가 아니라 증거를 요구했다.

답은 공룡의 현직 효과였던 것으로 드러난다. 2013년에 수행한 수치 분석에서, 당시 워싱턴 D.C.의 스미스소니언 박물관에 재직하던 고생물학자 그레이엄 슬레이터가 공룡과 초기 포유류의 진화에 대해, 그들이 사실상 전혀 상호작용하지 않았던 모형, 모든 게 백악기 말 대멸종으로 견인된 모형, 그리고 다양한 경쟁적 상호작용 모형을 포함해 가능한 모든 모형을 탐색했다. 승리한 모형은 포유류가 현직 공룡에 억눌려 있다가 공룡이 무대에서 제거된 후에야 마음껏 다양화할 수 있었음을 뜻하는 '해방과 방산'이었다. 대멸종이 그들에게 절호의 기회를 주었고, 오늘날 여기에는 우리가 있다. 공룡과 함께 그 공룡들이 끊임없이 식물들을 짓밟아대는 일이 사라진 것은 아마 꽃식물에게도 그들의 잠재력을 탐색할 기회를 주었을 것이다. 엄청난 생물다양성을 동반한 현대형 열대우림의 시초도 그 멸종 후 재개발의 시기로 거슬러 올라간다.

이렇게 해서 우리는 생명의 역사를 긴 안목으로 볼 때 대멸종은 창조적일 수 있음을 알 수 있다. 다른 예들은 책에서 제시된다. 예컨대 페름기 말과 트라이아스기에는 대멸종이 바닷속과 땅 위에서 현대식 생태계의 진화를 촉발했거나 가능케 했다—우리는 땅 위의 파리와 딱정벌레, 현생 침엽수, 개구리, 도마뱀, 악어, 포유류를 비롯해 대양 안의 산호초, 빠르게 헤엄치는 물고기, 현생 상어와 연체동물 같은 익숙한 현상들의 기원을 추적해 대멸종을 통한 현직 종의 대청소로 생겨났던 새로운 진화를 위한 기회들로 거슬러 올라간다.

멸종은 좋은 것인가, 나쁜 것인가? 누가 뭐래도 그것은 언제나 나쁠까? 우리는 확실히 우리의 행동이 특정한 종의 영원한 상실을 초래할 수 있다는 것, 우리가 도도새를 죽였고 이 사랑스러운 새를 다시는 볼 수 없게 되리라는 것을 후회하는 게 틀림없다. 모리셔스의 섬 위에는 그것의 자리가 비어 있고 아무것도 그것을 대신한 적이 없으므로, 자연의 대차대조표에는 도도새를 위한 자리가 있다. 도도새는 눈에 확 띄는 독특한 생명체였다는 여러 나라 선원들의 증언을 뒤로 하고 마지막 한 마리까지 제거되었다—아마도 단순히 약간 불쾌하다고 전해지는 성찬을 제공하기 위해서는 아니었을 것이다. 알게 되겠지만 실은, 그게 그들이 죽은 유일한 이유였다면 도도새는 아직 여기에 있을지도 모른다. 인간이 모리셔스에 들여온 쥐와 고양이가 그들을 해쳤다는 편이 더 그럴듯했다.

하지만 그것이 인간의 무죄를 입증하지는 않는다. 우리가 그들을 죽여서 먹든, 죽이고 먹지 않든, 아니면 단순히 질병, 쥐, 고양이, 참새, 토끼를 퍼뜨리며 지장을 주는 행동으로 그들의 생태계를 교란하든, 인간은 자연을 망치는 습성이 있다. 우리는 도도새와 같은, 수없이 많은 기록된 종의 멸종을 불러왔을 뿐 아니라, 우리가 틀림없이 몰살시켜왔을 다른 많은 종에 관해서는 꿈에도 몰랐다. 에드워드 O. 윌슨이 생물다양성과 멸종에 관한 그의 많은 책에서 강조했듯이 인간은 모든 생물을 다양성이 풍부한 상태로 보전할 책임이 있고, 이는 무수한 텔레비전과 라디오 프로그램에서 데이비드 애튼버러에 의해 강조되는 메시지이자 이제는 그린피스Greenpeace, 지구의 친구들Friends of the Earth, 특히 멸종 저항Extinction Rebellion의 핵심적인 정치적 메시지이기도 하다.

그렇다면 답은 멸종한 종을 되살리는 것일까? 그리고 우리가 그럴 수 있다면, 그것은 좋은 것일까? 정말로 과거에서 종을 되살리려는 매우 활발한 움직임이 있다. 우리는 1990년대 이래로 〈쥬라기 공원〉 영화들에서 그리고 심지어 살을 먹어도 될 만큼 너무도 완벽한, 절묘하게 냉동된 매머드 사체에 대한 여행가들의 전설에서 그것을 보았다. 마이클 크라이튼에 의해 그의 1990년 책에서 처음 제시된 〈쥬라기 공원〉 각본은 공룡의 혈액 표본이 호박에 보존된 모기에서 추출되고, 더 큰 표본을 만들기 위해 복제되고, 개구리에 주입될 수 있다는 것, 이렇게 해서 마침내 공룡을 위한 청사진을 제작하는 것이었다. 당시에는 사실 초기 공룡 DNA 분석가들도 이것이 가능할 것이라고 생각했다. 그때 이후로 우리는 DNA가 전혀 잘 살아남지 않는다는 것, 그리고 1800년대 후반에 남아프리카에서 멸종으로 내몰린 얼룩말 비슷한 동물, 콰가quagga처럼 최근에 멸종한 동물에서 쓸 만한 DNA 조각을 얻기조차 어렵다는 것을 깨달아왔다. 식물과 곤충에서, 심지어 공룡에서 중생대 연대의 DNA를 얻었다는 초기 보고들은 모두 실험실 오염으로 드러났다.

따라서 우리가 이런 식으로 공룡을 되살리지는 못한다. 하지만 냉동된 빙하시대 포유류를 해동하는 것은 어떨까? 최근까지 괴짜 과학자와 이단아의 영역이었던 유전공학이 이제는 그런 꿈을 실현 가능한 것으로 만든다. 예컨대 미국 텍사스에 기반을 두고 수백만 달러의 자금으로 뒷받침되는 회사 콜로설Colossal의 의도는 매머드를 부활시키는 것이다. 그 회사는 자사 웹사이트에서 "멸종은 세계가 직면하고 있는 거대한colossal 문제… 그리고 콜로설은 그것을 해결할 회사"라고 말한다. 매머드의 탈멸종de-extinction은 현생 코끼리의 DNA에 든 생식계열 정보를 유전적으로 조작해 그들이 평소보다 더 추운 조건에서 살아남을 수 있게 해주는 유전자를 삽입함으로써 이뤄질 것이다. 농부들은 오래전부터 선별 번식 기술을 적용해 그들의 돼지를

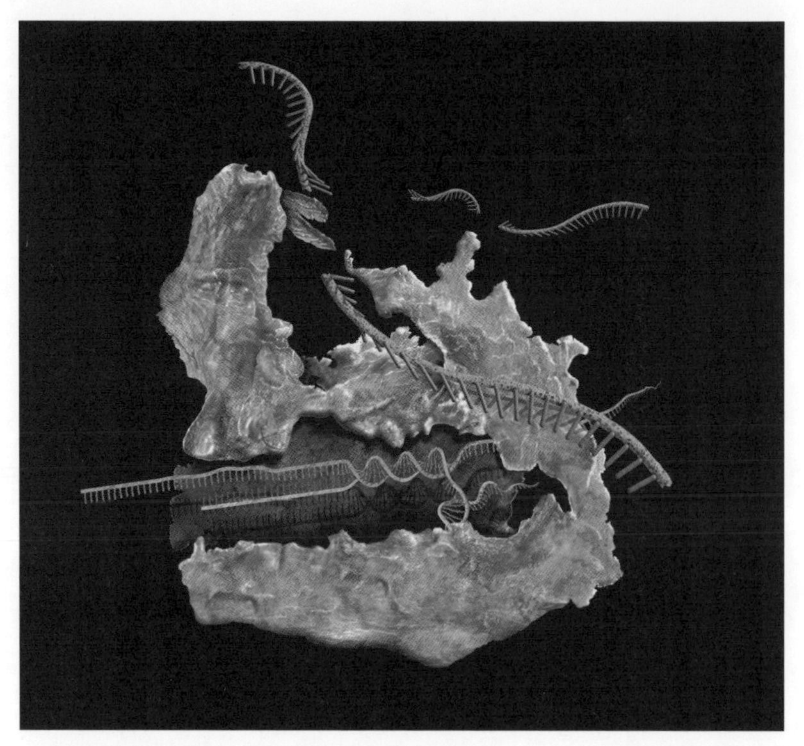

세포 내 단백질 합성. 전령 RNA(위쪽)가 아미노산을 모아 리보솜(불분명한 배경 구조) 안에서 단백질을 제조하도록 두 가닥의 DNA 나선(아래쪽 가운데)이 지시를 제공한다.

더 살찌우고 옥수수를 더 풍성하게 수확해왔다. 그들의 무기고에 유전공학을 더하면 작물은 훨씬 더 풍성해질 수도 있고 평소보다 더 춥거나 더 더운 조건에서 살아남을 수도 있다. 똑같은 접근법이 추운 조건에서 사는 데에 적응된 아시아코끼리를 만들어서 그들이 시베리아에서 살도록 유도할 수 있을 것이고, 그들이 러시아 북부와 캐나다 전역에서 풀을 뜯고 있었던 때처럼 툰드라를 다시 번성할 수 있게 할 수도 있을 것이다.

현대 생태계에 매머드를 위한 여지가 있을까? 어쩌면. 도도새도, 어쩌면 있겠다. 하지만 1만 년 전까지 북아메리카의 주민이었던 그 밖의 멸종한 코끼리, 말, 자이언트땅늘보는 어떨까? 인간은 멸종한 종까지 일일이 재도입하기는커녕 오늘날 지구상의 1000만 종을 위한 여지도 충분치 않을 만큼 과거 200년 사이 야생 자연을 위한 공간을 너무도 많이 쥐어짜왔다. 사실 살아 있는 종은 아마 지구상에 존재한 적이 있는 모두를 1퍼센트도 대표하지 않을 테고, 우리가 누군데 어떤 탈멸종 종은 이미 있는 종의 존재에 대규모로 지장을 주지 않고 자리를 찾을 수 있으리라고 혹은 없으리라고 판정한단 말인가? 우리의 비토착종 도입은 이미 인간의 어리석음에서 비롯된 다른 많은 행위보다 토착종의 멸종을 더 많이 초래해왔다—예컨대 영국인 탐험가들이 오스트레일리아에 이미 살고 있던 캥거루와 기타 유대류에 대한 고려 없이 참새와 토끼를 이동시켰을 때도.

만약 멸종은 언제나 나쁘다면, 탈멸종은 대체로 좋다고 보아야 마땅하다. 하지만 우리가 보아왔듯 그 논변은 훨씬 더 미묘하며, 사례마다 '에, 그것은 …에 달렸다'는 단서가 달려야 한다.

하지만 종이 멸종되는 때는 언제나 비극일까? 나는 이 책에서 다소 반대되는 견해를 주장할 참이다. 고생물학은 우리에게 한때 존재했던 수십억 종이 지금은 멸종한 종이며 그들의 자연스러운 멸종이 새로운 종의 지구 상속을 가능케 했음을 보여준다. 그렇지만 나의 변론은 물론 모든 종의 멸종을 초래하는 인간의 편이 아니다. 그런 멸종 한 건 한 건이 비극이라는, 많은 사례에서 숲 한 뙈기를 파괴하고 있는 동안에든 특별히 교묘한 고기잡이 기술을 사용하고 있는 동안에든 그들의 행동이 가져올 결과에 대해 경고를 받았던 이기적인 사람들을 통해 저질러진 끔찍하고 오만하고 어리석은 일련의 행동의 증거라는 점에는 의심할 여지가 없다. 우리는 어떤 변론으로 자연을 옹호할까?

제 1 부

기원

45억 6700만 년 전~4억 4400만 년 전

1
최초의 동물과 대멸종

에디아카라의 정원

5억 5500만 년 전 이전의 세계는 오늘날과 매우 달랐다(컬러도판 3을 보라). 우선 땅 위에 생명이 없었고, 아니면 기껏해야 대양 가장자리에 매달린 약간의 단순한 해초와 미생물밖에 없었다. 하지만 우리는 세계 곳곳의 해저면海底面, seabed 위, 에디아카라기 동물들의 낯선 세계로 들어간다. 그들은 1947년 이후로 알려져 있기만 했을 뿐, 그들이 무엇인지는 풀어내기가 어려웠다. 그들은 초기 해면의 예, 산호의 예, 벌레의 예, 불가사리의 예와 … 의 예를 포함할까, 아니면 완전히 다른 뭔가일까?

에디아카라기 해저면은 활기찬 곳이었다. 표면 아래로 잠수하는 동안 먼저 잔잔한 해저면의 물결에 살랑거리고 있는, 저마다 고사리 잎처럼 납작한 모양이고 앞뒤에 깊은 홈들이 패여 있는 키 크고 통통한 풀잎들이 보인다. 그 엽상체葉狀體는 최고 길이가 30센티미터이고, 자세히 살펴보면 무슨 깃털의 복잡한 구성처럼, 모두 더 작은 가지들로 나뉘어 있음을 알 수 있다.

이들은 가장 유명한 에디아카라기 화석 중 하나인 카르니아*Charnia*이고, 저마다 뿌리를 닮은 흡착 구조로 해저면에 고정된 채 숲속의 나무들만큼 함께 가까이 서서 풍부한 군집을 이루고 있다.

카르니아 엽상체들 사이 바다 밑바닥에는 핀 둘레를 빙글빙글 돌면서 불꽃을 뱉어내고 있는 회전 폭죽처럼 보이는 아주 작은 원반 모양의 유기체가 납작 엎드려 있다. 이 동물도 원형인데, 지름이 겨우 10밀리미터다. 그것은 중심에서 나선으로 퍼져나가 세 개의 체절 혹은 가지를 형성하고 있는, 홈이 패인 구조를 위에 갖고 있다. 이 '세 개의 가지를 가진' 대칭 무늬를 따서 명명된 트리브라키디움*Tribrachidium*은 해저면 위에 앉아 흘러가는 바닷물에서 작은 먹이 입자를 걸러내며 가진 시간 대부분을 꼼짝 않고 보내는 듯하다. 지나가는 물이 세 개의 팔을 통해 깔때기 모양이 되고 그 생명체의 입과도 같은 구덩이 위에서, 아마도 먹이 입자가 떨어져나올 수 있도록 속도를 늦춘다는 것을, 흐르는 수조 안의 3차원 모형을 이용한 실험들이 보여준 바 있다.

엽상체 밀림으로 더 깊이 들어가고 있는 당신은 외곽선이 다소 둥글고 생김새가 넙치를 닮았으나 외측 체절의 홈들이 정중선으로부터 가장자리까지 달리고 있는, 펑퍼짐한 동물을 발견한다. 그것은 바다 밑바닥 위에 떠서, 트리브라키디움 여러 마리 위로 털썩 떨어져 모래를 일으키면서 느릿느릿 이동한다. 당대의 가장 큰 생명체, 디킨소니아*Dickinsonia*의 화석 표본들은 크기 범위가 길이로 몇 밀리미터부터 1.4미터에 이른다. 여러 종이 있는데 일부는 윤곽이 거의 원형이고, 다른 일부는 길고 잠수부의 물안경 유리처럼 생겼다. 심지어 새끼와 성체도 있는데, 작은 동전을 닮은 새끼는 점점 더 많은 체절이 더해져 완전한 크기로 성장한다. 디킨소니아는 수수께끼로 남아 있는 수단을 이용해 바다 밑바닥의 방해받지 않는 영역에 붙어 자란 세균을 씹어서 먹었을 것이다—앞쪽에, 몸통 원반 밑에 접혀 들어갔을 뿐인 모종의 입이 있어서 먹이를 후루룩 들이마셨는지, 아니면 어떤 화학적

가장 유명한 에디아카라기 동물 중 둘인, 잎을 닮은 카르니아(왼쪽)와 분절된 원반을 닮은 디킨소니아의 화석. 둘 다 손바닥 길이.

수단을 이용해 유기물을 녹여서 어떻게든 육질 밑면을 통해 흡수했는지, 아직은 말해줄 수 없다.

머리 앞쪽만 둥근 가리개로 덮인 길쭉한 쥐며느리처럼 보이는 스프리기나*Spriggina*라고 불리는 3~5센티미터 길이의 체절동물 한 쌍은 디킨소니아의 익살스러운 행동에 아랑곳없이 기어다니고 있다. 그들은 몸을 비틀어 좌우로 돌리지만, 갑각 밑에 다리는 없는 듯하다. 그들은 방향을 틀기 위해 카르니아의 흡착 구조를 눌렀을지도 모르고, 어쩌면 그들이 헤엄칠 수 있게 해주는 어떤 육질 구조가 밑에 있었는데 이것이 화석에 보존된 적이 없었을지도 모른다.

마약에 취한 달팽이나 삿갓조개처럼 유기물 입자를 흡입하며 멍하니 돌아다니고 있는 또 다른 연약한 동물이 해저면 위에서 느린 동작으로 몸을 비틀어 돌린다. 그것은 가는 동안 해저면 위 조류藻類 깔개에 헐렁하게 돌돌 말리는 통과의 흔적을 남긴다. 이것은 달팽이처럼 타원형 체형과 앞에서 뻗어나오는 한 쌍의 짧은 뿔을 가진 동물, 킴베렐라*Kimberella*다. 머리 뒤에서 몸통이 평평한 기저부 위에 타원형 구조로 지어져 올라가고, 기저판 가장자리로 짧은 능선이 방사상으로 나 있다. 이 주름 잡힌 술은 호흡에 관련되었을지도, 즉 바닷물에서 산소를 추출하는 수단이었을지도 모르지만, 그것은 추측이다. 1000점이 넘는 킴베렐라 표본이 오스트레일리아와 이란을 비롯해 시베리아의 유명한 백해 영역에서도 발견되어왔고, 길이는 1센티미터부터 15센티미터에 이른다.

에디아카라기 정원에는 그 밖에도 잎처럼 보이고 벌레처럼 보이는 온갖 종류의 낯선 생명체가 있다. 그들은 흔히 고미술가를 통해 빨강, 파랑, 초록과 분홍으로 복원되지만, 이런 빛깔은 전적으로 상상의 산물이다. 모르긴 해도 에디아카라기 짐승들은 칙칙한 고동빛이나 잿빛이었을지도 모른다.

최초의 생명을 찾아서: 모순

에디아카라기 동물은 오스트레일리아 남부 에디아카라 구릉에서 경제적으로 중요한 광물을 찾고 있었던 오스트레일리아의 국가 지질학자, 레그 스프리그(1919~94)에 의해 1947년에 처음 보고되었다. 그 구릉들은 애들레이드에서 북쪽으로 650킬로미터쯤 떨어져 있고, 사우스오스트레일리아주 플린더스산맥의 일부분을 이룬다. 여름에 찌는 듯 덥고 건조한 에디아카라의 풍경은 끝간데없이 펼쳐진 구릿빛 사암이다. 스프리그는 그 암석들이 연대가 45억 6700만 년 전 지구의 기원으로부터 5억 4000년 전에 시작된 캄브리아기에 이르는 어마어마한 기간의 어떤 부분을 대표하는, 그것들이 엄청나게 오래된 것임을 의미하는 선캄브리아시대라는 것을 알고 있었다.

지질학자는 실리를 중시하는 사람들이다. 이미 작명된 캄브리아기는 화석이 발견될 수 있는 암석의 층서학적 범위를 표시했고, 당시에 그것은 모든 동물 집단이 기원한 시한과 일치한다고 믿어졌으므로, 캄브리아기보다 오래된 암석이 발견되면 그것은 적절하게 선先캄브리아시대로 배치되었다. 불만은 이 모든 암석 중 최초의 것들이 너무도 어마어마한 시간—실은 지구 역사의 무려 88퍼센트—에 걸쳐 있고 그런데도 이 대단한 억겁에 관해 알려진 게 너무도 적다는 점이다.

스프리그에게는 분명 에디아카라기 암석에서 동정 가능한 동물 화석은 커녕 화석을 발견하리라는 기대조차도 없었다. 만약 그가 찰스 다윈을 읽었다면, 그는 그 위대한 진화의 아버지가 1859년에 "이렇게 광대하지만 알려지지 않은 이 시기 동안 세계가 온갖 생물로 들끓었다는 사실은 논박이 불가능하다. 왜 우리가 이런 방대한 태고의 시간들에 대한 기록을 발견하지 못하느냐 하는 질문에 대해서 나는 그 어떤 만족스러운 대답도 내놓을 수 없다"(『종의 기원』, 장대익 옮김, 사이언스북스, 423쪽)고 쓴 것을 떠올렸을지도 모른다. 다윈(1809~82)은 왜 선캄브리아시대 화석이 발견된 적이 없는지 설명하지는 못했지만, 종국에는 발견되어 생명 진화의 최초 단계들에 대한 증거를 제공하리라 확신했다. 문제는, 아니 심지어 모순은, 우리는 생명의 기원에서 바로 그 최초의 단계들에 관한 모든 것을 끔찍이 알고 싶어할 테지만 정의상 최초의 생명 형태란 단순할 테고, 따라서 화석은 바로 그 이유로 감별되기가 어려울지도 모른다는 것이다.

얼마나 단순하냐고? 세균은 유기체 하나하나가 단 한 개의 세포로 이루어지는, 오늘날 가장 단순한 형태의 생명 가운데 일부다. 그들은 심지어 우리의 세포 하나하나의 중심에서 DNA—개별 세포가 자체를 정확히 증식하고 교체할 수 있게 해줄 뿐만 아니라, 유전 정보를 복제하고 다음세대에 전달해서 그들의 몸이 정확히 형성되도록 보장할 수 있게 해주는 유전적 암호—를 담고 있는 구조인 핵도 없다. 지름이 약 2마이크로미터—다시 말해 100만분의 2미터—인 그들은 아주아주 작기도 하다.

예상되는 최초의 생명의 단순성에 더해, 선캄브리아시대 암석은 굉장한 나이 탓에 드물고 달라져 있다. 가장 늙은 암석이야말로 사암과 이암 같은 퇴적암을 규암과 점판암 같은 변성암으로 변화시키는 고압 및 고온과 함께 묻혀 있었던 경우가 많다. 크든 작든 모든 화석이 짓눌려서 꺾였거나 심지어 말살된 경향이 있을 것이다.

이렇게 해서, 생명으로 바글거리는 선캄브리아시대의 대양에 대한 다윈의 희망적 예언에도 불구하고, 실리를 중시하는 지질학자들은 그다지 확신하지 않았다. 실은 1830년대에 청년 다윈은 케임브리지 대학 출신의 지질학자 친구 애덤 세지윅과 함께 북웨일스의 점판암 구릉 위를 터벅터벅 걸었고 삼엽충 같은 전형적 캄브리아기 화석(2장을 보라)을 보았지만, 이런 캄브리아기 화석조차 드물었고 때로는 변성된 점판암 안에서 알아보기도 힘들었다. 다윈 시절 이후로 지질학자들은 최초기 암석에서 많은 것을 발견하리라 기대하지 않았고, 그것은 지질조사 계획을 짜면서 플린더스산맥을 터벅터벅 걷는 동안 레그 스프리그도 마찬가지였다.

선캄브리아시대 생명인가, 아닌가

화석이 없으면 멸종도 알아볼 수 없고, 1830년대부터 1947년까지는 선캄브리아시대 암석으로부터 밝혀져 있는 것도 별로 없었다. 이따금 화석이 공표되면 한바탕 소동이 일었고, 고생물학자들은 낙관주의 빼면 시체다. 하지만 떠들썩하게 보도된 이 발견물들은 거의 모두 이런저런 이유로 거부당했다. 그것들은 화학적 수단에 의해 형성된 암석 안의 무기물 얼룩, 빗방울이나 거품에 의해 만들어진 퇴적물 안의 자국, 아니면 현미경 슬라이드 위의 현대 보풀이나 미생물에 의한 오염이었고, 어쨌든 연대는 선캄브리아시대가 아니었다. 따라서 고생물학자들은 20세기 전반에도 미생물, 식물, 동물 같은 대단위 현생 집단의 기원에 관해 딱 다윈 시절에 그랬던 만큼 캄캄했다.

선캄브리아시대에서 화석이 발견되리라는 다윈의 예측을 지지한다고 유일하게 널리 인정되는 증거는 '층진 암석'을 뜻하는 스트로마톨라이트 stromatolite였다. 현대의 스트로마톨라이트는 1950년대까지 기원이 생물학적이라고 밝혀지지 않았고, 예들은 오스트레일리아 서해안을 따라, 유명하게는 샤크만에 있는 것과 같은 얕고 따뜻한 대양에서 나는 것으로 알려져 있다. 거기서 스트로마톨라이트는 얕은 물 속의 세균막으로부터 지어져 올라간다. 그 미시적 세포들이 분열하는 동안 얇은 한 겹의 초록빛 점액이 형성된다. 그런 다음, 한바탕 물결이 살아 있는 깔개 위로 모래알과 진흙을 내던질 것이다. 단세포 유기체들은 올라가든지 아니면 살아 있는 조직의 가느다란 덩굴손을 위로 보내고, 이로써 새로운 한 겹의 살아 있는 깔개를 형성한다. 그 유기체들은 남세균cyanobacteria이라 불리고, 광합성을 한다는 점에서 특이하다. 그들은 식물이 아닌데도 식물처럼, 그들의 몸을 짓기 위해 햇빛에서 나오는 에너지를 이용해 물, 이산화탄소와 광물질을 산소와 유기화합물로 바꾸는 일을 돕는 초록빛 화학물질 엽록소가 들어 있다. 초록빛 식물과 초록빛 남세균은 햇빛을 붙잡을 수 있는 자리에서 자라고, 따라서 얕은 물이나 땅 위에서 머무른다. 시간이 가면 겹겹이 끼워진 남세균 깔개와 진흙이 아주 큰, 때로는 두께가 몇 미터에 달하는 무더기로 자랄 수 있다. 선캄브리아시대 스트로마톨라이트 다수는 남세균에 의해 지어졌지만, 가장 오래된 것들은 이 집단이 기원하기 전에, 산소가 없는 상태에서 광합성을 할 수 있었던 전문 미생물에 의해 형성되었다.

고생물학자로서 반가운 것은 스트로마톨라이트가 생명의 확실한 징후일 뿐만 아니라 크고 눈에 보이므로 화석 기록에서 알아볼 수 있다는 점이다. 캄브리아기와 더 젊은 암석에서는 지질학자들이 이미 그것을 확인해온 터였다. 1883년, 미국 지질조사국에서 일하던 미국인 고생물학자 찰스 월컷(1850~1927)은 미국 중서부 탐사 임무를 띠고 파견되었다. 그와 그의 팀은 노 젓는 배와 직접 만든 뗏목을 타고 콜로라도강을 따라 이동했고, 그랜

지구상에서 알려진 가장 오래된 생물학적 구조 몇몇의 현대 예로서, 광합성을 하는 미생물 남세균과 진흙에 의해 층층이 쌓여가는, 오스트레일리아 북서부 샤크만에서 나는 유명한 스트로마톨라이트.

드캐니언에서 쏜살같은 강물을 뚫고 돌진해 나아가는 동안 강둑에서 사상 최초로 눈에 띈 선캄브리아시대 스트로마톨라이트—그리고 선캄브리아시대 생명의 첫 번째 확실한 증거—를 알아보았다. 켜 사이에 진흙과 유기물이 반복되는 특징적 구조를 보여주고 있는 이것들은 거의 짓눌린 양배추처럼 보이는, 전체적으로 둥근 구조였다. 나중에 월컷은 같은 암석에서 나온, 지름이 5밀리미터로 측정되는 크고 둥근 조류藻類를 기재했다. 동정 가능한 개별적 선캄브리아시대 화석에 대한 최초의 인정할 만한 증거였다. 이 발견물들은 지금은 약 7억 5000만 년 전, 신원생대Neoproterozoic라 불리는 선캄브리아시대의 마지막 큰 구간 중 일부로 알려진, 이른바 추아층군Chuar Group으로 배정되는 암석에서 나왔다.

발견물들이 갖는 중요한 의미와 월컷의 능력(그는 버제스 셰일 화석도 발견했다. 42쪽을 보라)에도 불구하고 그의 선캄브리아시대 화석은 당시 고식물학계의 원로였던 영국 케임브리지 대학의 고식물학 교수, 앨버트 찰스 수어드(1863~1941)에 의해 거부당했다. 1931년에 수어드는 월컷의 주장들이 "그 사실들로는 정당화되지 않는다는 게 나의 조심스러운 생각이다. 그런 물체가 조류藻類의 활동에 기인한다고 주장하는 것은 분명 불가능하다. … 우리가 선캄브리아시대 암석에서 세균의 존재에 대한 실제 증거를 찾으리라고는 거의 기대할 수도 없다." 월컷은 4년 전에 죽은 터라 자신의 주장을 변호할 수 없었다. 1940년까지도 일반적 여론은 변함없이 선캄브리아시대 암석에는 발견될 화석이 없다는 것이었다.

이야기를 종합하자면

1947년 레그 스프리그의 첫 번째 에디아카라 화석 발견 이후로 모든 것이 달라졌다. 나이는 논란이 되었지만, 그것은 화석으로 인정받았다. 1957년에는 영국에서 카르니아의 첫 번째 예들이 보고되었고, 그때 이후로 러시아, 캐나다, 나미비아와 다른 많은 현장에서 나온 6억 200만 년 전부터 거의 5억 4000만 년 전에 걸쳐 이어지는 에디아카라기 화석들이 공인받아왔다. 1953년에는 위스콘신 대학에서 지질학자 스탠리 타일러가 캐나다 온타리오주의 건플린트 처트Gunflint Chert에서 단순한 단세포 화석들이 나왔다고 보고했다. 처트란 미세 규모 유기체 화석을 보존할 수 있는, 이산화규소로 만들어진 유리질 암석이다. 타일러의 건플린트 화석들은 엄청나게 늙은 19억 살이었는데, 단세포도 다세포로 만들어진 섬유도 포함되어 있었다. 그런 다음 1956년에 샤크만 스트로마톨라이트가 발견되었고, 월컷과 다른 많은 사람의 노고가 정당화되었다. 스트로마톨라이트는 실제로 살아 있는 남세균 또는 미생물 깔개로 만들어졌고 수어드 같은 비평가가 틀렸었다는 것을 현대의 예들이 증명했다. 선캄브리아시대 연구는 결실이 풍부하고 실현이 가능한 분야가 되어 있었기 때문에 1950년대 이후에 급격히 인기를 얻었다.

이제 우리는 지구상에서 가장 늙은 암석의 연대가 43억 년 전으로까지 거슬러 올라가고, 그것은 지구의 표면은 용융된 암석으로 출발했고 암석이 지각을 형성하고 모종의 대기가 형성되고 물이 흐르려면 충분히 식어야 했다는 걸 염두에 둘 때 실제로 가능한 최고령 언저리라는 사실을 안다. 약 34억 7000만 살 된 암석에서 최고령 단세포 화석들이, 그리고 34억 8000만 살 된 암석에서 최고령 스트로마톨라이트 후보들이, 둘 다 오스트레일리아에서 나온다고 보고되어왔다. 이 최고령 화석들의 정확한 나이와 정체는 끊임없이 조사받으며 매우 적극적이고 회의적인 '생명의 기원' 연구계에서 뜨거운 논란의 대상이 된다.

이론은 초기 지구 대기에 산소가 부족했음을 시사해왔었다. 암석에서 나오는 증거가 이를 실제로 확증하고, 선캄브리아시대 동안 산소 농도가 증가한 두 건의 삽화episode가 있었음이 이제는 분명하다. 오늘날은 동물이 산소에 의존해 살아가고 광합성을 하는 식물과 남세균이 산소를 뿜어내므로 산소가 없는 세계란 상상할 수도 없을 듯하다. 그렇지만 오늘날조차 많은 세균과 기타 단순한 유기체는 산소 없이 살고, 그런 혐기성 미생물 다수는 실제로 산소가 있는 데서 죽는다. 그들은 깊은 대양에서, 아니면 퇴적물에 파묻혀서 살거나, 자연에서 그리고 맥주나 요구르트 통에서 발효제 구실을 한다.

산소 급증 사건Great Oxygenation Event은 대기에서 산소 농도를 탐지할 수 있게 된, 25억 년 전과 23억 년 전 사이에 일어났다. 그다음에는 에디아카라기 유기체들이 다양화하기 직전, 8억 년 전과 6억 년 전 사이에 산소 농도가 거의 오늘날 수준으로 올라갔다. 생명과 지구는 생명의 기원 이후 언제나 긴밀하게 연관되어 진화해왔다는, 영국인 과학자 제임스 러브록의 유명한 가이아 가설의 기반암을 형성하는 사실로서, 그 산소는 광합성에서 나왔다. 이 행복해 보이는 지구와 생명의 공존은 지구가 양극부터 적도까지 완전히 얼어붙었을 때 최대의 위협을 받게 되었다.

눈덩이 지구

지질학자들은 선캄브리아시대의 그 마지막 구간, 신원생대를 관통하는 풍부한 얼음의 흔적들을 오랫동안 잘 알고 있었다. 중대 상황은 케임브리지 대학에서 지질학자 브라이언 할런드가 그린란드와 노르웨이 스발바르제도에서 나오는 빙하기 암석이 열대에서 형성되었다는 걸 보여주는 신원생대 지구의 지리적 복원도를 발표한 1964년에 찾아왔다. 만약 열대가 얼어붙었다면 전 지구가 얼어붙었을 게 틀림없다고, 그는 주장했다. 1992년에 미국 캘리포니아 공과대학에서 지질학자이자 지구물리학자인 조 커슈빙크는 이것에 '눈덩이 지구Snowball Earth'라는 세례명을 주었고, 그 이름이 굳어졌다.

빙하작용을 뒷받침하는 증거는 빙하 찰흔氷河 擦痕, glacial striation(지나가는 빙하에 의해 만들어지는 암석 위의 긁힌 자국), 낙하석落下石, dropstone(빙산의 바닥에서 떨어져나와 다른 유형의 퇴적물로 들어가는 암석), 호상점토互相粘土, varve(빙하호에 퇴적물이 교대로 쌓인 상태), 다이아믹타이트diamictite(흔히 '빙력토glacial till'라고 불리는, 이동하는 빙하에 갈려 만들어진 암석 부스러기)를 포함한다. 무엇이 전 지구적 빙하작용에 시동을 걸었는지는 알려지지 않았지만, 7억 1700만 년 전과 6억 3500만 년 전 사이의 음울한 시기에 극단적 추위의 국면이 여러 번 있었다.

하지만 지구가 전부 얼음으로 뒤덮였을까? 완전한 얼음 덮개라면 모든 생명을 몰살시켰을 것이라고 비평가들은 말하고, 실은 미생물 위주의 많은 집단이 살아남았음을 우리는 안다. '눈덩이 지구'란 사실상 적도 띠는 절대

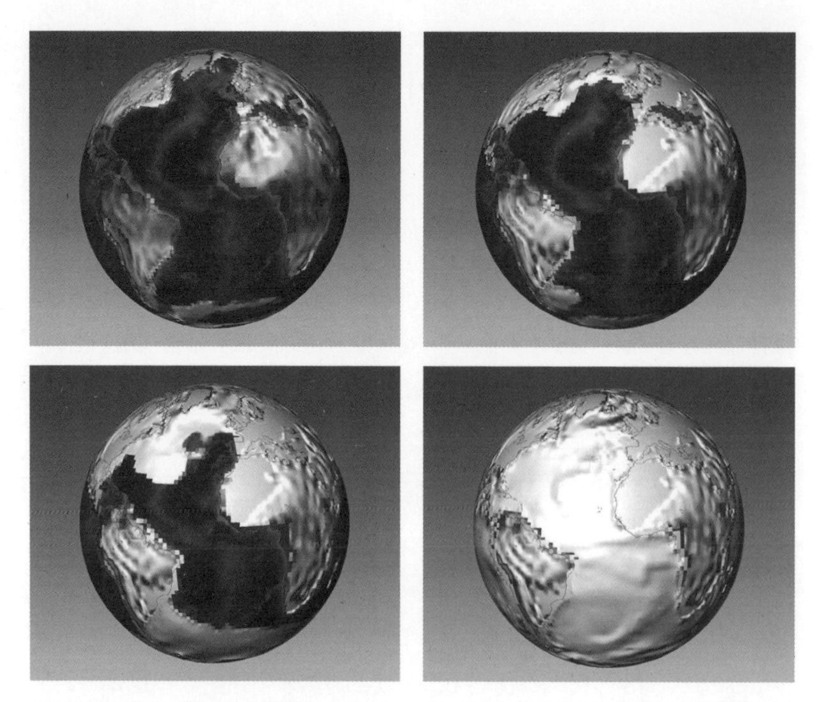

눈덩이 지구 상상도. 선캄브리아시대에 벌어졌을지도 모르는 양상과 똑같이, 현대 세계가 양극부터 적도까지 점진적으로 얼음으로 덮여간다.

로 완전히 얼음으로 뒤덮이지 않았고 그 벨트 안에서 얼마간의 생명이 살아남았던 '슬러시덩이 지구'였을 수도 있을까? 이 기간에 걸친 몇몇 일련의 암석층은 빙하작용이 심한 시기와 기후가 따뜻해지고 얼음이 물러나는 간빙기 삽화가 왔다갔다하는 양상을 보여준다.

눈덩이든 슬러시덩이든, 이것이 지구상의 첫 번째 대멸종을 불러온 것으로 짐작된다. 그전에 생명이 어땠는지를 거의 모르기에, 그것의 영향력을 정량화하지는 못한다. 그렇지만 신원생대의 마지막 빙하기가 끝난 후에 모든 종류의 생명이 꽃을 피웠다는 것만은 확실하다.

하지만 에디아카라 동물군은 어떤 종류의 동물이었을까?

1947년 이후로 고생물학자들은 에디아카라기 짐승들을 상상할 수 있는 거의 모든 동물 집단으로, 혹은 심지어 그들만의 계界, kingdom로 배정해왔다. 그 스펙트럼의 더 기이한 쪽에서 어떤 연구자들은 그들을 동물보다 균류菌類, fungus에 가깝다고, 혹은 심지어 지금 살아 있는 어떤 것과도 같지 않은, 모종의 구닥다리 공기침대처럼 누벼진 생명체의 일족이라고 본 적도 있었다.

스프리그는 그의 에디아카라 화석들이 해파리라고 주장했다. 잎처럼 보이는 카르니아의 첫 번째 화석들은 산호와 친척인 일종의 강장동물, 바다조름sea pen으로 동정되었다. 일부 현생 바다조름은 마치 카르니아처럼 해저면에 고정되고 가지를 치는 잎모양 구조로 자라지만, 이 현생 생명체는 깊은 물에 사는 경향이 있고 가지들이 분리되어 촉수처럼 보이는 데에 반해, 카르니아는 가지들 사이에 틈이 없는 더 단단한 구조인 것으로 보인다. 분절된 디킨소니아는 해파리, 산호, 벌레와 그 밖의 것으로 동정되었던 이력이 있다. 트리브라키디움이 어떤 사람 눈에는 극피동물, 성게 비슷한 뭔가로 보였다. 스프리기나는 벌레 또는 절지동물로 불려왔다. 킴베렐라는 연체동물로, 심지어 초기 민달팽이 같은 동물로 동정되어왔다.

다른 두 가설은, 에디아카라기 화석은 현생 동물과 전혀 관계가 없다는 것, 오히려 그들만의 고유한 집단 또는 집단들에 속한다는 것이다. 1989년에 독일의 고생물학자 아돌프 자일라허(1925~2014)는 이 짐승들을 위해 벤도조아Vendozoa라는 새로운 문門, phylum을 작명했다. 그는 그들이 모두 외피가 두껍고 유연한, 그리고 내부가 유체流體로 채워진 특유의 공압식空壓式 구조를 공유한다고 주장했다. 그 유기체들은 다수가 누벼진, 즉 분할된 칸들과 그 칸들의 모양을 유지하기 위한 내부 접속점들을 가진 상태였으며, 튼튼하고 유연해서 스스로 또는 본의 아니게 돌아다니는 동안 형태를 바꿀 수 있었다. 그래도 벤도조아문의 실체가 무엇이었는가는 자일라허를 당혹스럽게 했다. 잔뜩 부풀려진 미생물이었는가, 균류였는가, 아니면 심지어 지의류였는가?

에디아카라기 화석을 현생 집단에 할당하기가 어렵다는 점에는 연구자 대부분이 동의하지만, 한 가지는 확실하다. 그들의 기초 해부구조—일부는 둥글고, 일부는 좌우 대칭인(왼쪽과 오른쪽이 서로 거울상인)—는 현생 동물의 조상 중 이 연대의 군집에서 예상될 무엇이다. 그걸 어떻게 아느냐고?

동물의 기원

답은 현생 동물의 DNA에서 나온다. 동물의 범위는 해면에서 성게에 이르고, 산호에서 게에 이르고, 바다조름에서 인간에 이른다. 박물학자들은 대단위 동물 집단, 또는 문 사이 관계를 이해하기 위해 몇 세기에 걸쳐 분투해왔다. 문은 달팽이나 오징어 같은 연체동물문이나 게와 곤충 같은 절지동물문이 그렇듯 대단위 집단이다. 문마다 뚜렷이 구별되는 특징들이 있는 까닭에 생물학자들은 일반적으로 어떤 동물이든 그것의 문에 배정할 수 있다. 예컨대 연체동물문은 일반적으로 탄산칼슘으로 만들어진 껍데기와 껍데기 안에 웅크릴 수 있는 무른 몸을 갖고 있다. 절지동물은 관절이 여럿인 다리와 키틴질로 만들어진 외골격을 갖고 있다. 하지만 절지동물은 벌레와 더 가까운 친척일까, 연체동물과 더 가까운 친척일까? 척추동물(우리처럼 등뼈가 있는 동물)은 성게와 더 가까운 친척일까, 벌레와 더 가까운 친척일까? 해부구조에 얼마간 찾아볼 단서가 있었다. 예컨대 척추동물과 성게는 초기 배아의 특화된 특징과 발생 패턴을 공유한다. 하지만 해부학적 증거는 머지않아 동이 났고, 생물학자들은 대단위 동물 집단 다수 사이에서 가까운 관계를 표시해줄 근본적인 공통의 특징을 찾고자 분투했다. 아득히 먼 시간의 안개 속 매우 커다란 물음표까지 뒤로 이어주는 일련의 선들로 진화의 나무

(계통수)가 그려졌다.

DNA 염기서열 결정법DNA sequencing이 그 모든 것을 바꿔놓았다. 1960년대에 유기체의 DNA 염기서열을 비교하는 분자적 기법의 도래와 함께 유사성의 양, 그리고 특히 그 유사성의 세부사항(예컨대 DNA 또는 유전자의 공통된 부분)이 종 사이의 실제적 유연관계를 알아보는 데에 신뢰할 만한 방식으로 도움을 줄 수 있다는 깨달음이 찾아왔다. 예컨대 초기 분석가들은 인간과 침팬지의 DNA는 거의 똑같지만 꿀벌과 인간의 DNA는 매우 다르다는 데에 주목했다. 머지않아 고전적 해부학자들이 척추동물과 극피동물을 짝지은 것은 옳았다는 게 드러났지만, 일부 다른 분류는 예상 밖이었다.

그런 분류 하나가 탈피동물문Ecdysozoa이었다. 생물학자들은 많은 동물이, 특히 사는 동안 여러 번 자신의 허깨비를 벗어버리는 곤충, 거미, 갑각류 같은 절지동물은 성장하는 동안 외골격을 벗어버린다는 것(탈피ecdysis)을 오래전부터 알고 있었다. 이런 식으로 외피를 벗어버리는 다른 동물 집단은 선충nematode worm, 유조동물onychophoran(발톱벌레velvet worm), 새예동물priapulid(자지벌레penis worm)을 포함한다. 이것은 초기 생물학자들이 허물 벗기는 많은 동물이 할 수 있는 뭔가라고 생각했기 때문에 그들에 의해 무시당해왔던 해부학적 단서였는데, 실은 그것이 탈피동물문의 조상들에 의한 결정적 혁신이었다.

진화 나무의 형태를 알아보는 것과 그것의 연대를 측정하는 것은 다른 문제다. 1960년대에 DNA 염기서열 결정법의 초창기에 분석가들은 분자 수준의 진화가 일정한 보폭으로 걸어간다는 뜻으로 엄격한 분자시계가 존재해왔다고 가정했다. 이것이 사실이라면 그 나무는 종과 종 사이의 분자적 차이의 양에 의해, 예컨대 1000만 년 또는 2000만 년으로 환산되는 1퍼센트 차이를 통해 연대가 측정될 수 있을 것이다. 그렇지만 모든 진화의 속도는 가변적이라는 것이 이제는 알려져 있고, 분자적 진화 나무는 나무에서의 위치가 알려진 화석들과 지질학적 나이가 알려진 화석들을 이용해 보정된 다(다시 말해 연대가 측정된다). 이런 이유에서 예컨대 킴베렐라가 진정한 연체동물인가, 다시 말해 모든 현생 형태로 구성되는 집단의 일원인가 아니면 그 나무상에서 현생 집단들이 갈라져나온 시점 이전의 더 깊은 어딘가에 위치하는가를 결정하는 것은 매우 중요하다. 다윈이라면 아마도, 동물의 초기 진화에 관한 연구의 현재 위치, 그리고 해부학, 유전자 서열 결정법과 화석을 포함하여 모든 다양한 도구를 우리 마음대로 이용해가며 수행하는 그 나무 만들기와 연대 측정의 과정을 사랑했을 것이다.

진화 나무는 새로운 분자적 연구에 따라 형태가 고쳐지고 또 고쳐졌다. 우리는 나무의 바닥에서 해면과 산호와 함께 출발하고, 그다음에는 정식으로 좌우대칭동물Bilateria이라 불리는, 좌우 대칭성을 가진 동물의 기원이라는 대사건이 있다. 이들이 그 모든 벌레, 절지동물, 연체동물, 척추동물과 기타 등등이다. 불가사리는 팔이 다섯 개인 대칭성을 가졌다고 해도, 그 또한 여전히 좌우 대칭이다. 이 새로운 게놈 나무들은 해면, 산호, 좌우대칭동물과 탈피동물 같은 기본적인 동물 집단 사이의 깊은 진화적 분기가 선캄브리아시대에서 6억 6000만 년 전부터 5억 4000만 년 전까지, 정확히 에디아카라기 짐승들의 시기에 일어났음을 입증했다. 나무는 일부 매우 일찍 확증된 해면과 산호의 화석을 기준으로 연대가 측정되고, 나머지 연대는 현생 동물들의 DNA에 기반을 둔 진화 나무의 기하학에 따라 약간 꼼지락거릴 여지를 두고 자리를 찾아 들어가야 한다. 이렇게 해서 심지어 화석이 없어도, 우리는 모든 현생 동물 집단이 캄브리아기의 여명 이전에 기원했다는 것을 안다. 하지만 에디아카라 동물군은 어디로 갔을까?

선캄브리아시대-캄브리아기 대멸종

어쩌면 에디아카라기 짐승 일부는 아무 데도 가지 않았고 정말로 산호, 해파리, 벌레의 조상 형태들인지도 모른다. 대멸종이 있었는지 없었는지를 결정하려면 이 비범한 동물들이 실제로 절멸하긴 했음을 확신해야 한다. 이에 대해 상반되는 주장 가운데 하나는, 예외적인 화석 보존의 창이 닫혔다는 것, 그리고 그 동물들은 계속 살았으나 그들의 화석이 발견되지 않는다는 것이다. 이것은 극심한 화학적·물리적 변화와 연관될 수 있을 것이다. 첫째, 신원생대 말에 가까운 시기의 산소 농도 증가는 화학적 보존 방식 일부, 특히 연조직이 황철석으로 치환되는 방식(116쪽을 보라)을 훨씬 더 어렵게 만들었을 것이다. 둘째, 새로운 동물 집단들이 굴 파기에 적응했고 따라서 해저면 위의 사체들을 물리적으로 어지럽히고 망가뜨렸을지도 모른다.

그렇지만 에디아카라기 동물이 실제로 사라지기는 했다는 편이 더 그럴듯해 보인다. 갑작스러운 위기—소행성 충돌이나 대규모 화산 분화—를 뒷받침할 증거가 없다. 어쩌면 크고 몸이 말랑말랑한 카르니아와 디킨소니아는 새로운 포식자 집단—그들을 물어뜯을 수 있는 딱딱한 껍데기와 날카로운 턱을 가진 동물—의 밥이 되었을지도 모른다. 아닌 게 아니라 캄브리아기는 그런 기동성 있는, 무장한 생명체의 폭발과 함께 시작되었다.

선캄브리아시대-캄브리아기 대멸종은 멸종 전의 에디아카라기 동물을 그들의 모든 기이하고 경이로운 속성과 함께 캄브리아기의 확실히 현대적인 동물로부터 갈라놓는, 지구가 보아온 가장 의미심장한 대멸종 가운데 하나였다. 앞선 눈덩이 지구 시기 동안 무슨 일이 일어났는지는 알려지지 않았어도, 온갖 우여곡절을 겪어온 생명의 역사에 대한 우리의 지식은 멸종 사건으로 시작되고 멸종 사건으로 마감된, 하지만 또한 엄청나게 창조적인 다양화 사건들로 특징지어지는 시기, 캄브리아기에서 대폭 향상된다.

2

캄브리아기 대폭발과 멸종

하이커우와 세계 최고령 물고기

2013년 4월에 나는 세계 최고령 물고기의 표본을 찾아 중국 남서부의 윈난雲南성, 거대한 위셴호浴仙湖 인근을 방문하고 있는 중국인 지질학자팀의 일원이었다. 우리는 1984년에 발견된 이래 동물의 초기 진화에 대해 새로이 굉장한 통찰력을 제공해온, 캄브리아기 초기에서 예외적으로 보존되어 나오는 아름다운 화석 군집, 청장澄江 생물상Biota의 예를 찾고 싶었다.

호수의 동쪽 호안에 접한, 물이 좁아지는 위치를 내려다보는 하이커우 채석장(하이커우湖口는 '호수 입'을 뜻한다)은 앞선 채석 작업에서 나온 연노랑 빛깔의 암석 파편들로 가득해서 어떤 화석이든 고동, 검정, 빨강, 파랑으로 분명하게 두드러진다. 우리는 채석장에서 생명의 흔적을 기대하며, 손바닥만 한 점판암 박판들을 뒤집어 여기저기 쪼개면서 작업에 착수했다. 나는 잡동사니 몇 점밖에 찾지 못했지만, 청두成都 지질조사센터에서 나온 그 나들이의 통솔자 후스쉐胡世學 교수는 화석 표본 수십 점을 찾아냈다—그가 중국 지질조사국 윈난 지부에서 일해왔다는 걸 생각하면 이곳은 그의 오랜 활동 무대였다. 그날 우리는 어떤 화석 물고기도 찾지 못했지만, 이 지점에서 그런 표본들이 발견되어왔고 그중 하나는 이 장소를 기념해 하이코우익티스Haikouichthys('하이커우 물고기')로 명명되었다.

하이커우에서는 연대가 5억 1800만 년 전으로 측정되는 초기 캄브리아기 생물의 화석들이 발견되어왔고, 이것들이 에디아카라 동물군의 것과는 매우 다른 여러 산지 중 하나다. 이 무렵은 '캄브리아기 대폭발Cambrian explosion'이 이미 일어난 터였다—우리 자신의 최초 조상들을 포함해 엄청난 숫자의 새로운 동물 집단이 출현한 시기 말이다. 그것은 이해하기도 힘들고 살아 있는 그 어떤 형태와도 연결짓기가 확실히 힘든 놀라운 동물들을 진화가 얼마간 발생시킨 실험 기간이기도 했다. 그렇지만 캄브리아기의 끝 무렵에는 이 진화적 실험 다수가 사라지고 없었다.

현생 생물을 이해하려면 캄브리아기 대폭발뿐 아니라 캄브리아기 후기 대멸종 사건과 그것이 살아남은 집단을 솎아내는 데서 담당한 역할도 이해할 필요가 있다. 미국의 고생물학자 스티븐 굴드(1941~2002)는 캄브리아기의 생명이 너무도 초자연적이고 풍부한 나머지, 뒤이어서 그리고 오늘날 보이는 형태의 범위를 어떻게든 초월한다고 주장한다. 이것은 진실일까? 그리고 화석이 예외적으로 잘 보존된 윈난성의 청장과 캐나다 브리티시컬럼비아의 버제스 셰일 같은 유명한 곳들은 정확히 얼마나 중요할까? 우리는 캄브리아기가 왜 생명의 역사에서 그토록 강렬하게 흥미를 끄는 시기인지를 밝히기 위해 이런 주제를 탐구할 것이다.

캄브리아기 대폭발

미국의 지질학자 프레스턴 클라우드는 1948년에 '캄브리아기 방산Cambrian radiation'을 언급했고, 에디아카라기 유기체에 관한 벤도조아 가설의 핵심 지지자 아돌프 자일라허(33쪽을 보라)는 캄브리아기 초에 생명의 흔적이 '폭발explosion'했다고 말했다. 1970년대에 이르러 이 두 표현은 약 5억 4000만 년 전에 일어난 새로운 동물 형태의 급속한 다양화 또는 방산을 가리키는 '캄브리아기 대폭발'로 합쳐져 있었다. 1장에서 살펴보았듯이, 찰스 다윈은 보기 드문 삼엽충과 기타 화석이 이 시기에 갑자기 나타나는 것처럼 보인다고 언급했고, 그가 옳았다는 증거는 그 뒤로 엄청나게 늘어왔다.

캄브리아기 대폭발에 대한 광범위한 관심은 굴드와 케임브리지 대학 고생물학자 사이먼 콘웨이 모리스의 대중서들과 모리스의 지도교수였던 영국인 고생물학자 해리 휘팅턴의 1960년대와 1970년대 연구물로부터 이어져 왔고, 앞선 캐나다 버제스 셰일에서 발견된 비범한 화석들, 그리고 1980년대부터는 중국의 청장 화석들로부터 연료를 공급받았다. 캐나다와 중국뿐만 아니라 그린란드와 기타 산지에서도 나오는 이 예외적으로 잘 보존된 화석들은 대단위 동물 집단의 기원에 관해 점점 더 많은 세부사항을 내보이고 있다.

그렇지만 일부 연구자들은 캄브리아기 대폭발은 일어나지 않았고, 그것은 매우 단편적인 화석 기록의 인공물일 뿐이라고 주장해왔다. 이것은 우리가 충분히 열심히 들여다본 적이 없었거나 그렇지 않더라도 어떤 식으론가 숨겨져 있어서 선캄브리아시대에는 화석이 없는 것처럼 보였다는, 더 노력하면 그처럼 오래된 화석도 발견되어야 마땅하다고 암시하는 다윈의 견해와 흡사하다. 아마도 화석화 조건은 어떻게든 변해왔을 테고, 그래서 설사 선캄브리아시대 후기 역시 풍부한 생명이 들끓은 시기였다 해도 화석은 캄브리아기에서 발견되기 시작했다는 것이다. 그렇지만 고생물학자들이 선캄브리아시대–캄브리아기 경계를 가로지르는 전 세계 화석을 사냥하는 동안, 그들은 대단위 화석 집단들의 출현 순서가 언제나 같다는 것을 알게 된다. 예측할 수 있는, 서로 다른 짐승들의 단계적 출현이 있다는 사실은 인공적이기보다 현실적으로 보이고 캄브리아기 대폭발이 일어나기는 했음을 가리킨다.

스웨덴 웁살라 대학의 고생물학 교수 그레이엄 버드에 따르면, 이 팽창과 다양화의 기간은 네 단계로 나뉠 수 있다. 먼저 선캄브리아시대-캄브리아기 경계에 걸친 5억 5000만 년 전~5억 3600만 년 전에 '관 세계Tube world'가 왔다. 이것은 클로우디나*Cloudina* 같은 낯설고 아주 작은 화석이 풍부하게 존재했던 때이다. 하나가 다른 하나 안으로 들어가는, 뒤집힌 원뿔 다섯 개 내지 열 개로 만들어진 클로우디나는 아주 대충 쌓은 화분 무더기를 닮았고, 짐작건대 관처럼 보이는 중심으로 유기물 입자를 끌어들이는 동안 해저면 물결 속에서 흔들거렸을 것이다. 이 시기에 다른 동물들은 표면 위에서 돌아다니기만 한 게 아니라, 아래를 향해 해저면 퇴적물 속으로 굴을 파기 시작하고 있었다.

다음에는 작은 껍데기 화석small shelly fossil, 다시 말해 이 시기에 해당하는 세계 전역에서 확인돼온 골편이라 불리는 아주 작은 껍데기나 비늘처럼 보이는 구조물로 특징지어지는 '골편 세계Sclerite world'(5억 3600만 년 전~5억 2500만 년 전)가 왔다. 수년간, 고생물학자들은 대부분 지름이 1~2밀리미터인 이 작은 원뿔, 관, 골판이 정확히 무엇일지—어쩌면 아주 작은 개별 생명체의 껍데기일지, 아니면 벌레 비슷한 생명체가 착용한 모종의 쇠사슬 갑옷 비슷한 갑옷의 부품일지—밝히기 위해 분투해왔다.

버드에 따르면, 캄브리아기 대폭발의 세 번째 단계는 '완족류 세계Brachiopod world'(5억 2500만 년 전~5억 2100만 년 전)로, 놀랄 것 없이 완족류(두 짝의 겉껍데기를 가진 해저면의 여과섭식자)가 지배했다. 지금은 아주 드물어도, 캄브리아기 대폭발 동안 기원한 어엿한 동물문 중 하나인 완족류는 오늘날에도 여전히 명맥을 잇고 있다. 작은 로마 등잔처럼 보여서 때로는 '램프 조개'로도 불리는 그들은 끝에 작은 구멍이 뚫린 더 큰 껍데기에 더 작은 껍데기가 뚜껑처럼 덮여 있다.

버드의 네 번째 단계는 삼엽충이 다양화한 '삼엽충 세계Trilobite world'

(5억 2100만 년 전~5억 1400만 년 전)다. 유명한 멸종 절지동물 집단인 삼엽충은 어떤 식으로 보든 세 개의 엽葉, lobe을 지닌—세로로 보면 분절된 골판이 세 줄이고, 앞에서 뒤로 보면 머리-몸통-꼬리 세 부분으로 나뉘는—생명체다(컬러도판 5를 보라). 새끼손톱보다 작은 크기부터 길이 45센티미터의 거구에 이르는 다양한 크기의 2만 종이 있었고, 캄브리아기에서 페름기에 이르는 2억 9000만 년 동안 대양에서는 그들이 핵심 포식자였다.

버제스 셰일

혁명기로서의 캄브리아기에 관한 과학적 흥분과 대중적 흥분의 시작을 보려면 1909년으로 돌아가야 한다. 우리가 1장에서 만난, 1883년에 뗏목을 타고 콜로라도강을 따라 방향을 틀고 있었고 최초의 선캄브리아시대 스트로마톨라이트를 보고하고 있었던, 미국 지질조사국의 찰스 월컷이 캐나다 브리티시컬럼비아의 로키산맥 북부에서 현지조사를 벌이다가 위대한 발견을 한 게 그때였다. 산비탈 높은 곳에서 캄브리아기 나이의 검은 셰일들을 조사하다가, 그는 우연히 어떤 놀라운 화석들과 마주쳤다. 절지동물의 다리, 몸통, 머리와 눈이 남긴 은빛 도는 잿빛 흔적이 그들의 골격뿐만 아니라 연질부까지 보여주었다. 자신이 범상치 않은 뭔가를 찾아냈음을 감지한 월컷은 1910년에 가족을 데리고 돌아왔고, 그들은 곡괭이와 망치를 쥐고 달려들었다. 그 계절의 끝에 월컷 일가는 표본 수천 점을 수습했다. 월컷은 1924년까지 거듭거듭 그곳으로 돌아왔고, 그때 월컷과 그의 가족은 지금은 워싱턴 D.C. 스미스소니언협회 소장품으로 보관되어 있는 6만 5000점의 표본을 뽑아냈다.

월컷은 필요한 모든 연구를 하고 사람들에게 그 중요성을 설득하는 데에 애를 먹긴 했어도 버제스 셰일의 경이로운 새 화석들—일부는 다른 곳에서 출토되어 이미 알려져 있었던 삼엽충, 벌레, 연체동물이지만, 대부분

캐나다 브리티시컬럼비아의 로키산맥에 있는 유명한 버제스 셰일 화석지. 셰일 석판 속에서 화석이 발견된다.

은 분류하기도 힘들었던 놀라운 초자연적 생명체를 대변하는—을 기재하는 논문 수십 편을 그의 생전에 발표했다. 그다음에는 1960년대에 해리 휘팅턴(1916~2010)이 그 발굴지들을 다시 열었고, 월컷이 작업에 바칠 수 있었던 시간보다 더 많은 시간을 들이고 정보를 최대한 뽑아내는 새로운 촬영 방법들까지 써가며 꼼꼼한 기재의 과정을 시작했다. 그의 출판물, 그리고 사이먼 콘웨이 모리스와 디렉 브리그스를 비롯한 그의 제자들의 출판물은 사람들에게 화석 안에 갇힌 놀라운 해부학적 정보를 보여주었다.

굴드는 그 작업에 흥분했고, 그의 1989년 책 『생명, 그 경이로움에 대하여』(김동광 옮김, 2018년에 『원더풀 라이프』라는 제목으로 재출간됨–옮긴이)는 월컷, 휘팅턴과 그 밖의 사람들을 (어쩌면 마지못한) 영웅으로 만들고 버제스 셰일을 수백만 독자에게 날라주었다. 굴드는 뉴욕에서 컬럼비아 대학에 다니는 총명한 학생으로 연구를 시작한 다음, 향년 60세로 너무 일찍 세상을 떠나기 전까지 그의 경력 대부분을 하버드에서 보냈다. 그는 잡지 『내추럴 히스토리』에 실린 300편의 수필을 포함해 많은 논설을 썼고, 일반 독자 사이에서 고생물학을 대중화하는(많은 고생물학자가 그 때문에 그를 싫어했어도), 모조리 베스트셀러인 책도 스무 권을 발표했다. 그는 사회생물학, 유전자결정론, 점진적 진화론과 한때 존중되었던 많은 사상에 반론을 폈다. 사람들은 그가 말하면 주목했고, 그는 자신의 주장을 관철하기 위해 화석 증거를, 그리고 특히 적절한 수치를 갖다대는 방법을 자주 동원했다.

버제스 셰일은 연대가 약 5억 800만 년 전, 캄브리아기 중기부터로 측정되었고, 출연진의 면면은 세상을 놀라게 했다(컬러도판 4, 6을 보라). 가장 굉장한 출연자는 긴 몸을 덮은 분절된 갑옷, 갈라지는 부채 모양의 꼬리, 옆구리를 따라 아마도 생전에 잔물결을 일으켜 그 동물을 젓고 다녔을 넓은 잎을 가진 절지동물, 어쩌면 길이가 2미터에 달했을 거대한 아노말로카리스*Anomalocaris*였다. 1985년에 휘팅턴과 브리그스가 화석들을 다시 기재했을 때, 그들은 '이상한 새우'를 뜻하는 아노말로카리스가 그동안 오인되었던 몇 부위로 구성되어 있었다는 것을 보여주었다. 앞쪽에는 중세 갑옷 한 벌의 다리와 무릎 가리개처럼 아치 모양으로 아귀가 맞춰진, 키틴질 비늘(판)들로 둥그렇게 연결되어 아래로 구부릴 수 있는 두 개의 긴 팔이 붙어 있었다. 이 훌륭한 팔은 이전에는 별개의 구부러진 벌레 비슷한 생명체로 오인되었는데, 휘팅턴과 브리그스가 올바른 자리로 되돌려놓았다. 파인애플 고리를 닮은 또 하나의 오인된 화석—가운데에 구멍이 있고 방사상으로 수없이 분절된 둥근 구조물—은 해파리로 불려왔었지만, 실은 머리 아래 그 훌륭한 굽은 팔이 닿을 수 있는 거리에 위치한 아노말로카리스의 입이었다. 아노말로카리스과anomalocarid는 지름 2~5센티미터의 먹이—다른 버제스 셰일 유기체 대부분—를 두 개의 섭식용 부속지로 붙잡은 다음,

부속지를 아래로 구부려 먹이를 꽉 안아 죄거나 어쩌면 심지어 으스러뜨려서 입 안으로 쑤셔넣어 먹고 사는 포식자였다. 아노말로카리스의 방사상 구기口器, mouthpart들은 먹이를 갈아서 더 짓이기는 기능을 했을지도 모른다.

버제스 셰일의 더 보잘것없는 해저면 생명체 중에서 위왁시아*Wiwaxia*는 등에 헐렁하게 맞는 타원형 판이 덮여 있고, 등을 따라 일곱 개의 납작한 가시가 두 줄로 곧추서 있는, 5센티미터 길이의 민달팽이처럼 생겼었다. 구기들이 밑면에 있었고 유기물을 뜯어먹고 살았을 개연성이 있으며, 실제로 특이한 연체동물 집단에 속하는 것으로 보인다. 위왁시아도 아노말로카리스처럼 먼저 암석 안에 흔히 납작해진 채 따로 떨어져 있던 부분들로부터 동정되었고, 여러 해에 걸쳐서, 그리고 많은 힘든 작업을 거치고 나서야 그 부분들이 조립되어 완전한 동물로 모습을 드러낼 수 있었다.

훨씬 더 파격적인 출연자는 이름이 어쩐지 꿈같은 생김새를 반영하고 있는 할루키게니아*Hallucigenia*다(1977년에 사이먼 콘웨이 모리스가 환상 hallucination에서나 나올 법한 "기괴하고 꿈같은 모습"을 지니고 있다며 명명한 것이다-옮긴이). 맨 처음 자세히 연구되는 과정에서 그것은 살진 다리들이 한 줄로 위쪽을 가리키고 있고 등쪽 가시들이 아래쪽을 가리키고 있는, 뒤집힌 상태로 복원되었다. 그것이 180도 뒤집혀 제대로 보이게 된 것은 일곱 쌍의 불안정한 다리와 일곱 쌍의 빳빳한 가시가 일단 다리와 가시로 인식된 다음 순간부터였다. 할루키게니아는 0.5~5.5센티미터 길이에 관 모양의 몸통과 두 눈이 앞에 달린 긴 머리를 갖고 있었다. 이 막연하게 벌레처럼 보이는 짐승은 절지동물과 친척인 발톱벌레velvet worm를 현생 집단에 포함하는, 엽족동물lobopod이라는 멸종 집단일 개연성이 가장 크다.

아노말로카리스와 비슷한 몸을 가진 또 하나의 생명체는 10센티미터 길이의 절지동물 오파비니아*Opabinia*였다. 그것은 분절된 갑옷 고리들로 앞에서 뒤까지 보호되는 중심의 긴 몸통, 그리고 양옆의 헤엄용 엽으로 구성된 삼엽 동물이었다. 오파비니아는 머리 쪽이 기묘했다. 그것은 머리 위에

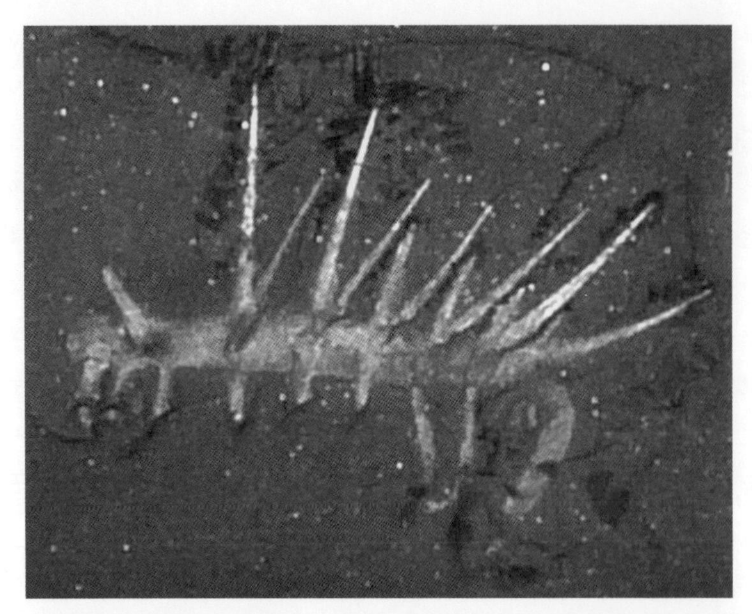

할루키게니아. 짝을 이룬 가시들은 아마도 방어를 위해 등을 따라 V자형 구조물들을 형성하고, 짧고 살진 다리들은 아래에 있다.

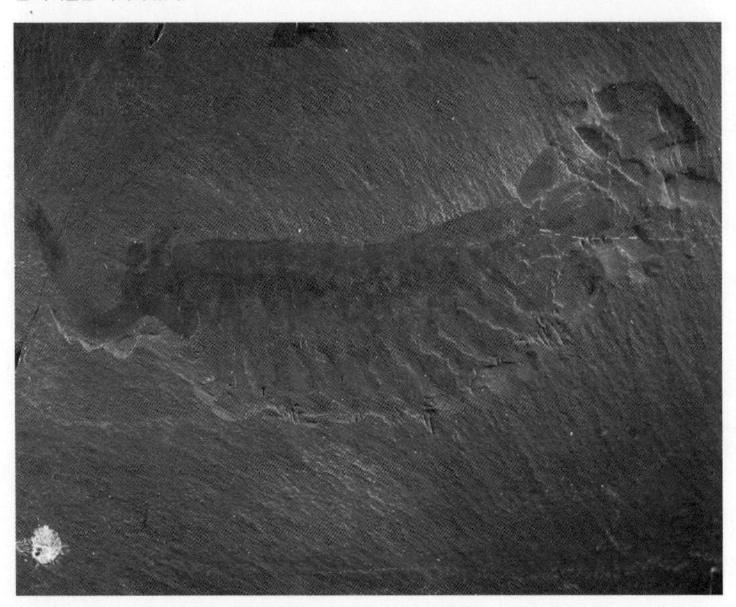

오파비니아. 이 절지동물은 아마도 헤엄을 위해 옆구리를 따라 넓은 키틴질 날개를, 그리고 머리(왼쪽) 위에 다섯 개의 눈과 섭식용 스노클을 갖고 있다.

대칭으로 배열된, 자루에 달린 눈 다섯 개, 아래에 진공청소기 호스처럼 생긴, 그리고 한 쌍의 집게발마다 양쪽에 다섯 개의 가시를 지닌, 길고 유연한 주둥이 관을 갖고 있었다. 그것은 아마도 먹잇감 동물을 찾아 진흙 속에서 근육질 주둥이를 놀리다가 뭔가를 마주치면 가시로 몸을 찌르며 집게발로 먹잇감을 붙잡은 다음 으스러뜨려서 맛있는 한입 거리를 후루룩 들이마셨을 것이다.

버제스 셰일에서 나온 동물 거의 200종이 명명된 바 있다—우리가 뭔데 비범한 생명체들의 그런 다양성에 관해 의견을 세울까? 그들은 다른 장소로부터 보고된 적이 결코 없었으므로, 버제스 셰일 암석이 없었다면 그들에 관해서는 아무것도 알려지지 않았을 것이다. 이 기이한 동물들은 버제스 셰일 산지에 고유한, 이제는 캐나다의 로키산맥에서 나타난 대양 밑바닥의 그 작은 면적에서만 보일 제한적인 놀라운 창조성의 폭발이었을까? 아니면 캄브리아기에는 이런 굉장한 짐승이 어디에나 살았는데 다른 곳에는 보존되지 않았을 뿐일까?

청장 생물상

1984년 윈난성에서 발견된 청장 화석 군집assemblage 또는 생물상biota이 이 질문에 답을 주었다. 실은, 연대가 조금 더 오래된 5억 1800만 년 전이고 캄브리아기 대폭발의 후반 단계에 속하긴 하지만, 청장에서도 버제스 셰일에서 발견되는 사냥용 팔을 가진 아노말로카리스과, 다른 몇몇 절지동물과 할루키게니아를 포함한 똑같은 경이를 얼마간 찾아볼 수 있다.

지금까지 200여 종이 청장 화석층에서 동정된 바 있고, 그 가장 중요한 일부에 2013년에 우리가 방문했을 때 잡고 싶어했던 하이코우익티스 같은 최고령 물고기도 들어간다. 이 작은 짐승은 1999년에 명명되었고 그때 이후로 수십 점의 표본이 발견되어왔다. 길이가 겨우 2.5센티미터이고 앞쪽에 검은 눈 한 쌍이 달린, 아주 작고 납작한 주머니칼 날과도 같은 이 물고기의 몸은 앞뒤로 뾰족했다. 등 전체를 따라 그리고 꼬리 밑으로 구부러져 내려가면서 그것은 정중선이 확장된 지느러미, 약간의 튼튼한 지느러미살에 붙어 지탱되는 얇은 막을 갖고 있었다. 몸 안쪽에서는 W자 모양의 근육 덩어리들이 이 물고기가 몸통과 지느러미를 옆방향으로 굽혀 헤엄을 치는 데에 동력을 공급했다. 눈 뒤의 목구멍 부근에는 최대 아홉 개의 아가미구멍이 있었다.

이 모든 특징은 명백히 어류, 더 적절하게는 척추동물에 대한 설명이다. 어류를 위해 가장 기초적이고 단순한 설계가 이와 같고, 하이코우익티스는 분명 현생 큰가시고기처럼 날쌘 헤엄을 위해 적응되어 있었다. 규칙적인 근육 덩어리, 꼬리, 등지느러미와 목구멍 부근의 아가미구멍은 모두 척추동물의 특징이고, 실은 척삭동물chordate이라 불리는, 척추동물을 포함한 더 광범위한 집단의 특징이기도 하다. 척추동물, 우리가 속한 집단의 기원이 캄브리아기 대폭발에 있음을 깨닫는 것은 엄청나게 흥분되고, 또한 중요한 일이다. 우리는 인간이 다른 동물에 비해 제법 쓸 만한 생명체라고 생각하겠지만, 우리의 문은 벌레, 연체동물, 절지동물과 같은 시기에 기원했다.

골격의 의의

캄브리아기 대폭발은 주장컨대 동물 진화에서 가장 큰 재편성, 혹은 혁명이었다. 폭발 전에는 붙박여 있고 철퍼덕거리고 있고 막무가내로 밀어붙이고 있던 에디아카라의 기이한 생명체들이 그 뒤로는 연체동물, 절지동물, 최초의 어류, 군락을 형성하는 생명체와 먹이를 찾아 또는 보호를 위해 굴을 파는 그 밖의 생명체로 바뀌었다. 청장과 버제스 셰일에서 보여주었듯, 머지않아 눈에 띄는 모든 것을 잡아먹는 개만 한 거구의 포식성 절지동물이 생겨났다.

이 새로운 생명 형태의 팽창이 일어난 이유를 알아보기 전에, 우리는 첫째, 캄브리아기 대폭발은 단일하거나 급속한 사건이 아니라 실은 5억 5000만 년 전부터 5억 1400만 년 전까지 3600만 년 동안 계속되었고, 그레이엄 버드가 기술한 네 단계로 이루어졌다는 것을 고려할 필요가 있다. 그러므로 이 생명의 폭발에 대양의 화학적 성질 또는 온도의 갑작스러운 변화 같은 단 하나의 원인은 없을지도 모른다. 각각의 단계가 비슷한 사건으로 촉발되었을지도 모르고, 아니면 어느 단계는 그것만의 뚜렷이 구별되는 원인이 있었을지도 모른다. 둘째, 선캄브리아시대 말과 캄브리아기 초에는 세계도 대규모로 변화하고 있었고, 정확한 시기들을 못박기는 어렵다. 예컨대 눈덩이 지구 조건의 종식과 신원생대 동안의 산소 농도 상승으로 지구는 이전보다 생명에게 의심할 여지 없이 더 적합했지만, 이 사건들은 캄브리아기 대폭발이 시작되기 오래전, 약 7억 1700만 년 전과 6억 3500만 년 전에 일어났다.

이 모든 것에도 불구하고, 이 시기에서 골격의 기원이 단서를 쥐고 있는 게 틀림없다고 흔히 주장되어왔다. 캄브리아기 대폭발의 네 단계 동안 대양에서 모두 모종의 골격을 가진 새로운 동물 집단이 자그마치 50개나 나타났다. 그게 캄브리아기의 위대한 혁신 중 하나이긴 했어도 '골격skeleton'이라는 용어는 일반적으로 인간과 척추동물의 내부 뼈 골격만 가리키는 게 아니라, 외부에 있을 수도 있고 무척추동물에서 발견될 수도 있다. 척추동물의 골격은 인산칼슘, 또는 인회석apatite으로 만들어지는데, 그 밖에도 앞서 언급한 작은 껍데기 화석 다수뿐만 아니라 일부 완족류와 벌레류 생명체를 포함한 열 또는 열두 개의 동물 집단이 독립적으로 인산염이 풍부한 골격을 얻었다. 이들에게는 인산염 골격이—몸을 완전히 뒤덮는 껍데기이건, 아니면 더 작은 호신용 가리개들의 조합 혹은 턱과 같은 내골격의 부분이건—외부에 있다. 캄브리아기 대폭발 동안 세 가지 기타 골격 유형이 출현했는데, 그중 두 유형은 아라고나이트aragonite와 방해석calcite으로 불리는 탄산칼슘의 서로 다른 화학적 변종으로 이루어져 있다. 이 골격 유형은 연체동물, 벌레, 일부 완족류, 삼엽충과 극피동물에서 보인다. 세 번째 골격 유형은 모래와 유리의 기본 재료인 실리카(이산화규소)로 지어져 있고, 해면에서 보인다.

골격은 도대체 왜 갖고 있을까? 외부 골격은 일반적으로 그것의 소유주가 위험이 엄습할 때 안으로 뒷걸음질치거나 해치를 밀폐할 수 있게 해주는 호신용이다. 그것은 예컨대 척추동물과 절지동물에서 그렇듯 근육이 가서 붙을 수 있는 지지체와 지점을 제공할 수도 있다—게나 바닷가재의 살은 주로 근육으로 이루어져 있고, 이 근육들은 마치 우리의 근육이 우리 내골격의 다른 요소에 정박해 있듯이, 외골격에 붙어서 사지가 작동하게 해준다. 골격은 나란히 살아가는 다수 유기체가 저마다 그들만의 방해석 골격집에서 기능을 공유함으로써 전 군락의 생존 확률을 높일, 산호초 같은 군락이 형성될 수 있게 해주기도 한다.

골격은 동물의 기능을 위한 무기질(광물성 영양소)의 공급원일 수도 있다. 척추동물은 필요할 때—예컨대 알을 낳는 암컷이 알껍데기를 지을 때, 또는 과중한 노력이 필요할 때(인은 생리적 에너지 순환의 일익을 맡고 있다)—그들의 뼈에서 칼슘과 인을 회수한다. 광물화된 골격은 광물질의 필요성을 가리키고, 지구화학자들은 서로 다른 살지고 발가벗은 조상 동물들이 흡수하고 골격을 짓는 데에 써먹기에 알맞은 화학물질 이온이 캄브리아기 초기에 세계의 대양에 풍부해졌다는 증거를 뒤져왔다.

한때 지구화학자들은 캄브리아기 초에 낮은 산소 농도와 생명의 부재로 특징지어지는 '스트레인지러브양洋'이 있었다고 주장했다. 그것은 주인공이 모든 생명을 파괴하는 일에 열중하는 스탠리 큐브릭 감독의 1964년 영화 〈닥터 스트레인지러브Dr. Strangelove〉에서 이름을 따왔다. 그런 대양이라면 엄청난 생명의 손실을, 특히 스트로마톨라이트를 건축하던 초록빛 미생물(26~28쪽을 보라) 사이에서 초래했을 것이고, 그래서 비워진 생태적 공간을 메우기 위해 결국은 새로운 생명 형태가 폭발했을 것이다. 그렇지만 그런 사건을 뒷받침할 증거는 발견된 적이 없었다.

그렇지만 둘 다 암석에서 침식되어 나와 대양의 수역에서 동요와 전복의 수준이 높은 결과로(얕은 수역과 깊은 수역이 서로 완전히 자리를 바꿀 때) 분산되는 원소인, 칼슘과 인의 농도가 올라갔음을 뒷받침하는 증거는 있다. 대양의 산소와 탄소 농도가 캄브리아기 초기 동안 상당히 달라졌고, 갑작스러운 상승과 하강 일부가 진화의 폭발과 일치하는 것처럼 보이지만, 화학적 변화가 대양에서 새로운 동물 집단의 진화를 견인했는가 아니면 새로운 동물 집단의 급증이 서로 반대 방향으로 작용하는 탄소와 산소의 순환에 영향을 미쳤는가는 뜨거운 논란의 대상이 되어 있다.

연구자 대부분이 캄브리아기 폭발을 최소 3600만 년에 걸쳐 이어지는, 하지만 선캄브리아시대 말에 발견되는 에디아카라 유기체를 포괄하고 버드의 '관 세계'와 나머지 내내 연장되는 과정의 부분으로서 훨씬 더 길 수도 있는 질질 끈 사건으로 보므로, 그것이 반드시 특정한 한 시점에 일어난 단 한 건의 화학적 계기로 유발되지는 않았을 것이다. 그렇지만 원인 또는 원인들이 무엇이든, 그 결과들은 새로운 형태의 동물 생명의 다양성 면에서 깜짝 놀랄 만했다.

스티븐 굴드의 산울타리를 다듬으며

캄브리아기 캐기는 생명의 역사 속 대사건들에 대해 짜릿한 통찰을 준다. 버제스 셰일이나 청장에서처럼 화석이 예외적으로 잘 보존되어 있을 때, 굉장한 생명체들이 발견되어왔고 우리는 우리 자신의 세계와 거리가 먼 다른 세계를 볼 수 있다. 정확히 무엇이 캄브리아기 대폭발을 초래했는가를 결정하기가 어려운 것과 마찬가지로, 캄브리아기의 폭주하는 진화를 해석하기도 어렵다. 캄브리아기 대폭발은 어떤 식으로든 특별한 사건, 진화가 증속 구동으로 달리고 있었던 시기였을 수 있을까, 아니면 그것은 어쩌면 조금은 더 억제된 무엇인가였을까?

스티븐 굴드는 확실히 전자를 믿었다. 캄브리아기 대폭발에 관한 그의 책『생명, 그 경이로움에 관하여』에서 그는 캄브리아기에 조건이 생명을 위해 너무도 이상적이었고 앞서 생명 형태의 다양성이 너무도 적었다고, 캄브리아기는 실험의 시기였다고 주장했다. 우리가 보았다시피, 일부는 오늘날 우리에게 익숙하지만 다수가 기이하고 뜻밖인, 동물 집단의 수가 대폭 증가했다. 이를 기반으로 굴드는 진화적 다양화, 새로운 대단위 유기체 집단들이 무대에서 폭발하는 시기에 대한 새로운 모형을 제안했다. 그는 캄브리아기의 진화 나무를 가지를 뻗어 사방으로 새순과 가지를 내보내며 마구 갈라지고 있는, 얽히고설킨 산울타리hedge에 비유했다. 가지 하나하나가 새로운 종을 대표한다. 그는 버제스 셰일 동물상이 체형과 기능의 극단을 그 뒤로 보여온 양보다 더 많이 포함한다고 주장했다.

굴드는 반드시 제압되어야 하는 캄브리아기의 이 무질서한 성장을 마음속에 그렸고, 그 기간의 끝에 벌어진 일을 산울타리의 부분적 가지치기로 해석했다. 실험적 집단들이 다양화하는 동안 그들은 경쟁하게 되었을 테고, 그 가운데 일부가 절멸했다. 잘 적응된, 회복력 있는 생명체만 캄브리아기 후기의 멸종 사건 뒤에도 명맥을 이을 수 있었다. 진화의 산울타리를 다듬는 거대한 전지가위가 많은 가지를 쳐냈고, 현생 동물문으로 이어진 줄만 살아남았다.

이 견해는 어쩌면 정도가 좀 지나칠 수 있다고 비판받아왔다. 캄브리아기가 실험의 시기이긴 했어도, 고생물학자들이 버제스 셰일 절지동물은 정확히 얼마나 유별난가를 평가했을 때, 그들은 버제스 셰일 절지동물이 살아있는 절지동물보다 조금도 더 기괴하지 않다는 것, 실은 현생 게, 가재, 지네, 곤충 사이에서도 체형의 범위가 엄청나게 넓다는 것을 알게 되었다. 브라질 우림 안의 그 어떤 구역도 틀림없이, 딱정벌레, 나비, 거미, 바구미 사이에서 버제스 셰일 안에 못지않은 형태의 다양성을 보여준다. 그렇지만, 버제스 셰일 동물 다수가 살아남아 오르도비스기로 들어가긴 했어도, 다수가 캄브리아기 후기에 사라졌다는 것 또한 사실이다.

SPICE 멸종

캄브리아기 후기 멸종들의 정확한 시기와 영향력을 못박기는 힘들다. 눈덩이 지구와 선캄브리아시대 후기 대멸종의 영향력보다는 이 사건들에 관해 알려진 게 더 많지만, 그것들은 여전히 약간 수수께끼로 남아 있다. 이전에 고생물학자들은 살생의 대여섯 급격한 국면(박동pulse)이 있었다고 믿었지만, 요즘은 어쩌면 300만 년 동안 계속되고 있었을지도 모르는, 그리고 스텝토절 탄소동위원소 양방향 탈선Steptoean Positive Carbon Isotope Excursion(SPICE)으로 알려진 지구화학적 변칙과 연관되는, 죽음의 단 한 주기로 관심이 집중되어왔다(스텝토절은 국제표준으로 캄브리아기 푸롱세 파이비절에 해당하는 로렌시아대륙 층서를 가리킨다—옮긴이).

생명의 역사에서 연대가 약 4억 8500만 년 전쯤으로 측정되는 층위에, 캄브리아기와 그 위에 가로놓여 있는 오르도비스기 사이의 경계를 가로지르는 갑작스러운 단절이 있다는 것은 오래전부터 알려져 있었다. 지질학의 초창기인 1800년대에는, 암석층에서 이 단절을 보여주는 층서학적 경계가 삼엽충, 완족류와 그 밖의 발견될 수 있는 화석의 종류가 크게 바뀌는 것으로 표시되었다. 그렇지만 암석의 연대 측정법이 개선된 덕분에 지금 우리가 알기로, 주된 사건들은 그보다 1000만 년 앞서 일어났다.

캄브리아기 멸종들은 생물초 혁명이 있었던 4억 9700만 년 전에 시작되었다. 그때까지 생물초는 대개 소박한 크기의 스트로마톨라이트를 만드는 미생물에 의해 얕은 바다에서 형성되었었다(26쪽을 보라). 이 생물초들이 변화하는 대양의 화학적 성질과 해수면 하강으로 제거되었다. 새로운 생물초 유형은 해수면이 다시 올라가는 동안에 출현한 해면, 그리고 미생물과 해면의 조합으로부터 형성되었다. 이 생물초 교체가 실은, 4억 9700만 년 전부터 4억 9400만 년 전까지 SPICE 사건과 일부가 연관된, 캄브리아기 후기를 관통한 더 광범위한 일련의 멸종을 구성하는 일부분이었다. SPICE는 대기 산소 농도가 높고 기후가 한랭화하는 시기였을 뿐만 아니라, 탄소와 황의 매장 비율과 해저면 퇴적물의 산소 손실(무산소증) 비율이 높은 시기이기도 했다. 땅 위에는 생명이 거의 또는 전혀 없었으므로, SPICE의 중대한 영향은 해양 생물에 집중되었다—무산소증과 높은 황 농도는 해양 유기체의 죽음과 자주 연관된다(179~184쪽을 보라). 생물초가 쑥대밭이 되었다. 삼엽충의 멸종률이 치솟았고, 그 외에 캄브리아기 중기의 중요한 두 집단인 완족류와 코노돈트conodont(칠성장어를 닮은 초기 척추동물)도 중대한 손실을 입었다. 청장과 버제스 셰일 유기체 전부에 무슨 일이 벌어졌는지는 우리도 모른다. 일부가 살아남아 오르도비스기로 들어가기는 했지만, 다수가 결코 다시는 보이지 않고, 따라서 역시 사라졌다고 해도 무리가 아니다.

이 아득히 먼 과거의 대사건들은 정보를 수집하고 그것을 지질학적 시간 척도에 맞추는 과정의 어려움 탓에 이해하기가 힘들지만, 오르도비스기 동안 세계를, 그리고 특히 해저면을 진화에서 주목할 만한 가속에, 그리고 동물이 기능하는 방식에서 2차원 생태계가 새로운 3차원 세계로 바뀌는 대변화에 개방한, 또 다른 대멸종이 일어났다는 걸 우리는 확실히 안다. 생명은 더이상 앞으로만, 뒤로만, 혹은 옆으로만 움직이면서 평평한 바다 밑바닥에 갇혀 있지 않을 것이었다. 새로운 종류의 동물들은 생물초 같은 구조물을 지으면서 위로 이동했고, 다른 동물은 퇴적물 속으로 굴을 파 내려갔다(60~61쪽을 보라). 이번에도, 대멸종은 잠긴 문을 열고 주목할 만한 새 기회를 들여보내는 것처럼 보인다.

3
오르도비스기 다양화와 대멸종

오르도비스기 대규모 생물다양화 사건

지질학자들은 이것저것에 딱지를 붙인다. 어떤 것에 이름이 생기는 순간, 그것은 사물이 되고, 논의될 수 있다. 오르도비스기 대규모 생물다양화 사건Great Ordovician Biodiversification Event, 줄여서 GOBE도 그중 하나이지만, 그것은 오래도록 시야에서 가려져 있었었다. 고생물학자 대부분이 캄브리아기 대폭발을 모든 해양 동물 집단이 출현한 시기이자 대양의 화석 기록이 갑자기 풍부해진 시기로 보았고, 그것은 캄브리아기 내내, 그리고 오르도비스기에 들어서서도 계속되는 듯했다. 적절한 통계적 자료 분석이 많은 부분 시카고 대학에서 일하고 있던 미국의 고생물학자 잭 셉코스키(1948~99)의 작업 덕분에 수행되었을 때, 그 기간에 대한 이해도에 유의미한 개선이 있었다.

1980년대에 대학원생 셉코스키는 화석 동물의 전 세계적 발생빈도에 관해 구할 수 있는 모든 정보를 수집한다는 그다지 부럽지 않은 과제를 자신에게 부과했다. 그 시점까지 그런 노력이 몇 번은 있었지만, 흔히 급하게 편집된 정보를 기반으로 했고, 흔히 강綱 또는 목目 같은 높은 분류학적 수준에서 이루어진 것이었다. 종種 수준에서는 숫자가 훨씬 커질 것(속마다 1~50종이, 과마다 1~50속이 포함될 수 있다. 그리고 기타 등등.)이기 때문에 그런 조사가 지나친 야망이 될 테고, 종의 정확한 지위와 지질학적 시간 속의 분포는 흔히 논란 거리가 된다는 걸 깨달은 셉코스키는 분류의 위계를 따라 더 내려가서, 과科와 속屬의 기원과 멸종을 살펴보기로 했다.

시간 경과에 따른 대양 안 화석 다양성의 그래프들을 발표하기 시작하면서, 셉코스키는 연장되는 캄브리아기 대폭발에서 캄브리아기를 오르도비스기와 분리하는 매우 뚜렷한 단절을 알아차렸다. 오르도비스기에서 수준이 500과와 1500속으로 도약한 두 번째 단계가 뒤따르는, 해양 생물이 약 100과와 500속으로 다양화한 별개의 캄브리아기 단계가 있었다. 그는 작은 껍데기 화석, 단순한 완족류, 삼엽충, 그리고 고배류古杯類, archaeocyathan라 불리는 생물초를 짓는 해면의 캄브리아기 동물상을 식별했다. 캄브리아기 대폭발이 캄브리아기와 오르도비스기 내내 걸쳐 있었다는 앞선 생각은 이렇게 정제될 수 있었다. 이 놀라운 다양화 사건은 실은 특유의 기이한 생명체들뿐 아니라 많은 현생 집단을 낳은, 우리가 2장에서 이미 탐구한 한 국면, 그리고 현대 대양의 주민들과 특히 관계가 깊은 두 번째 오르도비스기 박동이라는 두 국면으로 이루어졌다.

GOBE는 4억 8500만 년 전부터 4억 4400만 년 전까지 오르도비스기의 대부분 동안 계속되었고, 이 구간 동안 시점에 따라 다른 동물 집단이 팽창했다. 먼저 필석筆石, graptolite을 포함해 떠다니는 화석이 작은 톱날을 닮은, 군체를 이루어 살아가는 새로운 유형의 플랑크톤이 왔다. 비록 폭은 고작 몇 밀리미터라도, 날을 따라 늘어선 지그재그 하나하나가 미시적 규모에서 회반죽을 발라 주택을 유지한, 지그재그가 종을 구별짓는 작은 생명체의 집이었다. 필석은 그다음 2억 3500만 년 동안 중요한 플랑크톤이 되었다가

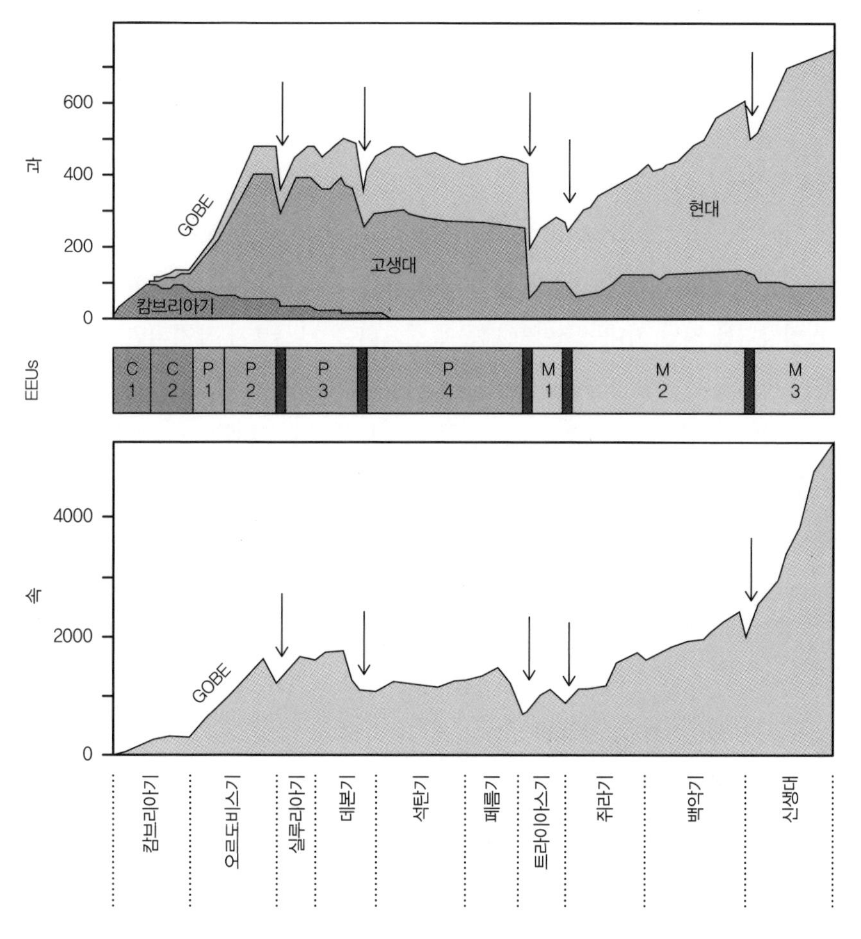

셉코스키의 유명한 바닷속 생명의 다양화 도표. 생태적 진화 단위Ecological Evolutionary Unit(특정한 지질 기간을 특징짓는 동물 군집을 나타내는 EEU)를 포함해 과가 위에, 속이 아래에 그려져 있다. '5대' 대멸종이 화살표로 표시되어 있다.

페름기 말에야 사라진다. 그다음에는 캄브리아기 내내 존재했었던, 하지만 이제는 모두 별개의 모양과 껍데기 장식을 가진 엄청나게 많은 새로운 집단들로 번성한 완족류가 왔다. 앞으로 보겠지만 그들은 지질학적 시간의 지표가 될 뿐만 아니라 존재하는 종에 따라 다른 수심의 군집을 표시하기도 하는, 주류 해저면 유기체였다.

산호는 오르도비스기에서 나중에 다양화했다. 생물초는 캄브리아기에도 있었지만(53쪽을 보라), 이것들은 고배류 해면, 미생물과 기타 유기체로 이루어졌다. 오르도비스기부터 줄곧, 세계의 대양은 산호로 형성된 생물초의 집이 되었다. 해면과 기타 집단도 여전히 존재했지만, 산호가 이제는 주류 생물초 구조를 만들었다. 생물초는 여러모로 열대우림처럼 막대한 생태적 영향력을 지닌 거대구조이기 때문에 중요하다. 생물초가 제거되면 마치 숲이 파괴될 때처럼 일종의 '사막', 극소수 종밖에 부양하지 못하는 해저면(또는 땅) 조각만 남는다. 생물초는 흔히 수백 년에 걸쳐 자체를 구축하는 동안 많은 산호 종을 담고 있었을 뿐 아니라, 다른 종들을 위해 놀랍도록 풍부한 서식지를 제공하기도 했다. 완족류와 바다나리 같은 다른 동물이 생물초 위와 주위에 붙어 있는 동안, 구조물 사이로는 삼엽충과 성게가 기어다녔다. 생물초 주위와 위에서 그리고 틈바구니 안팎에서는 껍데기를 가진 두족류 연체동물과 초기 어류 같은 또 다른 동물들이 먹이를 찾아 헤엄쳤다. 생물초는 열대우림처럼, 생물다양성이 예외적으로 높은 핫스폿을 대표할 수 있기 때문에 중요하다.

플랑크톤 혁명

플랑크톤이란 대개 아주 작은, 바다의 표층수에서 부유하는 식물과 동물이다. 식물을 닮은 플랑크톤(식물성 플랑크톤phytoplankton)은 광합성을 통해 태양에서 에너지를 추출하고 바닷물에서 광물질을 추출하여 그들의 세포와 조직을 발생시킴으로써 대양의 먹이 체계를 구동한다. 식물성 플랑크톤은 동물성 플랑크톤에, 차례로 그 동물성 플랑크톤은 당신의 엄지손가락만한 더 큰 생명체에, 그리고 그들은 훨씬 더 큰 형태에 잡아먹힌다. 예컨대 해양 동물을 통틀어 가장 큰, 크릴(대양의 미시적 부유 생물을 먹고 사는 새우)

을 먹고 생존하는 수염고래가 그러하듯, 많은 물고기가 이 부유하는 식량원으로 길러진다.

GOBE의 도입부에 플랑크톤 혁명이 있었다. 캄브리아기의 해양 생물은 해저면 위에 집중되어 있었다. 영양분은 죽은 유기체에서 나오고, 때로는 육지에서 휩쓸려 들어오는 유기물 입자의 형태로 그곳에 도착했다. 캄브리아기 말에 최초의 식물성 플랑크톤이 출현했고, 오르도비스기 초기를 통해 다양화했다. 이것이 이제는 무엇보다도 특히 필석을 비롯한 동물성 플랑크톤zooplankton 집단에게, 그리고 키티노조아chitinozoan와 방산충radiolarian이라 불리는 다른 집단에게 먹이를 제공했다. 키티노조아는 화석 기록에서 이 시기에 나타나고 오르도비스기, 실루리아기, 데본기 내내 중요한 플랑크톤으로 남아 있었다. 때로는 필석의 알 또는 유생으로, 때로는 별개의 집단으로 밝혀져 있었던 그들은 대부분 현미경으로밖에 볼 수 없는 크기의 아주 작은, 플라스크 모양의 유기체다. 흔히 아름다운, 이산화규소로 만들어진 섬세한 골격을 가진 방산충은 오늘날도 존재하는 연약한 단세포 생명체다. 그들은 예나 지금이나 주로 식물성 플랑크톤을 잡아먹으며 살아가는 중요하고 풍부한 동물성 플랑크톤이다.

플랑크톤의 폭발은 미시적 규모로 일어났기 때문에 GOBE의 첫 단계치고는 삼엽충과 연체동물 같은 더 큰 동물의 다양화에 비해 시시해 보일지도 모른다. 그렇지만 그것이 실은 지구-생명의 역사에서, 그리고 무엇보다 특히 탄소 주기에 극심한 변화가 일어날 전조였다. 생명이 없는 상태에서는 탄소가 암석이 침식된 다음 강을 따라 바다로 들어가고, 그런 다음 대양 밑바닥에 묻힘으로써 결국은 움직이고 있는 지각판 아래로 끌어당겨질 수 있다. 거기서 암석은 녹고 탄소는 화산 분화를 통해 다시 대기의 일부가 될 수 있다. 플랑크톤이 진화했을 때, 탄소가 광합성에 의해 대기에서 붙잡혀나와 플랑크톤 세포에 들어 있다가 결국은 쏟아져내리는 그들의 아주 작은 사체에 담겨 해저면으로 운반됨에 따라, 그 과정이 빨라졌다. 플랑크톤 혁명은 그래서 GOBE 동안 지구에 영향을 주는 변화 중 가장 중요하고 오래가는 변화를 불러일으켰다.

무엇이 GOBE를 유발했을까?

고생물학자들이 캄브리아기 대폭발의 국면을 지구와 해양 화학의 변화 면에서 이해하려고 시도해온 것과 꼭 마찬가지로, 그들은 GOBE의 외부적 원인을 밝혀내기를 간절히 염원해왔다. 오르도비스기는 물론 활발한 지구 운동에 따라 대륙과 얕은 바다가 수백만 년에 걸쳐 새로운 위도를 향해 장엄하게 출렁거리던 시기였다. 이런 지각 배치의 이동은 많은 장소에서 주기적인, 하지만 격렬한 화산 활동을 동반했다. 화산 분화는 전 세계 온도를 올리며 대기로 온실가스를 퍼넣고, 높은 온도는 지나치게 높지만 않다면, 올라가고 있는 생물다양성 수준과 연관될 수 있다. 화산은 게다가 광물질을 대양으로 퍼넣고, 때로는 이런 광물이 껍데기와 골격 성장에 유용하기도 하다 (49~50쪽을 보라). 화산 활동과 대륙 이동은 새로운 대륙붕 지대를 발생시켜 다른 대륙붕 지대와의 사이에 경계선을 그음으로써 해양 생물에게 새로운 기회를 열어주기도 했다. 땅 위의 산맥과 대양을 가로지르는 장벽 따위의 지형학적 경계선은 종이 자유롭게 이동하지 못해 장벽 양쪽의 주민이 진화적으로 말해 별개의 종과 종합적 생물다양성 증가로 이어지는 그들만의 길을 걸어가게 된다는 것을 의미한다.

산소 농도도 올라가고 있었고, 이것이 일부 동물 집단을 대양에서 번성할 수 있게 해주었을 수도 있다. 화산 활동으로 발생한 온난화에는 한랭화 삽화도 산재했고, 안 그랬으면 생명에게는 너무 뜨거웠을 열대 지역에서 삽화 일부가 얼마간 기회를 만들었을지도 모른다. 가열과 냉각은 가끔 생명에게 좋을 수도 있지만, 우리가 선캄브리아기에서 눈덩이 지구로 보았고 나중에 여러 대멸종에서 볼 것처럼, 급격하거나 큰 온도 변화는 파국적인 생명 손실로 이어질 수 있다.

우리는 생명이 생명을 부를 수 있다는 것을 이미 본 적이 있다. 생물초는 그 자체로 생물다양성의 상승을 표시하지만, 그 생물초가 그런 다음 다른 동물 집단들 사이에서 생물다양성이 열 배로 증가할 기회를 제공한다. GOBE 동안 생물의 막대한 다양성 증가는 어쩌면 2차원에서 3차원으로의 전환이라는 또 하나의 중대한 구조적 변화로도 가능해졌을지 모른다. 바닷속에서 캄브리아기 생물은 해저면으로 제한되었던 데에 반해, 오르도비스기 생물은 세 번째 차원을 더 확실하게 정복했다. 새로운 동물 집단이 먹이를 찾기 위해 일부는 사방이 트인 물에서 헤엄치고, 일부는 플랑크톤으로 부유하고, 일부는 굴을 파 바다 밑바닥 진흙과 모래를 뚫고 들어가면서, 물기둥을 더 많이 이용하기 시작했다.

버제스 셰일과 청장에서 나온 그 굉장한 동물들은 죄다 몇 센티미터의 좁은 깊이대 안에서 오로지 걷거나 앞으로 밀며 돌아다녔다. 그들은 위와 아래의 모든 식량 자원을 이용하지는 않았다. 오르도비스기가 시작되자 수많은 벌레, 절지동물과 기타 집단이 아래쪽 방향에서 기회를 탐색하기 시작했다. 고생물학자들이 이것을 아는 이유는 동물, 심지어 연체동물이 무엇을 하고 있었는지를 보여주는 굴과 길 같은 생흔生痕화석trace fossil의 형태로 풍부한 증거가 발견되어왔기 때문이다. 오르도비스기 동안 채굴동물은 어마어마한 새 예비 식량을 개발해 모든 면적의 대양 밑바닥이 전보다 훨씬 더 많은 종을 부양할 수 있게 해주며 해저면 속으로 1미터나 파고 내려갔다. 유영동물과 부유동물은 수면에 수직으로 범위를 확장했다.

이런 변화의 결과로 오르도비스기에는 먹이사슬이 더 길어졌다. 캄브리아기에는 맨 밑의 미생물과 작은 짐승에서 출발해 하위의 작은 포식자로, 그런 다음 먹이를 끌어안고 으스러뜨리는 아노말로카리스 같은 더 큰 포식자로 이어지는 사슬에 서너 개의 고리가 있었던 반면, 오르도비스기에는 대양에서 자유롭게 헤엄치는 최상위 포식자를 포함해 많은 새 섭식 수준이 진화했다. 그중 하나가 길이 8미터에 도달한 두족류cephalopod 카메로케라스*Cameroceras*였다. 이것은 그 기간의 많은 오르토케라스과orthoceratid 두족류, 우리가 아노말로카리스과와 초기 물고기를 포함해 더 큰 포식자와 붙잡고 싸웠을 거라고 추정하는, 문어처럼 많은 촉수가 달린 몸을 안쪽에 가진 길고 뾰족한 껍데기 가운데 하나였다.

엘스 박사, 존스 교수와 밴크로프트 씨

오르도비스기의 끝을 향하여 대멸종 사건이 일어났다는 것은 1960년대에 밝혀졌다. 그렇지만 그 존재에 대한 단서들은 앞선 1920년대와 1930년대에, 케임브리지 대학에 있던 세 명의 주목할 만한 영국인 지질학자에 의해 발견되어 있었다. 이들 중 첫 번째는 여자가 일반적으로 대학에 가지 않던 시기에 학위 취득이라는 분야에서 주목할 만한 선구자, 거트루드 엘스(1872~1960)였다. 나중에 케임브리지 대학에 딸린 여자대학, 뉴넘 칼리지의 부총장이 되는 그녀는 모자를 많이 수집한 것으로 유명했다(그 시기에는, 여성이 케임브리지 대학에서 강의할 때 그걸 쓸 의무가 있었다). 엘스는 비바람 몰아치는 허난트Hirnant 권곡圈谷(빙하의 침식을 받아 반달 모양으로 우묵하게 된 지형-옮긴이) 주위 구릉의 암석 단면에 대한 그녀의 자세한 현지조사를 통해, 나중에 그 골짜기 이름을 따서 명명되는 북웨일스의 허난트절Hirnantian 암석 안에 독특한 화석 군집이 존재한다는 것을 알아내고, 그 연대가 실루리아기 초기라고 주장했다.

그러나, 당시에는 영국 맨체스터 대학에 있었고 나중에 케임브리지 대학으로 옮긴 오웨인 T. 존스(1878~1967) 교수는 곧바로 "현재로서는 이 단면이 엘스 양에게 오해를 받아왔다는 말로 충분하다"라고 써서 그녀의 연구를 깎아내렸다. 그는 허난트절 암석이 실은 오르도비스기 후기의 것이라고(올바르게) 주장했다. 존스는 불같은 성질로 유명했고, 3번 타자인 존 베미

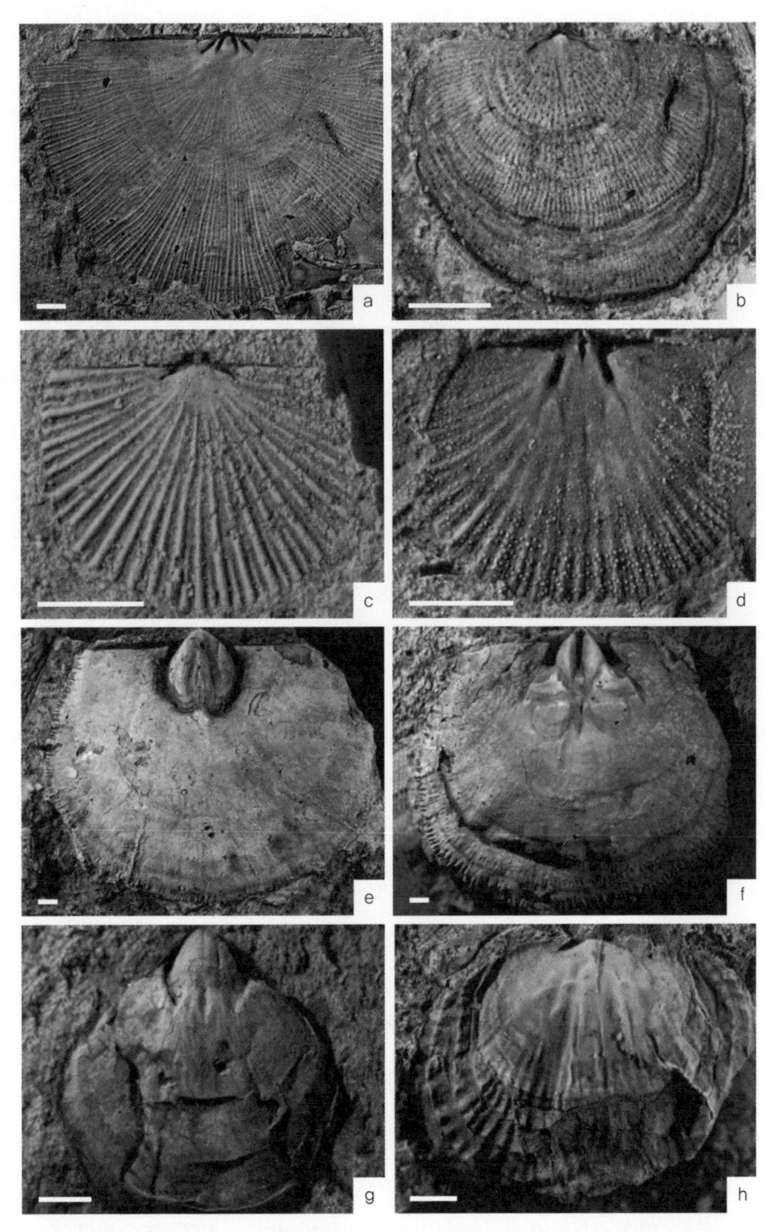

히르난티아*Hirnantia* 동물군의 완족류. (a) 에오스트로페오돈타(등쪽 패각), (b) 파로말로메나(등쪽 패각), (c) 파르데니아(등쪽 패각), (d) 달마넬라(등쪽 패각), (e, f) 히르난티아(배쪽과 등쪽 패각), (g) 힌델라(배쪽 패각), (h) 클리프토니아(등쪽 패각). 기준자=2mm.

스 비스턴 밴크로프트 씨는 머지않아 그의 머리끝까지 치솟은 불을 체험할 터였다. 밴크로프트는 1930년부터 1932년까지, 케임브리지 대학에서 존스가 수집한 실루리아기 초기 화석에 관해 연구하고 출판할 연구조수로 고용되었다. 그렇지만 밴크로프트는 대부분의 시간을 그의 친애하는 오르도비스기 화석,, 허난트절 완족류와 함께 보냈다. 이 사실을 안 존스는 격분했고, 해고당한 밴크로프트는 글로스터셔주 블레이크니의 고향집으로 돌아가 대학 직책 없이 자신의 연구를 이어갔지만, 존스 교수의 영향 탓에 기피인물로 치부당했다.

제1차 세계대전 때는 병사로 복무한 밴크로프트는 1920년대 내내 슈롭셔주와 북웨일스에서 나오는 오르도비스기 화석 완족류에 공을 들였다. 그는 암석의 상대적 연대 측정 문제를 바로잡는 데에 특히 관심이 있었고, 풍부한 완족류가 열쇠일지도 모른다는 걸 깨달았다. 캄브리아기 대폭발 기간에 기원한 완족류는 캄브리아기와 오르도비스기에 많은 곳에서 바다 밑바닥을 지배하며 상당히 다양화해 있었다. 일부는 지름 몇 밀리미터 수준으로 아주 작았지만, 다른 일부는 사람 손만큼 컸다. 그들은 대개 일종의 줄기인 질긴 섬유질 육경肉莖으로 해저면이나 암석에 붙었고, 두 짝의 껍데기는 물속에서 뜨거나, 더 흔히는 껍데기의 무게 때문에 바닥에 가라앉았다. 완족류는 촉수관이라 불리는 솜털 같은 육질의 내부 체 구조를 이용해 물에서 먹이 입자를 걸러내어 먹고 살았다.

엘스, 존스와 밴크로프트의 관심을 끈 것은 이 초기 완족류가 굉장한 범위의 껍데기 조각彫刻, 껍데기 모양과 크기를 보여준다는 점, 그리고 그들이 넓은 영역에 걸쳐, 심지어 전 세계적으로 일제히 진화하는 것으로 보인다는 점이었다. 그러므로 어쩌면 모양이 둥글고 육경의 부착점부터 물이 드나드는 껍데기의 가장자리까지 깊은 지그재그 홈이 퍼져나가는 특정한 완족류 종은 웨일스, 스웨덴, 캐나다와 아르헨티나에서 특정한 50만 년의 시간 덩어리를 유용하게 특징지을지도 모른다.

오르도비스기의 열쇠 완족류인 스트로페네마*Strophenema* 종과 라피네스퀴나*Rafinesquina* 종의 복합적 예가 들어 있는 석회석 판.

1930년경, 밴크로프트가 완족류에 들여온 그동안의 노력에 관해 논란의 여지 없는 논문을 여러 편 발표해온 터이기도 했던 그 무렵, 그는 중요한 발견을 했다. 그는 엘스의 연구물에 감동했고, 허난트 권곡에서 나오는 독특한 화석 군집이 특이한 환경 조건의 단명한 삽화를 보여준다는 확신을 얻었다. 밴크로프트는 1933년에 그의 새로운 발상을 담은 「잉글랜드와 웨일스 내 코스토니아조－온니아조의 상관관계 표Correlation Tables of the Stages Costonian-Onnian in England and Wales」라는 고무적인 제목의 (4쪽짜리－옮긴이) 짧은 논문을 자비로 출판했다(조組, stage는 절節, age이라는 지질학적 시간 단위에 대응되는 지층의 단위다－옮긴이). 처음에는 아무도 관심을 기울이지 않았지만, 오늘날에는 이 무명의 찾기 힘든 연구물이 널리 인용된다. 비극적이게도 1944년에, 밴크로프트는 제2차 세계대전에서 전사했다. 존스 교수가 줄곧 반대했지만, 그를 칭송하는 스코틀랜드의 젊은 지질학자 아치볼드 러몬트(1907~85)가 밴크로프트의 길다란 논문이 1946년에 미국의 『고생물학 저널』에 사후에나마 실릴 수 있도록 힘을 썼다.

엘스, 존스와 밴크로프트의 작업은 오르도비스기의 중요성을 처음에 있었던 생명의 폭발과 끝에 있었던 주목할 만한 멸종 양면에서 더 훌륭하게 이해할 수 있게 해주었다. 그들에게는 전체 그림이 없었어도, 우리는 이제 허난트조가 전 세계적으로 탐지될 수 있다는 것—50만 년에 상당하는 시간 조각이 '5대' 대멸종 가운데 첫 번째, 지구가 얼어붙고 생명이 죽은 기간으로 가는 열쇠였다는 것—을 안다.

히르난티아 동물군

당시에 그는 몰랐어도, 밴크로프트가 북웨일스 내 허난트절 시간 구간이라고 밝혔던 것은 전 지구적 대멸종을 뒷받침하는 증거이기도 했다. 그때 이후로 고생물학자들은 허난트절 화석 군집을 모든 곳에서 발견해왔다. 매우 특이하게도 그것은 정말로 분포가 현저하게 균일하고 전 지구적인 듯하다. 보통 그런 독특한 종의 군집은 예컨대 남부 유럽이나 오스트레일리아에서는 유용한 연대 지표가 되지만, 다른 곳에서는 변이와 중대한 차이가 보이기 마련이다.

그 군집은 히르난티아 동물군Hirnantia fauna으로 알려져 있다—펼친 부채를 닮은 모양에 똑같은 지그재그 톱니 모양의 능선들이 둥근 바깥 테두리까지 이어지는 폭 1센티미터의 완족류, 히르난티아*Hirnantia*를 따서. 이 평범한 껍데기가 히르난티아 동물군에서 가장 풍부한 화석은 아니지만, 러몬트가 그것이 허난트 권곡에서 나왔다는 이유로 붙인 이름이었기에 허난트절 시간 조각의 군집 및 지표와 같은 이름으로 선택되었다. 히르난티아 동물군은 밴크로프트가 예측했듯 뚜렷이 구별되고 즉시 알아볼 수 있을 뿐만 아니라, 암석에서 허난트절 층위 아래와 위의 날카로운 절단으로 표시되기도 한다. 앞선 완족류와 기타 해저면 동물이 허난트절 아래에서 다소 급격히 사라진다. 그런 다음, 50만 년에 상당하는 암석 몇 미터 이후에 모든 게 다시 바뀐다. 히르난티아와 한패들은 종적을 감추고, 완전히 새로운 화석 군집이 그들을 대신한다. 그래서 히르난티아 동물군은 지금껏 발견된, 가장 단박에 알아볼 수 있고 광범위하지만 단명한 동물 군집 중 하나다. 그것이 뜻하는 바가 있다면, 뭘까?

오르도비스기 후기에 남극에 상당한 빙하작용이 있었다는 것은 이미 알려져 있었기 때문에, 지질학자들은 히르난티아 동물군이 더 차가운 바닷물의 중대 국면을 표시한다고 생각했다. 이것은 히르난티아 동물군이 독특하게 빙하작용과 얼음의 증거와 가까운 곳에서 산출되는 이유를 설명했지만, 1980년대에 히르난티아 동물군은 북아메리카, 유럽의 발트해 영역, 중유럽, 스페인, 러시아, 중국, 북아프리카, 뉴질랜드 등지에서 전 지구적으로 보고되었다. 이 냉수 동물군은 열대와 온대에도 존재한 게 분명했다. 예상 밖이었고, 그것은 동결의 전 지구적 삽화를 시사했다. 연대가 4억 4500만 년 전에서 4억 4300만 년 전으로 측정되는 히르난티아 동물군은 오르도비스기 후기 대멸종과 시기가 일치하기도 했다.

단계적 멸종

이 대멸종 사건은 종 손실의 정점을 두 번 찍으며 두 단계로 벌어졌던 듯하다. 첫 단계는 히르난티아 동물군으로 대표되는 전 지구적인 영하 기후의 국면으로 연계되고, 둘째 단계는 기후가 따뜻해지고 해저면 위에 산소가 없어진 뒤에 나타났다. 완족류 종이 급속히 바뀌었고, 교란된 대양 내 생활 조건의 강력한 지표일 수 있는 생물초 공백(생물초 발달이 제한된 시기)이 있었다. 그 시기의 핵심적인 포식성 절지동물인 삼엽충도 극적으로 바뀌었다(컬러도판 5를 보라).

이 오르도비스기 후기 대멸종 동안 통틀어 해양 속의 40퍼센트와 종의

80퍼센트를 대표하는, 과의 20퍼센트가 절멸했다. 이 백분율 손실의 단계적 상승은 속마다 많은 종이 들어 있고 과마다 많은 속이 들어 있는, 분류 도식의 포괄적 본성을 반영한다. 따라서 과가 완전히 사라지려면 그것의 모든 속과 모든 종이 죽어야 한다—과는 한 종만 있어도 살아남을 수 있다. 모든 대멸종에 이런 추리 과정이 따른다(110~111쪽을 보라). 과의 나머지 80퍼센트도 이 시기에 상당히 고갈되었을 것으로 추정되기는 해도, 다섯 중 네 종이 사라진 오르도비스기 후기 대멸종은 고작 다섯 중 한 과의 손실과 연관되었다.

완족류, 산호, 삼엽충, 바다나리, 연체동물과 기타 많은 집단이 대멸종의 양 국면 동안 심하게 타격을 입었다. 카메로케라스 같은 포식성 두족류도 그들의 식량원이 사라지면서 막대한 손실을 겪었지만, 해저면에 고착되어 산 동물이 헤엄칠 수 있었던 동물보다 더 심각하게 얻어맞은 듯하다. 특정한 지리적 지역에 제한된 동물도 전 세계에 분포한 동물보다 더 쉽사리 멸종을 겪었다.

필석은 중대한 손실을 보여준다. 가지가 여럿인 형태로 존재한 전형적 오르도비스기 종류가 모두(필석 날이 두 개인 집단, 네 개인 집단, 또는 그 이상인 집단이 함께) 절멸했고, 뒤따르는 실루리아기에는 날이 하나뿐인 유형인 이른바 모노그랍투스과monograptid 필석으로 대체되었다. 이 필석 형태의 급격한 변화를 이전 지질학자들은 암석의 연대를 식별하기 위한 간편한 도구(가지가 여럿인 필석=오르도비스기, 모노그랍투스과=실루리아기)로 받아들였지만, 그 대체는 오르도비스기 후기 대멸종의 깊이와 심각성을 나타내는 중요한 징후이기도 하다.

그 멸종들은 특유의 생태적 특징을 보여준다. 대륙붕의 가장자리 근처 더 깊은 물에 사는 동물이 먼저 절멸한 다음에 더 얕은 물, 특히 대부분 사라진 생물초에서 멸종이 일어났다. 생물초가 실루리아기에 회복될 만큼의 종이 제한된 지리적 영역에서 살아남기는 했어도, 위기가 절정일 때는 생물초가 대부분 제거되어 있었다.

해양 동물의 전 세계적 분포도 멸종 사건 동안 파국적 변화를 보여주었다. 허난트절 전에는 지역 규모의 지리적인 동물의 지방province이 열 군데가 있었는데, 이것이 아홉 군데로, 그리고 그런 다음 두 번째 멸종 국면 후에 다섯 군데로 줄어들었다. 이런 지리적 지방에는 그 지방만의 지역적 종 목록이 있었고, 따라서 전 지구적 생물다양성의 총합에 중요한 방식으로 공헌했던 터였다. 멸종 위기가 강력해지면서, 몇몇 지방에서는 막대한 숫자의 종이 제거되었지만, 다른 경우에는 생명이 압박을 받게 됨에 따라 다수의 지방이 합병되었다.

얼음, 떨어지는 해수면과 풍화의 충격

지질학자들은 오르도비스기 후기가 해수면이 상당히, 어쩌면 자그마치 150미터나 떨어진 시기였음을 오래전부터 알고 있었다. 명백한 원인은 오르도비스기 동안, 현대 남아메리카, 아프리카, 남극대륙, 오스트레일리아의 아말감인 거대한 남쪽 초대륙 곤드와나Gondwana가 남극 위로 떠내려간 것이었다. 만약 지구의 극에 망망대해가 있으면, 비록 겨울에 어둡고 추운 몇 달 동안은 극이 얼음으로 막히더라도 여름에는 극 얼음이 녹고 기후가 생명에게 수용할 만할 텐데, 오르도비스기에 그랬듯(그리고 오늘날 남극에서 그렇듯) 극에 육지가 있을 때는 반사와 대류의 물리학 때문에 얼음이 여름 내내 녹지 않은 채 남아 있을 수 있다. 육지나 바다 위의 얼음은 알베도 효과라 불리는, 하얀 표면이 햇빛을 반사하는 자기보존성이 있어서 녹는 속도를 늦춘다. 그렇지만 대양 위의 얼음은 물 위에 놓여 있다—대류에 의해 온기가 스며 올라와 얼음이 녹는다. 육지 위에서는 얼음 밑에 있는 암석도 어느 깊이까지는 얼어 있고 이것이 따뜻한 태양 아래서조차 녹는 것을 방지할 수 있다. 극 얼음은 대부분 대양 안의 물에서 끌려나오므로 얼고 있는 대양은 대규모 해수면 하강으로 이어지고, 그래서 얼음 뚜껑(빙원氷原, ice cap)이 확대되는 동안에는 해수면이 떨어진다—그리고 이것이 오르도비스기 후기에 벌어진 일이다. 과도한 대기 중 이산화탄소에 견인되어 올라가고 있는 온도가 얼음 뚜껑을 녹이고 있고 해수면이 올라가는 동안 우리가 바닷가 주위 사람들과 생태계의 안전을 염려하는 오늘날, 우리는 그 반대의 효과를 보고 있다.

단명한 50만 년의 오르도비스기 후기 위기 동안 온도도 전 지구적으로 떨어졌다. 얼음으로 막힌 지역에서는 낙폭이 더 컸겠지만, 섭씨 5~10도의 온도 하강이 전 세계 암석 단면으로부터 추산된다. 과거의 기후를 규명하려는 지질학자들은 고대의 대양 온도를 가늠할 때 산소 고古온도계를 쓴다. 다시 말해, 산소-16과 산소-18이라 불리는 산소의 두 가지 기본 형태 또는 동위원소의 비율을 비교한다. 숫자 16과 18은 각 원자의 핵에 든 양성자와 중성자의 총수를 가리킨다. 자연에는 산소-16이 더 무거운 형태인 산소-18보다 훨씬 더 풍부하다. 대양의 물이 증발할 때 더 추운 위도에서는 더 많은 산소-18이 대기의 일부가 되므로, 바닷물의 산소-18 대 산소-16의 비가 떨어진다. 예컨대 오늘날 추운 곳들은 대양 물의 평균보다 5퍼센트 더 낮은 산소-18 비율을 보여준다. 지질학자들은 오늘날의 기온과 산소 동위원소의 관계에 관한 이 지식을 이용해, 이 산소비를 재서 고대 온도를 계산한다.

낮은 온도는 생명을 교란할 수 있는데, 대규모 해수면 하강 역시 영향을 미쳐왔음에 틀림없다. 바다가 대륙붕을 드러내며 해안에서 몇 킬로미터를 물러나는 동안, 생물초를 포함해 해양 생물로 가득했던 영역이 공기에 노출되었다. 모든 해양 생물이 물과 함께 점진적으로 이동했을 가능성이 크지만, 해수면이 떨어지는 동안 물이 얕은 연안 영역이 점점 더 작아져서 공간이 충분치 않았다. 종이 절멸했다. 멸종은 둘 다 빙하작용의 전진과 연관되어, 아마도 사이의 더 따뜻한 구간과 함께, 두 번 박동하는 양상으로 일어났다.

오르도비스기 후기는 화산 활동이 심각한 시기이기도 했다. 화산은 대개 이산화탄소와 같은 온실가스를 대기로 쏟아내어 전 지구의 온도를 올리기는 하지만, 이 경우는 이런 온난화 효과가 남극 빙원의 한랭화 효과로 상쇄되었을 게 틀림없다. 따라서 결정적이었던 것은 화산 분화의 또 다른 효과인 인 원소의 대양 투입이었다.

2021년에 당시 옥스퍼드 대학에 있던 지구화학자 잭 롱먼과 동료들은 화산 활동과 결합된 급격한 해수면 하강이 용암과 화산재를 포함한 육지 암석으로부터 인이 침출되어 바다로 휩쓸려 들어가는 풍화의 수준을 높이는 결과를 낳았을 가능성을 제기했다. 대양으로 들어가는 과량의 인은 추가적 한랭화를 낳았고, 대양에서 둘 다 살수인 무산소증anoxia(산소 결핍)과 폐쇄해증euxinia(황 과잉)으로 이어졌다(179~184쪽을 보라). 인은 대양에서 인산이온을 만들어내는 과정에서 산소를 게걸스럽게 먹어치우고, 인산염은 부영양화—물에 영양분이 점차 농축되게 함으로써 식물과 조류의 성장량을 증가시키는 과정, 즉 녹조 현상—로 이어질 수 있어서 산소가 더 사라진다. 인산염은 동물에 의해 활용되는 영양분이므로, 과도한 양은 다음 차례로 물속의 산소를 급속히 고갈시키는 녹조 현상 혹은 생물의 대규모 과잉 생산으로 이어질 수 있다. 이것은 오늘날 인산 비료가 강과 호수로 침출될 때 나타나는 흔한 현상이다. 오르도비스기 후기, 위기의 시기에서 나오는 화석들이 과도한 양의 황과 인산염이 든 검은 암석에서 발견되는 예가 많다는 사실은 모든 중대한 대멸종 동안에 나타나는 무산소 조건을 암시하면서, 자주 주목되어왔다.

해수면 하강과 증가된 풍화가 힘을 합쳐 대양 밑바닥의 산소를 없앰으로써, 남극에 빙원이 덮이며 극적으로 추워진 조건 탓에 생명이 받던 스트레스를 보태주었다. 아직 풀리지 않은 가장 큰 수수께끼는, 왜 이 오르도비스기 빙하기는 그렇게 짧았느냐는 것이다. 우리도 현재 아마 빙하기 중 매머드 및 네안데르탈인과 연관되는 매섭게 춥고 눈 덮인 강렬한 북반구 플라이스토세 풍경 다음에 나오는 후기 단계에 있을 테지만, 이 현재의 빙하기는 더 장기적인 수천만 년의 한랭화 삽화에 속한 부분이다. 오르도비스기 후기 빙기는 100만 년밖에 안 되는 급격한 사건이었던 듯하다. 그것 이전에는 세계의 기후가 따뜻하고 온화했다. 그것 이후에 그 기후는 다소 급속히 이전으로 돌아갔다. 전 지구적 기후 조건의 그런 급속한 전환이 어떻게 일어나는지는 아직 해명되지 않았다.

그렇다면 '5대' 대멸종 가운데 첫 번째가 상당히 신비스러운 채로 남겠지만, 그래도 그것은 우리가 현대 해양 생태계에서 아직도 목격하는 대양 생명의 가장 극심한 변화 일부와 연관되었다. 동결로 견인된, 조금이라도 자세히 알려진 유일한 대멸종으로서(훨씬 더 오래된 눈덩이 지구 삽화는 그 사건이 어떻게 멸종을 일으켰는지를 우리가 말하지 못하기 때문에 배제된다), 그것은 그 자체로 대사건이다. 그것 다음에는 식물과 동물에 의한 육지 정복에서 중대한 단계들과 아울러 새로운 동물 집단, 무엇보다 특히 어류 유형의 막대한 팽창을 목격한, 급속히 변화하는 세계가 뒤따랐다. 캄브리아기 후기 멸종이 오르도비스기의 3차원 세계를 모셔들인 것과 꼭 마찬가지로, 오르도비스기 후기 대멸종은 아마도 실루리아기와 데본기의 새로운 세계를 책임졌을 것이다.

제 2 부

고생대 중기 사건들

4억 4400만 년 전~2억 5200만 년 전

4

육상 이주와 데본기 후기 위기

바다의 공포

만약 우리가 미국의 오하이오에서 시간을 거슬러 3억 6500만 년 전으로 빨려들어간다면, 우리는 오르도비스기와는 매우 달랐던 데본기 후기 세계에 있게 될 것이다. 우리는 대양이 서쪽에서 미시간을 덮고 있고 동쪽에서 오하이오와 펜실베이니아를 덮고 있는, 오하이오와 인디애나를 가로지르고 북으로 캐나다 안까지 뻗어나가는 일련의 섬 신시내티 아치Cincinnati Arch에서 100킬로미터 떨어진 연안에 있다. 깊은 곳을 들여다보아도, 당신은 대양 밑바닥을 볼 수 없다—그 수역은 어둡고 불가사의하며 산소가 부족하다. 실은 산소 결핍(무산소증)이 곧 해저면 퇴적물이 검다는 뜻이고, 해저면 위에 떨어진 플랑크톤과 물고기 사체를 먹고 살 생물이 없는데도 유기물로 가득하다는 뜻이다.

저마다 길이가 8센티미터인, 작고 비늘이 빽빽한 물고기 떼가 휙 스치고 지나간다. 골판에 덮인 짧은 머리와 여닫는 단순한 입을 가진 이 켄투키아*Kentuckia*들은 플랑크톤과 먼 육지에서 떠내려온 식물 조각을 후루룩 들이마신다. 그들의 몸에는 뾰족한 지느러미들과 자신이 앞으로 나아가도록 하기 위해 좌우로 때리는 V자형 꼬리가 있다. 그들의 뼈로 된 직사각형 비늘은 질서 있게 줄지어 배열되어 있다.

그 고기떼는 길이 2미터의 날씬한 상어를 닮은 동물, 클라도셀라케*Cladoselache*에게 쫓긴다. 현생 청상아리처럼 보여도, 게다가 넓은 꼬리, 큰 등지느러미와 심지어 더 큰 가슴(앞)지느러미에도 불구하고, 그것은 매우 먼 친척일 뿐이다. 머리에는 이빨을 다 드러내는 입을 가졌고(명백히 포식자라는 증거다), 몸은 주로 검고 배는 흰, 해수면 근처에 사는 물고기에서 보이는 역그늘색countershading의 흔한 유형이다. 검은 등은 그들이 위에서 보았을 때 보일 리 없다는 뜻이다. 그들은 전반적으로 어두컴컴한 깊은 물속의 색깔에 녹아든다. 밑에서 보았을 때는 흰 배가 바다 표면을 뚫고 오는 밝은 햇빛과 뒤섞인다. 게으른 클라도셀라케는 훨씬 더 작은 켄투키아 떼 사이에서 헤엄치며 고개를 휙휙 돌려 그들을 좌우로 흩어놓는다. 그런 다음 먹잇감에 돌진해 먹잇감을 홱 뒤집는 동시에 잡아챔으로써, 먹잇감의 머리가 자기 목구멍을 내려다보고는 곧이어 사라지게 한다.

두 번째 클라도셀라케는 항문에서 아름다운 나선형 똥 알갱이를 배출하는 것으로 희생된 다른 물고기의 마지막 운명을 전시한다. 그 알갱이는 나사가 여덟 번 돌아가고 끝이 뾰족한, 길이 10센티미터가량의 긴 솔방울처럼 생겼다. 물고기의 소화되지 않은 뼈 비늘로 무거운 그 똥은 가라앉는 동안 빙글빙글 돈다. 20초 후에 똥이 해저면을 때리고, 검은 진흙이 풀썩인다. 시간이 가면 그 알갱이는 퇴적물로 뒤덮일 테고, 무산소 퇴적물로부터 황철석(황화철, 116쪽을 보라)의 특성을 부여받게 될 것이다. 그 똥 알갱이의 무늬는 클라도셀라케가 현대의 상어 대부분과 공통으로 가진, 그 물고기의 소화계 끝에 있는 나선형 판막에 의해 형성된다. 그 판막의 나선은 똥이 밀려나가기 전에 최대량의 영양분이 추출될 수 있도록 음식물 쓰레기의 최종

통과 속도를 늦추는데, 클라도셀라케는 육식주의자였기 때문에 이 똥은 흔히 단단하고 치밀한 구조물, 주로 연골과 뼈였다.

매우 다른 종류의 물고기가 서서히 시야로 들어온다. 많은 판으로 만들어진 뼈 투구에 담긴 머리와 뼈 테두리를 두른 작은 입을 앞쪽 근처에 가진 그것은 길이가 40센티미터다. 몸이 길고 그것이 먹잇감을 사냥하며 발작적으로 움직이는 동안 좌우로 휙휙 튀기는 꼬리가 채찍을 닮았다. 이것은 1830년대에 스코틀랜드 북부의 데본기 암석에서 처음 발견되었지만 북아메리카에도 널리 퍼져 있었던 중무장한 짐승, 판피류인 코코스테우스*Coccosteus*다.

갑자기 장면이 정지되는 것처럼 보인다. 무장한 코코스테우스와 상어를 닮은 클라도셀라케가 주위를 살핀다. 물이 어두워지고 모두 조용해진다. 은빛 켄투키아 떼가 사라졌다. 둘이 있던 클라도셀라케가 꼬리를 튀기며 사라진다. 혼자인 코코스테우스도 바삐 사라진다. 물을 뚫고 거대한 뭔가가 불쑥 나타난다. 처음에는 구슬 같은 두 눈이 좌우로 깜박거리는, 높이와 너비 2미터의 거대한 상자를 닮은 머리를 볼 수 있다. 다음에는 못이 상하좌우에 하나씩 튀어나와 있고, 날카롭게 갈린 뼈가 넓은 활을 그리며 씩 웃고 있는 거대한 턱을 돌아 뒤쪽까지 길게 펼쳐져 있는, 거대한 턱판들의 인상적인 모음집이 시야로 들어온다. 이것들은 포식자의 여느 이빨이 아니라, 거대한 한 쌍의 창날처럼 서로를 베고 지나가서 날카롭게 갈린 거대한 뼈 날이다.

그것은 분명 플랑크톤식食주의자가 아닌데도, 그 동물이 거대한 고래처럼 위풍당당하게 전진하는 동안 턱이 천천히 열리고 닫힌다. 이 거대한 포식자의 조용한 도착을 탐지하지 못한 모든 불운한 물고기는 그것의 광대한 식도 안으로 간단히 사라질 것이다. 그것이 좌우로 방향을 트는 동안 거대한 가슴지느러미가 가볍게 올라가고 내려간다. 그것은 1미터 높이의 뾰족한 등지느러미, 그리고 높이가 2미터이고 움직임마다 물 덩어리를 이동시켜 추진력을 제공하면서 천천히 좌우로 비질하는 꼬리를 가졌다. 몸은 수많은 비늘로 보강된, 어두운 빛깔의 가죽질 피부로 뒤덮여 있다. 이것은 둔클레오스테우스*Dunkleosteus*로, 길이 9미터와 무게 4톤에 육박하는, 아직은 지구상에서 가장 큰 동물, 그리고 확실히 그 시절의, 그리고 그 후로도 오래도록 가장 큰 물고기다(컬러도판 9, 10).

그것은 코코스테우스처럼 판피류이지만, 훨씬 더 크다. 그것의 턱은 턱이 여느 방식으로 탁 닫힐 수 있게 해주지만, 머리 뒤와 어깨판 사이에 제2의 관절이 있는, 경첩이 두 개인 복잡한 크랭크 장치에 물려 작동한다. 턱을 닫을 때 그것은 사람이 하듯이 아래턱으로 힘을 실어 올리지만, 머리 윗부분을 맞먹는 위력으로 휘둘러 내리칠 수도 있다. 이것은 턱 끝에서 6000뉴턴(0.6톤)의 힘을 발생시키고 턱에서 더 뒤쪽, 자르는 날의 중심에서 7400뉴턴(0.75톤)의 힘을 발생시킨다.

코코스테우스 셋이 그 괴수 앞을 헤엄쳐 건너간다. 서둘지 않고 물을 어지럽히지도 않으면서(많은 물고기가 그렇듯, 코코스테우스는 머리 주위에 동작을 감지하는 신경계가 있다), 거대한 둔클레오스테우스는 점찍은 먹잇감과 줄을 맞춰 앞으로 나아간다. 턱이 갑작스러운 딱 소리와 함께 활짝 열리고 코코스테우스가 순식간에 목구멍 깊숙이 사라진다. 개중 하나가 꼬리를 있는 힘껏 빠르게 흔들어대며 미친 듯이 헤엄쳐 돌아나오지만, 오른쪽 도끼날을 넘어가다 두 동강이 난다. 코코스테우스의 뼈 갑옷은 탱크 캐터필러에 깔린 콩 통조림 수준이다. 둔클레오스테우스는 우적우적 씹고, 먹잇감은 사라진다. 그것은 눈 하나 까딱 않고 어둠 속으로 헤엄쳐 나아간다.

판피류와 함께 헤엄을

오하이오주의 클리블랜드 셰일Cleveland Shale에서 나오는 둔클레오스테우스가 가장 잘 알려져 있다. 이 데본기 후기 암석 단위는 클리블랜드 주위에서 두께가 2미터에서 30미터에 이르고, 한때 석유와 가스를 뽑아낼 수 있을지 탐사를 해보았지만, 이 고도로 산업화한 지역에서 더 일찍이 개발된 유티카 셰일과 마셀러스 셰일의 생산성을 결코 따라잡지 못했다. 고생물학자들에게 클리블랜드 셰일은 그것의 화석, 특히 예순다섯 어종의 비범한 다양성으로 유명하다.

판피류가 특히 중요하다. 이 중무장한 물고기는 클리블랜드 셰일에서 풍부하게 발견되어왔다. 그들은 반이 머리와 어깨를 덮은 골질의 갑주였고, 뒤쪽의 반은 유연한 몸통과 꼬리였다—심지어 몸통을 옆으로 강하게 구부려 물을 헤치고 나아가는 데에 쓰는 뒤쪽의 반의반도 유연한 골질 비늘의 튼튼한 사슬 갑옷으로 뒤덮여 있긴 했지만. 머리-어깨 가리개는 여러 장의 구부러진 골판으로 구성된, 앞쪽을 에워싸는 완전한 상자였다. 머리 부분에는 머리 위를 덮고 옆을 에워싸는 넓은 가리개, 콧구멍과 위턱을 에워싸는 한 계통의 더 작은 판들, 심지어 큰 눈을 에워싸는 골질의 전조등 덮개까지 있었다. 아래턱은 단 한 장의 거대한 판으로 구성되었다. 어깨 부분도 비슷하게 어느 정도는 급소인 내장의 보호를 위해, 그리고 어느 정도는 앞(가슴)지느러미를 지지하기 위해 큰 골질 판으로 이루어져 있었다. 판피류는 가슴지느러미는 컸지만, 배지느러미는 작았다. 가슴지느러미들은 그것이 물을 가르는 동안 뒤뚱거리는 몸의 방향을 잡는 데에 사용되었다. 왼쪽으로 노를 내밀면 길어진 지느러미가 그쪽 몸의 속도를 늦춰 몸이 왼쪽으로 틀어졌다. 나중에 탐구하겠지만, 이런 앞지느러미는 중요하다.

박물관 방문객은 일반적으로 둔클레오스테우스의 지느러미, 꼬리나 비늘에 무관심하다. 그들은 미터 너비로 떡 벌어진 날선 턱 안쪽에 머리가 들어간 사진을 찍고 싶어한다. 가까이에서 보면 그 모서리가 깎인 뼈 못과 날은 참으로 무시무시하고, 낼 수 있을 명백한 힘과 합쳐지면 사악한 무기가 된다(컬러도판 9, 10). 그 힘들은 축이 두 개인 그들의 턱 크랭크 장치 전체의 자세한 생체역학적 복원 과정에서 미국의 고생물학자 필립 앤더슨과 마크 웨스트니트에 의해 계산되었다.

하지만 거기에는 다른 효과도 있었다. 둔클레오스테우스가 턱을 쩍 벌리는 순간, 먹이가 식도로 휙 빨려들어갔다. 이것은 흡입 섭식이라고 불리는, 수생 포식자 사이에 흔한 적응이다. 물속에서는 동물이 턱을 벌리면 안쪽의 압력이 감소하고 물이 공간을 메우러 쏟아져들어온다. 이 쏟아지는 물에는 먹이도 들어 있어서, 물고기와 수중 섭식 개구리 같은 포식자가 그리 힘들이지 않고도 먹이를 꿀꺽할 수 있다는 걸 의미한다. (물 밖에서는 공기 밀도가 물보다 훨씬 더 낮고 비슷한 흡입 효과를 만들어내는 데에 필요한 힘이 엄청날 것이라서 이 효과가 재현되지 않는다.)

클리블랜드 셰일의 둔클레오스테우스와 그 밖의 물고기는 중대한 전 세계적 환경 변동의 시기에 살았다. 앞으로 보겠지만, 사실 그들은 1000만 년 앞서 일어났던 대규모 멸종 국면과 머지않은 미래에 일어날 또 다른 재난이라는 두 폭풍 사이의 잠잠한 시기에 있었다. 그렇지만 지구상에는 오르도비스기 후기 대멸종 이후로 대단히 많은 진화가 이루어졌고, 무엇보다 특히 생명이 육지 위로 확실하게 옮겨가 있었다. 데본기의 갑주어는 이 과정에서 소임을 다했다.

기어서 육지 위로

클리블랜드 셰일로부터 시간을 거슬러 올라가면서, 일반적으로 4억 4400만 년 전에 시작되는 실루리아기까지는 땅 위에 생명이 별로 없었으리라고 가정된다. 그렇지만 최초의 미생물이 언제 물 바깥의 생활에 적응되게 되었다고 말할 수는 없다. 특히 햇빛에서 에너지를 끄집어낼 수 있으려면 수면 가까이에 살아야 했던, 광합성을 하는 남세균과 조류가 여기에 해당한다. 이 초록빛 점액과 해초를 닮은 식물이 얼마나 많이 생애 대부분을 물 밖에서 살았을지 알기는 어려워도, 일부는 오늘날 그렇듯 필시 해안과 해안선을 차지했을 테고 조수에 의해 공기에 노출되었을 것이다. 그 밖의 미생물과 균류도 얕은 물을 끊임없이 들락날락해왔을 게 틀림없다.

육상 생물의 첫 번째 확실한 증거는 얼마간의 오르도비스기 연대 토양으로 구성된다. 이것은 수수께끼 같은 구불구불한 관들이 덩어리를 꿰뚫고 있는 퇴적물 덩어리로 보존된다. 그 관은 어떤 식물의 뿌리나 굴을 파는 작은 동물에 의해 형성되었을 것이다. 어느 쪽이든 토양은 일반적으로 땅 위에서 형성되므로 땅 위의 생명을 암시한다. 토양이란 단순히 갈린 암석 더하기 유기물이지만, 유기물 자체는 썩어가는 식물 재료 더하기 동물 지스러기로부터, 또는 토양을 씹어먹고 지나가 공기가 통하게 하는 지렁이 같은 동물의 재가공으로 발생한다. 오르도비스기에 땅 위에 식물이 있었음을 확증하는 드문, 하지만 설득력 있는 화석도 좀 있다. 이것은 선태류bryophyte, 우리가 이제 이끼류mosses(선류蘚類)와 우산이끼류liverworts(태류苔類)로 공인하는 단순한 초록빛 식물의 현미경으로밖에 볼 수 없는 홀씨다. 그들의 먼 조상이 연못과 그늘진 암석 주위 축축한 지점에서 이미 살고 있었고 얇은 두께의 토양을 천천히 쌓아올리고 있었다. 이런 토양이 그때 실루리아기에 올 더 복잡한 식물을 위해 살아 있는 기회를 제공했다.

실루리아기의 가장 유명한 식물은 이런 식물의 초창기를 이해하는 데에 크게 공헌한 오스트레일리아의 고식물학자 이사벨 쿡손(1893~1973)의 이름을 따서 1937년에 명명된 쿡소니아*Cooksonia*다(컬러도판 7을 보라). 당신이 실루리아기 호숫가에 선다면, 먼 거리에서는 물가 주위로 몇 미터 폭으로 펼쳐지는 잔디밭으로 보일지도 모르지만, 가까이 가면 꼿꼿하게 서 있는 길이 6센티미터의 짧은 줄기, 꼭대기 근처에서 갈라지는 둘 또는 네 개의 작은 가지, 가지마다 끝에 달린 단추 모양의 방울이 보일 것이다. 이 끄트머리 방울은 자라서 부풀고 적당한 때에 아마도 땅에 떨어져서 새 식물을 낳는 홀씨를 흩뿌리며 갈라져 터졌을 홀씨주머니다.

비록 이 쿡소니아 들판이 그리 대단치는 않았어도, 쿡소니아에는 그것과 기타 초기 관다발식물—사실상, 조류와 이끼를 제외한 모든 녹색식물—

이 세계를 정복할 수 있게 해줄 중요한 특징이 있었다. 그들의 줄기는 땅에서부터 위쪽 끝까지 물을 전달하는 안쪽의 관(헛물관)에 의해 빳빳해졌다. 헛물관은 식물이 위로 자라게 해주는 복잡한 생체분자, 리그닌의 아름다운 띠와 나선에 의해 보강되었다(리그닌은 빳빳하고 썩는 속도가 느려서 목재를 목재답게 해주는 주인공이다).

실루리아기 식물은 아주 작았고 줄곧 물 가까이에 있었지만, (4억 1900만 년 전에 시작되는) 데본기에 식물 자체로 인해 발생한 토양이 축적되는 동안 관다발식물들은 키가 어쩌면 50센티미터에 이를 만큼 더 커졌고, 그들을 모두 함께 연결하고 있고 그들이 토양에 뿌리내리게 해주고 있는, 하지만 물을 얻기 위해 한편으로는 호수나 강의 민물에 발을 담그고 있는, 얽히고설킨 뿌리 비슷한 구조물이 생겼다. 둔클레오스테우스와 동시대 동물들이 오하이오주의 바다를 유람하고 있던 데본기의 끝 무렵, 원시 관다발식물 일부는 관목灌木, bush과, 또 일부는 교목喬木, tree과 비슷해져 있었다. 지지대가 되어주는 막대한 숫자의 리그닌 강화 헛물관으로 이루어진 거대한 몸통을 가진, 비범한 아르카이옵테리스*Archaeopteris*는 심지어 24미터라는 굉장한 키에 도달했다. 나아가 이 거대한 나무 몸통들은 그늘을 드리워 그 밑에서 자라는 더 작은 지상 식물인 석송, 속새, 고사리를 보호했다.

사실, 나는 자동차의 외양과 청결 상태에 자긍심을 느끼는 부류가 못 되어서, 오늘날 일어나고 있는 이 진화의 일부를 내 차의 창문 구석에서 본다. 먼저 유리 위에 먼지가 꼬이면서, 그 먼지가 비에 씻겨 창문의 고무 모서리로 들어가고, 몇 개월 후 그곳에 아주 작은 선태류가 뿌리를 내린다. 이 이끼류와 우산이끼류는 매우 적은 토양 위에서 자라는 데에 적응해 있어서, 암석이나 죽은 목재에도 곧잘 식민지를 개척한다. 그런 다음, 차창 구석에서 이끼가 자라나고 1년 뒤, 나는 키가 몇 밀리미터밖에 안 되는 작은 풀 다발이 선태류가 만들어놓은 토양에 뿌리를 내리고 있음을 알아차렸다. 그런 게 식물의 굉장한 끈기다. 실루리아기에, 이런 원시적 식물들이 육지로 새로이 침공할 기회를 제공했다.

동물의 육상 이주

모든 초기 식물이 언제 육지를 정복했는지가 자세히 알려지지 않은 것과 마찬가지로, 초기 육상 동물의 기록도 누덕누덕하다. 그렇지만 우리는 곤충, 거미, 노래기의 조상이 실루리아기의 끝 무렵 이미 이사를 마친 터였다는 건 안다. 그들은 물속에서 숨쉬기로부터 공기에서 산소를 직접 뽑아내는 방법으로 갈아타야 했을 뿐만 아니라, 몸무게를 떠받치고 자신을 메마르지 않도록 지켜내야 했다. 물속에 있는 동물은 사실상 무게가 없고, 헤엄을 치면서 우아하게 몸을 움직인다. 땅 위에서는 그들이 몸을 들고 있어야 하는데, 그것은 내부 기관을 떠받치기 위해 구조 전체가 변해야 한다는 뜻이다. 오늘날 바닷가로 표류한 고래와 돌고래는 내부 기관이 중력에 짓눌려 죽을 수도 있다. 심지어 그들은 다른 포유류처럼 공기를 호흡하는데도, 이 해양 생명체들은 수중 생활의 중립적 부력에 적응해왔고 폐, 심장, 창자 같은 그들의 내부 기관은 그것에 딱 맞는 자리에서 뜬다. 땅 위에서는 그들의 기관이 붕괴한다.

육지로 처음 기어나온 실루리아기 절지동물들은 오늘날의 고래와 돌고래보다 훨씬 더 작았으니, 중력은 그들에게 덜 심각한 문제였다. 몸의 세포와 조직의 물질적 강도는 크기와 상관없이 일정하게 남아 있는데, 큰 동물에서보다는 중력의 영향이 훨씬 작기 때문이다. 이런 초기 지네, 거미, 곤충의 화석은 그들의 외골격이 튼튼했고 화석화되어왔기 때문에 알려져 있고, 육지 위로 이사한 초기 달팽이와 기타 연체동물의 화석도 있다. 흙 속에서 이동 중인 조상 지렁이와 회충도 그때부터 있었을 게 틀림없지만, 그들의 화석은 없다. 그런 아주 작은 생명체가 발을 디딘 곳에, 더 큰 짐승은 따라오게 되어 있었다.

어류가 데본기 동안 일련의 단계를 통해 육상 생활로 넘어갔다. 이 과정의 핵심은 단계적 방식으로 일어난, 유명한 지느러미에서 사지로의 전이였다. 어류는 쌍을 이룬 가슴지느러미와 배지느러미가 있고, 우리가 보았다시피 클라도셀라케 같은 초기 상어와 켄투키아 같은 데본기의 경골어류를 포함한 기타 모든 어류에서는 물론, 판피류에서도 이것의 여러 형태가 보인다. 지느러미는 진화 면에서 우리의 팔과 같다. 우리는 두 다리와 두 팔을 가졌고, 이 네 개의 구성원이 땅 위를 걷는 모든 척추동물—현생 양서류, 파충류, 조류, 포유류—에게 '네발동물tetrapod'('네 개의 발')이라는 이름을 준다. 엄밀히 말해 우리의 팔은 가슴 부속지고 우리의 다리는 배 부속지다. 그것들이 가슴띠와 골반띠—우리의 어깨와 엉덩이—를 통해 몸에 부착된다.

고생물학자들은 지느러미에서 사지로의 전이—네발동물이 데본기 동안 어떤 시점에 물에서 나왔고, 온몸으로 헤엄치고 아무 무게도 떠받치지 않는 지느러미로 조향하는 대신에 몸무게를 견디는 사지를 짚고 걷기 시작했고, 어쩌다 앞뒤로 움직여본 끝에 동물이 전진할 수 있게 된 경로—를 이해하기를 간절히 염원한다. 지난 100년 사이에 이 전이를 입증하는 데본기 어류와 초기 네발동물 수색이 진행되고 많은 예가 발견되어왔다. 그린란드의 데본기 후기 퇴적물에 들어 있던 두 네발동물의 발견이 결정적이었다. 1920년대에 암석을 잘라낼 수 있는 짧은 여름에 그린란드 동부의 얼어붙은 해안을 급습한 덴마크 지질학자들의 야전 작전은 가히 영웅적이었다. 데본기에는, 이 지역이 적도에 훨씬 더 가까이 있어서 따뜻하고 습한 기후를 경험했다. 고생물학자들을 흥분시킨 것은 네발동물인 익티오스테가*Ichthyostega*와 아칸토스테가*Acanthostega*가 물고기와 네발동물의 중간에 있는 듯하다는 점이었다. 그들은 핵심 뼈를 모두 갖춘 확실한 팔과 다리를 갖고 있었으나 어뢰 모양의 몸과 긴 지느러미를 갖춘 꼬리도 갖고 있었고, 따라서 그들은 아직 물고기 먹이를 찾아 호수에서 헤엄치며 시간을 보내고 있었다.

유럽, 북아메리카, 중국에서 뒤이어 발견된 그 밖의 초기 네발동물은 사지로 더 나아간 많은 변형을 보여주고, 스코틀랜드와 캐나다에서 나온 에우스테놉테론*Eusthenopteron*과 북극 캐나다에서 나온 틱타알릭*Tiktaalik* 같은 다수의 주목할 만한 데본기 중후기 물고기들이 빈틈을 메우는 데에 도움을 준다. 에우스테놉테론은 현생 폐어의 친척인 특이한 경골어류 집단 중 하나였고, 확실하게 물고기에 가까웠다. 그것은 길이가 약 1.5미터였는데, 갖고 있던 특이한 근육질 가슴지느러미와 배지느러미는 그것이 호수 바닥에서 제 몸을 질질 끌고 돌아다니는 데에 사용했다. 지느러미가 가느다란 골질의 지느러미살뿐만 아니라, 가슴지느러미 안의 위팔뼈와 배지느러미 안의 넓적다리뼈 같은 핵심적인 사지 뼈 일부도 갖고 있었다. 길이 2.5미터의 훨씬 더 큰 틱타알릭은, 비록 배를 땅에 붙여야 하긴 했지만, 팔굽혀펴기와 어떤 형태의 걷기를 할 수 있는 더 복잡한 가슴지느러미를 갖고 있었다. 머리가 넓고 유선형이었던 틱타알릭은 아마도 시간 대부분을 연못에서 보냈을 것이다. 심지어 기후가 따뜻했기 때문에 여름에 이 연못이 말라버렸을지도 모른다는, 그래서 에우스테놉테론과 틱타알릭은 더 안전한 다른 연못을 찾아 질벅거리는 진흙 위로 몸을 질질 끌고 가야 했다는 의견도 제시되어 있다. 모두 폐가 있어서 따뜻한 연못 속에서 긴장을 푸는 동안 공기를 호흡할 수도 있었고 아니면 아가미를 통해 물에서 산소를 걸러낼 수도 있었다는 이유로 일부가 발 달린 물고기fishapod(반 물고기, 반 네발동물)라고 불러온 이들에게, 공기 호흡은 엄청난 문제가 아니었다.

가끔 뭍에 들르던 이 손님들이 어느 시점엔가는 뚱뚱한 거미나 노래기를 덥석 물었거나 물가 근처의 식물 줄기를 한 입 먹어봄으로써 평소의 자기네 물고기 식단에 유용한 보충제를 추가하고 있었을 게 틀림없다. 전이가 진행 중이었고, 뭍 위로 내디딘 이 초기의 머뭇거리는 발걸음들은 육상 척추동물의 시기가 시작될 전조였다. 그렇지만 이 모든 발전은 두 건의 재난을 향하고 있었던 세계에서 일어나고 있었고, 이 위기들은 둔클레오스테우스와 친구들이 클리블랜드 셰일의 유복한 생활을 누렸던 기간을 깔끔하게 갈무리했다.

켈바서·항겐베르크 칸막이

데본기 후기 대멸종은 3억 7220만 년 전부터 3억 5890만 년 전까지 계속된 데본기의 마지막 구간, 파멘조Famennian Stage를 1300만 년 간격으로 떨어져 갈무리하고 있는 두 사건으로 나뉜다. 파멘조는 1855년에 연대가 오하이오주의 클리블랜드 셰일과 동등한, 그리고 심지어 같은 종류의 판피류와 기타 어류 일부를 공유하는 시기의 암석이 풍부한 남부 벨기에의 파멘Famenne 지역에서 딴 이름이다. 데본기 후기의 두 멸종은 남부 독일에서 첫 번째는 니더작센주 하노버 근처 켈바서Kellwasser에 있고, 두 번째는 라인 산지 안의 항겐베르크Hangenberg에 있는, 고전적인 대표 암석 단면을 따서 명명되었다.

데본기 후기는 우리가 살펴보았다시피 높은 상태에서 낮은 상태로 변하고 있는 해수면 및 많은 해저면 위 무산소증 국면과 함께, 상당한 환경적 격동이 클리블랜드 셰일에 영향을 미치는 시기였다. 온도에도 급속한 변화가 있었다. 그렇지만 시작과 끝의 특정 위기는 물론 파멘조 전체에 대해서도 완전한 그림을 확립하기는 아직도 어렵다.

대량의 화산 분화는 약 3억 7200만 년 전의 켈바서 사건의 그럴듯한 원인이었다. 시베리아 북부의 수십만 제곱킬로미터를 뒤덮고 있고 100만 세제곱킬로미터 이상의 용암을 쏟아냈을 것으로 추정되는 빌루이 용암대지Viluy Trap는 용융된 마그마로부터 형성되는 검은 암석, 현무암의 두꺼운 축적물이다. 이 용암들의 최대 분출 연대는 켈바서 대멸종의 연대와 일치해서, 이 점이 유용한 정보를 줄지도 모른다. 활화산 주위에서 용암에 의해 생명 형태가 살해당하기는 해도, 생명을 죽이는 게 용암만은 아니다. 용융된 암석의 분출은 대기로 퍼부어지는 이산화탄소, 메탄, 수증기 같은 막대한 부피의 온실가스를 동반한다. 이것이 넓은 면적에 걸쳐, 심지어 전 세계적으로 온난화를 유발하고, 이것은 땅 위의 산성비, 바닷물의 산성화, 그리고 6장에서 더 탐구하겠지만 높은 황 농도와 흔히 연관되는, 해저면의 무산소증과 연관될 수 있다.

지질학자들은 약 3억 5900만 년 전의 항겐베르크 위기 시기에서도 비슷한 대규모 화산 분화를 뒷받침할 증거를 수색해왔지만, 지금까지 적합한 결정적 증거가 발견된 적은 없었다. 그 대신에 이 사건에 대해서는, 어쩌면 데본기 내내 육지를 식민지화하는 데서 식물이 거둔 성공을 통해 견인되었을지도 모르는, 대기 중 이산화탄소량의 감소라는 특이한 메커니즘이 밝혀진 바 있다. 식물은 광합성을 하는 동안 이산화탄소를 흡수하고, 이산화탄소 농도의 저하는 지구 한랭화로 이어진다. 이 시기에서 또다른 남극 빙하작용을, 어쩌면 오르도비스기 후기 때만큼 심하지는 않았을지 몰라도 어쨌건 빙하작용을 뒷받침하는 증거는 실제로 있다. 다시, 발달하는 빙원이 일반적인 전 세계 한랭화와 더불어 물을 대양에서 끌어냈으므로 해수면도 떨어졌다.

육지 식물이 더 낮은 해수면으로 유발되는 문제를 가중했을지도 모른다. 우리가 오르도비스기 후기 위기(3장을 보라)에서 보았듯, 낮아진 해수면은 이전의 해저면을 대기에 노출함으로써 해양 대륙붕의 풍부한 생명 모두를 위한 공간을 축소했다. 새로운 식물은 자신의 성장을 위해 광물질을 추출하면서 토양 그리고 특히 암석 표면 속으로 뿌리를 보냈지만, 이 새로운 활동은 한편으로 종합적 암석 풍화율을 증가시켰고, 그로 인해 영양분이 되는 인 같은 광물질이 시내, 호수와 바다로 휩쓸려 들어갔다. 이런 광물질은 오르도비스기 후기에 그랬듯(71쪽을 보라) 부영양화로 이어짐으로써 해저면 퇴적물에서 무산소증으로 이어지고 있었을지도 모른다.

위기를 초래한 메커니즘이 무엇이었든, 위기의 규모는 의심할 여지가 없다. 켈바서·항겐베르크 사건은 항겐베르크 사건 동안 더 높았던 것으로 보이는 손실률로, 대양 안과 육지 위의 종 50퍼센트 이상의 손실을 설명했다. 결과는 생태계 면에서 분명했다. 판피류 전부를 포함해, 물고기 대부분이 클리블랜드 셰일에서 사라졌다. 이 중무장한 물고기들은 데본기 내내 죄다 둔클레오스테우스 같은 괴물이었던 게 아니라, 모든 해양 또는 민물 환경의 중요한 일부였던 수백 가지 다른 종을 포함했다. 그들은 주로 육식동물이었지만, 더 작은 종은 당연히 더 작은 먹이 요소를 먹고 살았을 것이다. 켄투키아 같은 경골어류와 클라도셀라케 같은 상어형 포식자가 생존자에 포함되기는 했어도, 다수가 갑주어인 그 밖의 수많은 데본기 물고기가 사라졌다.

나머지 해양 생물의 멸종도 똑같이 갑작스럽고 충격적이었다. 플랑크톤 집단이 통째로 사라졌고, 생물초를 짓는 산호와 해면에서도 손실이 있었다. 이것은 열대 안의 많은 지역이 데본기 동안 거대하고 다양한 생물초의 발달을 보아온 터였기 때문에 심각했다. 그것들이 항겐베르크 사건 다음에, 생물초가 회복하는 데에 그 기간이 걸렸음을 뜻하는 1000만여 년의 산호 공백과 함께 완전히 사라졌다. 삼엽충과 연체동물 사이에서도 멸종들이 있었다. 아르카이옵테리스 같은 기이한 데본기 후기 나무와 틱타알릭, 아칸토스테가, 익티오스테가 같은 발 달린 물고기 전부를 포함해, 육지 식물과 동물도 많이 사라졌다.

데본기 후기 대멸종에는 오래전부터 '5대' 중 두 번째라는 꼬리표가 달려 있었다. 그렇지만 이런 지정이 언제나 도움이 되는 것은 아니다. 우리가 보았다시피 '첫 번째' 오르도비스기 후기 위기 전에도 여러 대멸종이 있었고, 데본기 후기 대멸종도 단 한 건이 아니라 긴 기간으로 분리된 최소 두 건의 재난이었다. 그렇지만 용어보다 더 중요한 것은 위기가 새로운 생명을 위한 기회를 활짝 열었다는 관찰이고, 이는 데본기 후기에도 적용된다. 생물초, 많은 갑주어, 많은 육상 생물이 치워지자, 이어지는 석탄기와 페름기에 어떤 완전히 새로운 생태계의 발흥이 촉발되었다. 이때는 따뜻한 세계의—습한, 그리고 그다음엔 건조한—시기였고, 생명이 번성했다. 그렇지만 외견상의 변칙은 따뜻한 온도가 생명의 풍부함을 북돋울 수 있는 반면에 죽일 수도 있다는 것이다. 다음 장에서 우리는 따뜻한 온도가 어떻게 생물다양성을 키울 수도 있고 줄일 수도 있는가를 탐구한다.

5

지구 온난화의 살생법

거대 양치류와 잠자리

지구의 역사에서, 높은 온도는 거듭거듭 발생해왔다. 생태 면에서, 열은 좋을 수도 있지만 나쁠 수도 (그리고 많은 대멸종의 원인일 수도) 있다. 이 장에서 우리는 석탄기와 페름기에 온도가 따뜻해지면서 생겨난 혜택과 위험을 구분하고, 지구 온난화의 살생 메커니즘도 정확히 짚어볼 것이다.

세계의 많은 부분에서, 3억 2300만 년 전부터 3억 500만 년 전까지의 석탄기 후기의 고전적인 장면에는 초록빛으로 물기를 뚝뚝 떨어뜨리고 있는 키 큰 양치종자류seed ferns와 속새류, 그리고 물을 좋아하는 온갖 네발동물과 물고기로 가득한 개울과 연못이 등장했다. 70센티미터에 이른 날개폭이 곤충보다 갈매기에 더 가깝게 만들고 있는 잠자리 메가네우라 *Meganeura*, 그리고 자동차 길이인 2.5미터짜리 노래기 아르트로플레우라 *Arthropleura* 같은 거대한 곤충과 거미가 나무 사이에서 날고 종종걸음쳤다. 숲 바닥 위의 식물 부스러기를 가르고 지나가는 동안, 그 생명체는 공업

석탄기 후기의 열대림을 뚫고 날았던, 갈매기만 한 거대 잠자리 메가네우라.

용 진공청소기처럼 어마어마한 양을 흡입했다.

더 깊은 숲 주위 민물에서는 새로운 종류의 물고기들이 수역을 순찰했다. 데본기의 판피류와 그 밖의 무장한 형태들은 사라졌고, 상어를 닮은 물고기들이 들어왔다. 사실, 몇몇은 머리 위로 어떤 것은 우산 손잡이처럼 보이고 다른 어떤 것은 위 표면이 이빨로 덮인 목공용 줄처럼 보이는 뼈가 웃자라 있어서 매우 기이했다. 이런 구조가 어떤 기능을 제공했는지는 알려지지 않았다—하지만 어쩌면 그것은 일부 수컷 새의 정교한 꽁지처럼 성적 과시를 위한 것이었을지도 모른다. 현생 연어나 대구처럼 보이지만 짧은 머리가 골판으로 싸이고 옆구리도 얇은 비늘 대신에 무거운 골판으로 덮인 경골어류도 데본기에서 살아나와 다양해졌다. 그렇지만 현생 대구와 연어의 복잡한 턱 장치와 달리, 그들의 턱은 단순했다—그들은 턱을 부엌 쓰레기통 뚜껑처럼 열고 닫기만 할 수 있었다.

이것은 데본기 후기 대멸종 다음에 가능해졌거나 촉발된 신세계였다. 켈바서 · 항겐베르크 사건에서 겪은 극적인 생명 손실이 물고기, 식물, 네발동물의 주목할 만한 새 집단은 물론 산호, 완족류, 삼엽충과 기타 바다짐승의 많은 새 집단을 위한 기회를 활짝 열었다.

석탄기에 생명이 풍부한 구간은 당시의 적도 주위에 있었다. 마찬가지로, 오늘날에도 다습한 열대 구간에서 높은 온도와 풍부한 수분 공급이 매우 높은 생물다양성을 위한 기초를 제공한다. 우리는 나무들이 양치류와 덩굴식물로 뒤덮여 있고 곤충, 화려한 새, 원숭이와 모든 종류의 이국적 생물로 북적거리는 브라질 또는 인도네시아 우림의 이미지와 친숙하다. 대륙 규모 비교에서는 생태학자들이 온도와 생물다양성, 그리고 강우량과 생물다양성 사이에서 매우 강한 상관관계를 발견한다. 예컨대 북아메리카의 얼음으로 덮인 부분에서는 조류학자가 새 네다섯 종을 확인하기도 어려운 데에 반해 중앙아메리카의 열대에서 그들의 점검 목록은 500종 이상으로 늘어날 것이다. 이 주목할 만한 극에서 적도까지의 생물다양성 기울기는 생물지리학자들이 '위도 다양성 기울기latitudinal diversity gradient'라고 부르는 것의 일례다. 이 사례에서 새의 종 다양성은 알래스카 북부에서 과테말라까지 가는 동안 100배가 증가한다. 이는 물의 존재로 따져도 마찬가지다. 사막(뜨거운 사막뿐만 아니라 칠레나 아르헨티나의 남쪽 지역에서처럼 추운 사막도)에서 습윤대로 가는 동안 식물, 곤충 또는 척추동물 종의 수가 수십에서 수백 또는 수천으로 증가한다. 물도 필수적이고, 앞으로 볼 것처럼 높은 온도와 제한된 물 공급의 상쇄는 갑자기 치명타가 될 수도 있지만, 지상에서 생물다양성의 주된 견인차는 온도인 듯하다.

석탄기 우림 붕괴

석탄기와 뒤이은 페름기에 걸친 생명의 진화에서 중요한 사건 일부를 몰아가는 데에는 온도와 습도의 상호작용이 결정적이었다. 땅 위에서는 석탄기 후기의 풍부한 열대우림이, 그 시기에 적도에 걸쳐 단일한 거대 땅덩어리를 형성한 현대의 북아메리카와 유럽 전역으로 연장되었다. 오르도비스기 이후로 대륙 대부분이 곤드와나의 많은 부분을 남극에서 끌어내며 다수 대륙을 열대 구간 안으로 옮기면서, 북쪽으로 이동해온 터였다.

유럽과 북아메리카에 있는 많은 국가가 복을 받아 막대한 석탄 매장량을 누리는 것(아니면 적어도 석탄이 공장의 용광로와 확장되는 신도시에 동력을 공급한 1700년대부터 1900년대 초의 산업혁명 당시에 그들이 자기들은 복을 받았다고 생각한 것)은 이국적인 거대한 나무, 새만 한 곤충, 초기 네발동물로 가득했던 이 거대한 숲(컬러도판 8을 보라) 덕분이다. 영국에서 폴란드에 이르는 유럽과 북아메리카에서 사용되는 석탄은 거의 모두 후기 석탄기의 것이다. 물론 그것을 태우면 지구 온난화를 유발하는 온실가스인 이산화탄소가 나오기 때문에 지금은 사람들 대부분이 석탄을 위험물로 본다(우리는 15장에서 이 주제로 돌아올 것이다).

그렇지만 무성한 석탄기 후기 석탄 숲은 오래가지 않았다. 약 3억 500만 년 전, 모든 곳에서는 아니었어도—예컨대 매장된 석탄의 연대가 주로 페름기 후기인, 지금의 중국에 속하는 많은 부분에서는 그것이 끈질기게 남아 있었다—그것은 아주 급속히 붕괴했다. 고생물학 박사과정 학생 사르다 사니가 고식물학자 겸 고기후 전문가 하워드 팰컨랭과 함께, 둘 다 당시에는 브리스톨 대학에 있었는데, 주도한 2010년 논문이 북아메리카와 유럽에서 일어난 그 급속한 붕괴, 그리고 약 100미터의 중대한 해수면 하강과 그것의 명백한 연관성을 탐구했다.

이 붕괴를 설명하는 모형은 3장에서 논의된—주원인이 해수면 하강을 일으켜 더 춥고 더 건조한 기후를 초래한 남극 빙원인—오르도비스기 후기 대멸종의 모형과 비슷하다. 석탄기 말 가까이에, 페름기로 들어서서도 한참을 더 간 커다란 빙원이 남극 위에 발달해 있었다. 아주 많은 물이 얼음 속에 갇혔으니 뒤따라 해수면이 엄청나게 내려갔고, 열대의 유럽-북아메리카 땅덩어리 중 많은 부분에 걸쳐 명백하게, 춥고 건조한 기후가 발달했다. 이 시기에는 위치가 스웨덴, 노르웨이와 북해 주위였던, 크고 무서운 일련의 화산 분화를 위한 웅장한 이름 '스카게라크 중심 대화성암 지대Skagerrak-Centred Large Igneous Province'에서 중대한 화산 분화도 있었다. 이 분화가 전반적 재난에 공헌했을 수도 있을까? 여기에 답하려면 연구가 더 필요하지만, 급격한 온도 상승을 포함하는 새로운 종류의 이상고온 살생 모형이 페름기에 다수의 재난을 초래했다는 것은 분명하다.

뜨거운 페름기

1500만 년을 앞으로 빠르게 감아 미국 텍사스주에 있는, 제럴딘 골층Geraldine Bonebed이라는 유명한 화석층이 식물, 곤충, 어류, 양서류, 파충류를 포함한 수천 점의 표본을 산출해온 노코나층Nocona Formation으로 가자. 근처 유령 마을의 이름을 딴 그 골층은 미국의 위대한 척추동물 고생물학자 알 로머에 의해 1932년에 발견되었다. 발견된 퇴적물과 식물은 그 영역이 작은 호수와 양치류, 침엽수, 양치종자류의 소택지 숲swamp forest을 가진, 무성한 식물로 덮인 범람원floodplain이었음을 시사했다.

이 장면으로 들어가는 동안 우리에게 보이는 그 시절의 가장 인상적이고 단연코 가장 큰 동물은 네 발로 걷고 두툼한 머리와 날카로운 포식성 이빨로 무장된 구부러진 턱을 가진 (일부는 길이가 4미터에 달한) 디메트로돈 *Dimetrodon*이다. 그것의 등을 따라 펼쳐진 돛, 즉 척추의 척추골 하나하나에서 연장된 긴 뼈들로 받쳐지고 머리 뒤에서 꼬리의 도입부까지 이어지는 거대한 구조물이 무엇보다 비범하다. 돛은 아마도 수직 뼈 받침들 사이에 헐렁하게 걸린 두툼한 피부층으로 만들어졌을 테고, 다른 디메트로돈이나 가시 돋친 식물과 거칠게 맞닥뜨린 덕분에 여기저기 찢기고 너덜거렸을 것이다.

그 디메트로돈이 먹이를 찾아 활보하다가 3.5미터 길이의 에다포사우루스*Edaphosaurus* 한 쌍을 찾아낸다. 이 파충류도 등에 돛을 달고 다니지만, 초식을 위해 적응된 훨씬 더 작은 머리와 작은 이빨을 가졌다. 그들의 더 뚱뚱한 몸은 초식동물이 구할 수 있는 다소 부실한 식물 먹이를 소화할 수 있으려면 필요한 매우 큰 내장을 담는다. 에다포사우루스는 위험을 모르는 듯, 연못가에서 뜯은 입안 가득한 속새를 평온하게 우적우적 씹고 있다. 하지만 디메트로돈이 관목 사이로 발걸음을 옮기는 동안, 그 덩치 큰 초식동물 하나가 잔가지 부러지는 소리를 듣고 짝을 향해 꽥 소리를 지르고, 그들은 뒤뚱거리며 떠난다. 이 둘은 거의 제 몸만큼 크므로, 디메트로돈은 기력을 아끼기 위해 더 작은 먹잇감 동물을 기다리기로 한다.

디메트로돈과 에다포사우루스는 단궁류synapsid, 즉 나중에 포유류를 낳은 큰 네발동물 집단의 일원이다. 돛의 기능은 오래전부터 논쟁이 되어왔는데, 가장 흔한 견해는 그것이 체온 조절 구조였다는 것이다. 그래서 주장인즉슨, 아마도 이 초기 단궁류는 현생 도마뱀과 같은 냉혈동물이었으며,

등의 등골뼈의 길어진 신경돌기 위로 피부가 당겨져 만들어진 놀랄 만한 등쪽 볏은 물론, 낮게 걸린 몸통, 큰 머리와 이를 다 드러낸 육식성 턱을 보여주고 있는 디메트로돈의 골격.

차가운 이른 아침 공기 속에서는 무기력했을 것이다. 오늘날 도마뱀은 추운 밤에는 활동을 멈추고 선잠을 잘 것이고, 그런 다음 온기를 흡수하러 나와 이른 아침 햇빛 속에서 볕을 쪼이며 바위 위에 널브러질 것이다. 마찬가지로, 돛을 등에 단 단궁류도 열이 몸으로 통하게 해주는 혈관의 풍부한 그물망이 들어 있던 돛을 통해 똑같이, 태양에서 열을 받았을 것이다. 이것이 그들이 새벽에 움직이는 데에 유리하도록 해주었을 수도 있다. 페름기 초기 한낮의 열기 속에서 돛등족은 몸을 식히기 위해 그늘에 서서 돛으로부터 열을 발산했을 수 있다는 견해도 나왔다.

이 모형의 사실 여부를 입증하지는 못한다. 이에 대한 반론은, 제럴딘 골층의 다른 파충류들은 그런 돛이 없었는데, 그렇지만 그들도 일교차를 극복하고 더 날카로운 디메트로돈의 공격을 피해야 했음에 틀림없다는 것이다. 다른 한편으로, 디메트로돈과 에다포사우루스는 다른 동시대 동물보다 더 컸고, 어쩌면 그래서 이런 부양책이 필요했는지도 모른다.

비슷한 예들이 독일에서도 알려져 있고, 단궁류는 꽤나 세계적으로 퍼져 살았던 듯하다. 이 시기에는 대서양이 없었다. 석탄기에 존재했었고 모든 석탄 지층의 부지였던 북아메리카-유럽 초대륙이 통틀어 곤드와나라 불리는 북상 중인 남쪽 대륙들과 합쳐져 페름기로 들어와서도 존속했다. 페름기와 뒤이은 트라이아스기 동안 세계는 사실상 판게아Pangaea('모든 세계')라 불리는 단 하나의 초대륙이었다. 기후는 샅샅이 뜨거웠고, 거대한 사막 같은 초대륙 안쪽에서는 건조하기도 했다.

약 2억 7300만 년 전, 페름기 초기와 중기의 경계에서 디메트로돈과 에다포사우루스의 시대가 끝장난 것은 이처럼 극단적이었던 뜨거운 기후의 결과였을 수 있다. 네발동물의 멸종 원인은 불확실한 채 남아 있지만, 그들의 실종은 새로운 파충류 집단이 출현하고 그들의 생활방식에서 일부 중대한 변화가 시작되는 데로 이어졌다.

1. 세상의 종말이 온 듯한 멸종 후 장면. 2억 5200만 년 전 페름기 말에 시베리아 용암대지의 대량 분출로 형성된 용암의 웅덩이에서 서둘러 떠나는 작은 한 떼의 리스트로사우루스들.

진화의 창조성. 대멸종 후의 세계에서는 새로운 종이 진화하고, 완전히 새로운 생활방식이 출현할 수 있다. 여기서는 중국의 백악기 전기에서 [작]은 깃털 공룡 벨로키랍토르가 잘람달레스테스*Zalambdalestes*속의 작은 포유류 두 마리를 뒤쫓는다.

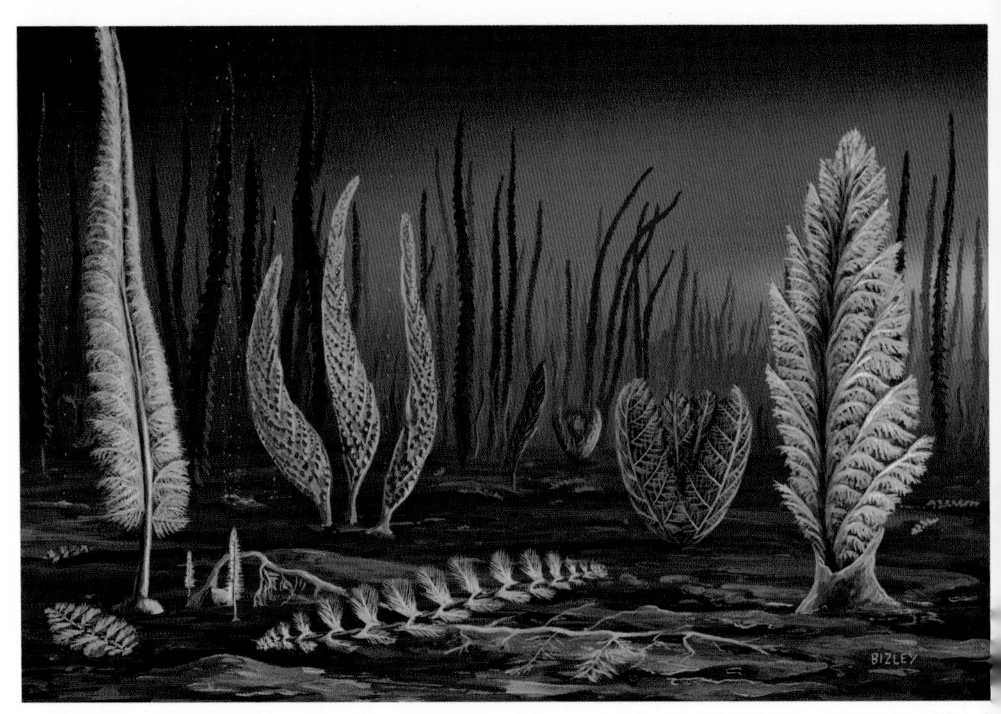

3. 최초의 동물들. 물에서 작은 입자를 걸러 먹고 산 수직의 잎을 닮은 생명체를 보여주는 5억 5500만여 년 전 해저면 장면. 움직임이 더 자유로운, 아마도 일부는 벌레나 연체동물의 친척일 동물들이 진흙 속에서 기어 다닌다.

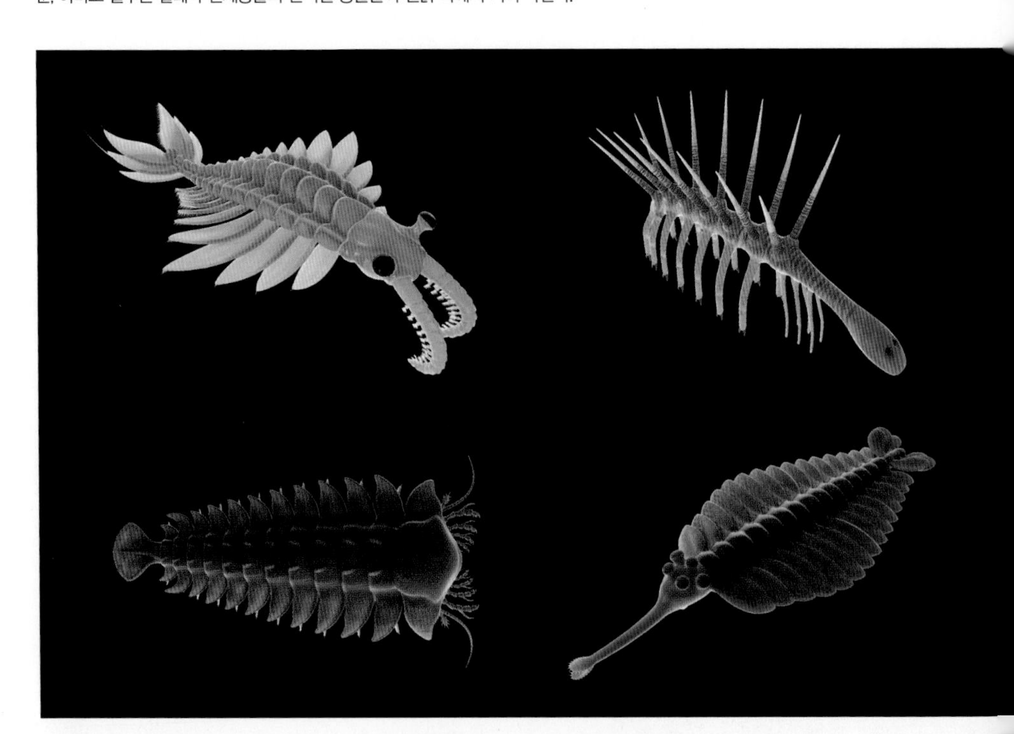

4. 버제스 셰일의 경이로운 생명체들. 캐나다에 있는 이 유명한 산지의 캄브리아기 동물들은 끊임없이 사람들을 경탄하게 해왔다. 여기서 우리는 왼쪽 위부터 시계 방향으로 아노말로카리스, 할루키게니아, 오파비니아 그리고 현생 전갈과 친척인 초기의 절지동물 상크타카리스*Sanctacar* 를 본다.

5. 삼엽충. 여기서는 캄브리아기 중기로부터 단 한 층의 암석이 삼엽충 엘립소케팔루스 호피*Ellipsocephalus hoffi*의 수많은 예를 보여준다. 이 절지동물은 갑각 밑에 걷는 다리가 있었고 먹이를 찾아 해저면 진흙을 갈랐다. 그들은 포식을 피해 신속하게 종종걸음쳐 돌아다닐 수도 있었다.

. 버제스 셰일 안의 생물. 이 장면은 삼엽충(왼쪽, 오른쪽 아래), 해파리(왼쪽 위), 단순한 해면(중간)뿐만 아니라 더 이상한 버제스 동물 일부의 예들로 붐빈다. 하이코우익티스와 비슷한 초기 척추동물 피카이아*Pikaia*가 중심을 가로질러 헤엄친다.

7. 최초의 육상 식물. 4억 3000만 년 전 실루리아기 중기에 번성하기 시작한 아주 작은 관다발식물 쿡소니아를 아래에서 올려다본 모습. 가지를 뻗는 짧은 줄기들이, 이어지는 땅속의 뿌리로부터 몇 센티미터 올라오고, 줄기마다 전구를 닮은 홀씨주머니가 얹혀 있다.

8. 거대한 석탄 숲. 3억 1500만 년 전 석탄기에는 적도 육지의 많은 부분에 걸쳐 따뜻하고 축축한 기후가 우세했고, 거대한 양치종자류 및 속새류 나무들이 번성했다. 곤충과 기타 벌레도 초기 사지동물을 위해 풍부한 먹이를 제공하며 번성했다.

9. 최초의 거대 포식자. 길이가 9미터에 달한, 최초의 진정으로 거대한 포식성 척추동물 둔클레오스테우스가 그것이 찾을 수 있었던 다른 모든 물고기를, 갑주를 두른 표본까지도 싹둑싹둑 썰며 3억 7000여 년 전 북아메리카의 데본기 후기 바다를 돌아다녔다.

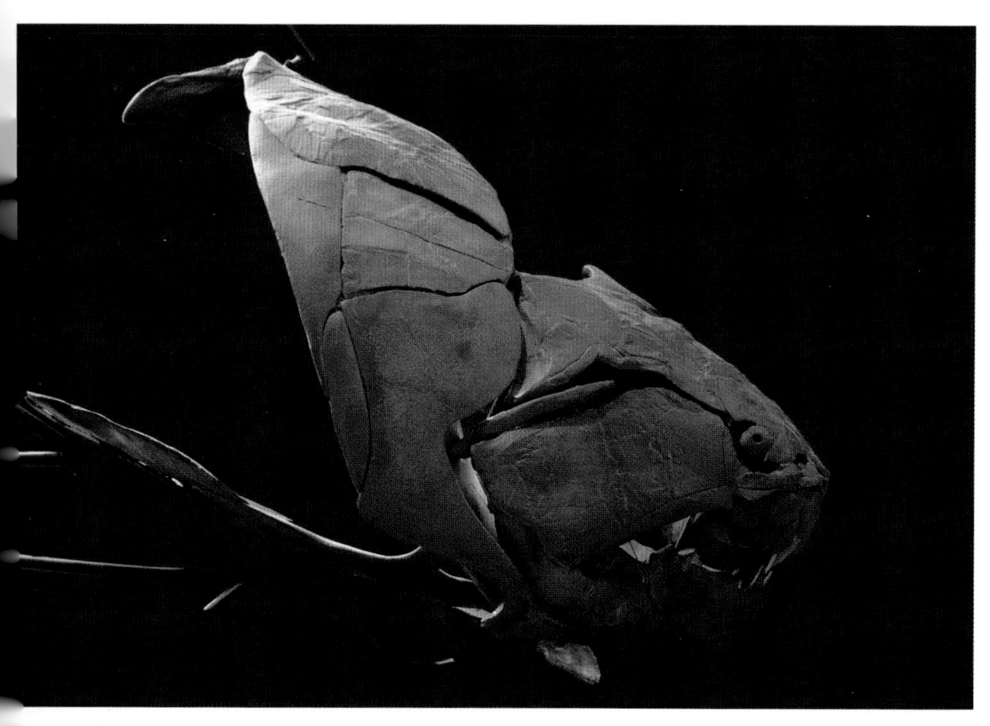

0. 극대화하고 있는 사냥 효율성. 둔클레오스테우스의 턱은 두 개의 턱관절, 주로 입 뒤에 있는 통상적 경첩 관절로 힘을 얻었다. 하지만 두개골의 앞부분도 무는 힘을 추가로 제공하며 목에 있는 절굿공이 관절에서 꺾어졌다.

11. 씹는 기계. 트라이아스기의 소박한 린코사우루스류 히페로다페돈이 새로운 종류의 초식동물을 대표했다. 전 세계적으로 풍부한 예가 디크로이디움 같은 종자양치류를 먹고 살면서 오랜 기간 초식동물의 생태적 지위를 지배했다.

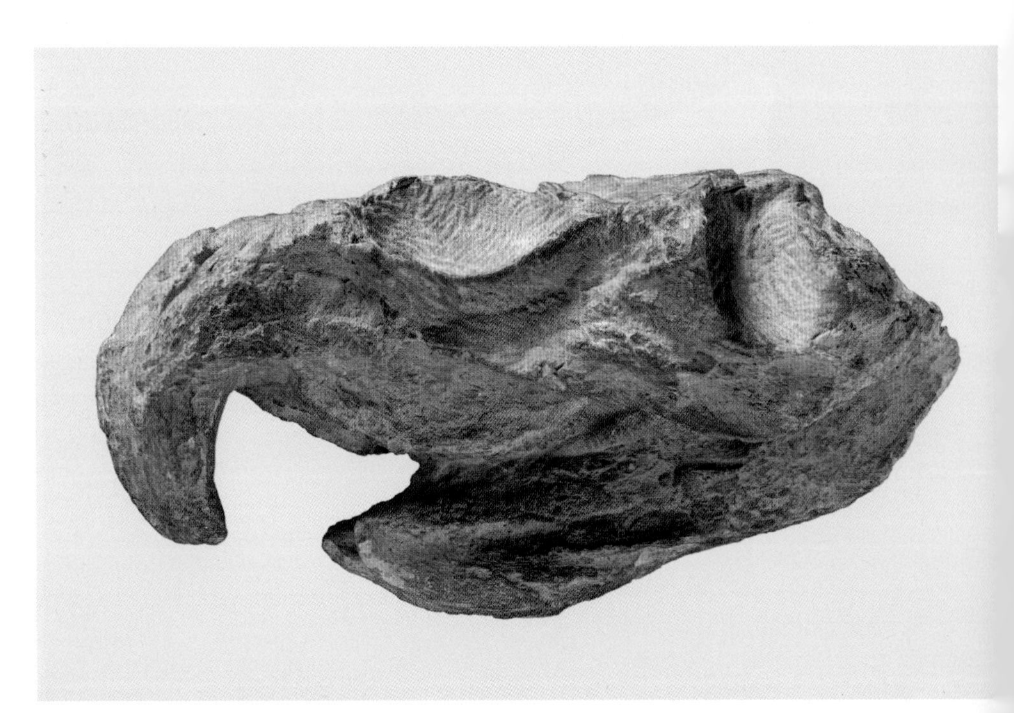

12. 오래된 갈고리 주둥이. 히페로다페돈의 두개골이 아마도 다음 차례로 힘센 혀를 통해 입안으로 끌려 들어가고 가위를 닮은 턱을 통해 가늘게 썰릴 식물을 캐내거나 긁어모으는 데에 쓰였을 한 쌍의 구부러진 엄니를 보여준다. 아래턱이 뒤로 밀려 있었는데 엄니에 닿아야 한다는 점에 유의하라.

13. 남아프리카의 드라켄즈버그산맥. 이 산들은 1억 8000만 년 전에 분출되어 급격한 지구 온난화와 산성비를 초래한 현무암질 용암으로 지어져 있다. 해저면이 산소에 굶주렸던 토아르시움절 초기 멸종 사건의 원인이 이것일 것이다.

14. 〈더욱 예전의 도싯〉. 해양 파충류(고래를 닮은 어룡, 목이 긴 수장룡, 악어), 어류, 암모나이트, 벨렘나이트, 거북, 위에서 날고 있는 익룡을 보여주는 쥐라기 초기 생물의 유명한 풍자적 복원도. 드 라 베시, 1830.

15. 어룡 어미. 전체적인 돌고래 형태와 큰 지느러미발을 보여주는, 독일의 쥐라기 초기 지층에서 나온 유명한 표본. 흉곽 안쪽의 새끼 한둘, 그리고 그녀의 흉곽 뒤에서 바깥쪽 물 세계로 막 들어서고 있는 한 새끼에 주목하라.

16. 최고의 수영 선수. 어룡은 트라이아스기, 쥐라기 그리고 백악기의 많은 부분에서 핵심적인 해양 포식자였다. 그들은 꼬리를 휘저어 헤엄쳤고 지느러미발로 방향을 조종했으며, 주로 물고기나 오징어 떼를 향해 돌진해 최대한 많이 낚아채는 방법으로 먹고살았다.

캐피탄절 말 대멸종

우리는 페름기 중기 파충류를 이해하기 위해 북아메리카와 독일을 떠나 러시아와 남아프리카로 이동한다. 이런 지리적 이동은 단순히 최상의 화석 기록이 어디에 있느냐를 반영한다. 북아메리카와 유럽에서는 붉은빛 사막의 사암이 얕은 바닷물에 침수되었으므로 뭍에 사는 파충류의 화석이 보이지 않는다. 러시아에서는 반대로 얕은 바다 밑에 있었던 자리가 육지가 되었고, 남아프리카에서는 물러나고 있는 남극 빙상으로 뒤덮였던 영역들이 다시 서식 가능해지고 뭍의 식물, 곤충과 네발동물이 돌아왔다.

페름기 중기의 끝 무렵, 약 2억 5900만 년 전의 캐피탄조Capitanian Stage 끝에서 보이는 다량의 멸종이 주목을 끌어왔지만, 암석 연대를 확실하게 측정하기가 어려웠다. 남아프리카에 있는 일련의 암석층에서 나온 연대를 러시아와 중국에 있는 암석층에서 나온 연대와 비교하기가, 그리고 특히 땅 위에 퇴적된 암석을 바닷속에 퇴적된 암석과 짝짓기가 어려웠다. 하지만 남아프리카에서 이루어진 고생물학자 마이클 데이와 브루스 루비지의 상세한 연구 덕분에, 우리는 이제 대단한 멸종 사건이 이 시기에 있었음을 확신할 수 있다.

땅 위에서, 데이와 루비지는 이 시점에 파충류에서 일어난 중대 전환에 주목했다. 페름기 중기에서 전형적인 두 집단은 브라디사우루스류bradysaur와 디노케팔리아류dinocephalian였다. 브라디사우루스*Bradysaurus*는 페름기 지층에서만 발견되는 독특한 파충류 집단 파레이아사우루스류pareiasaur였다. 길이 약 2.5미터와 최고 몸무게 0.5톤의 육중한 생명체인 그들은 하마만큼 덩치가 컸지만 아주 작은 머리를 갖고 있었고, 등에는 장갑판이 덮여 있었다. 팔과 다리는 비교적 짧고 다부졌으며, 그 동물은 옆으로 아무렇게나 벌어지는 사지를 가지고 뒤뚱뒤뚱 걸어다녔다. 그것은 짧은 이빨과 거대한 턱관절을 가지고 고사리와 속새 같은 질긴 식물을 질겅질겅

씹었고, 아마도 이 영양가 없는 먹이를 소화할 수 있는 덩치 큰 몸이 필요했을 것이다.

디노케팔리아류는 디메트로돈의 후손인 단궁류로, 초식동물과 육식동물을 둘 다 포함한다. 전형적 초식 형태 중 하나인, 길이 3미터와 몸무게 1~1.5톤의 타피노케팔루스*Tapinocephalus*는 심지어 브라디사우루스보다 컸다. 그것은 아무렇게나 벌어지는 짧은 팔과 다리를 갖고 있었고, 머리를 높게 매단 몸은 낮은 엉덩이 부위에서 강력한 어깨까지 비스듬하게 올라갔다. 두개골은 위에 두꺼운 뼈로 된 혹이 얹혀 있었다—이 거구의 짐승이 짝짓기 시합 중에는 오늘날 산양이 하듯이 박치기를 했다고 해도 무리가 아닐 것이다. 브라디사우루스류, 디노케팔리아류와 기타 많은 네발동물이 캐피탄절 말에 절멸했다. 대양에서도 많은 완족류와 암모나이트의 종 손실, 그리고 생물초 생태계의 상당한 재구성이 있었다. 주류 플랑크톤 유기체가 사라졌다. 남아프리카, 러시아와 중국에 있는 같은 연대의 암석들에서 같은 멸종들이 보인다. 하지만 무엇이 그것들을 초래했을까?

대양에서는 해수면이 낮아졌으며 대양 밑바닥 위 퇴적물이 해저면 생물을 죽일 수 있는 산소 함량 부족(무산소증)의 시기를 겪었다는 증거가 있다. 만약 일어났다면 산호, 완족류와 기타 해양 생물의 석회질 골격과 껍데기를 공격했을 대양 산성화의 조짐도 있다. 데이와 루비지는 남아프리카의 대카루 분지great Karoo basin에 있는 붉은 사암에서, 건조해지고 있는 기후를 뒷받침하는 증거에, 그리고 식물이 죽어가고 있었다는 점에 주목했다. 식물이 다시 죽는 동안, 정상적인 침식 과정이 토양을 휩쓸어가고 풍경을 벌거벗겨 맨 암석으로 돌려놓았다.

대양 안과 땅 위에서의 이 물리적 변화들은 지금의 남중국에서 대규모 화산 분화로 견인되었다는 의견이 제시된 바 있다. 이른바 어메이산峨眉山 화산암이 연대도 맞고, 정확히 캐피탄절 말에 분화가 절정에 달해 있었던 듯하다. 다음 장에서 더 탐구하겠지만, 화산은 녹은 용암과 공중에 던져진 뜨거운 암석 가까이에 있는 생명을 죽일 뿐만 아니라, 대기로 퍼부어지는 가스로도 생명을 죽인다. 이 화산가스는 빗물과 섞여 산성비를 만들어냄으로써 대양의 얕은 수역을 산성화했을 뿐 아니라 땅 위에서 식물을 죽였을 것이다. 뒷받침하는 증거를 찾기는 힘들지만, 대기 중에서 온도를 올렸을지도 모르는 잘 알려진 온실가스, 이산화탄소가 무엇보다 의미심장했을 것이다. 중국의 암석 단면에는 캐피탄절 말 사건 직전에 온도가 상승한 증거가 있고, 이것이 멸종의 최초 단계를 구동하는 데서 의미가 있었을 것이다. 이 대멸종 다음에는 네발동물이 낮은 다양성으로 존재한 시기가 뒤따랐다. 결국은 새로운 종들이 생태계 안의 공백을 메웠고 생명은 빈틈없이 풍부한 상태로 돌아갔다.

버넌 교수의 실험

고온에서 동물과 식물이 죽는다는 것은 명백해 보일지도 모르지만, 정확히 얼마나 높은 온도에서 죽을까? 오늘날 우리는 지구 온난화를, 그리고 그것이 인간의 건강과 생물다양성에 미치는 영향을 걱정하기 때문에 이 질문은 중요하다. 영국의 생리학 교수 호러스 미들턴 버넌(1870~1951)은 두 주제 모두에, 하나에는 사뭇 악마같이, 하지만 나머지 하나에는 그 무엇보다 인도적인 동기로 달려들었다. 버넌은 동물학자 겸 의사로 훈련받았다. 그는 해양 생물학자들이 대대로 훈련받아온, 이탈리아에 있는 유명한 나폴리 생물학연구소에서 시간을 보낸 다음에 옥스퍼드 대학에서 화학생리학을 가르치는 대학교수가 되었다.

나폴리에 있었던 1899년에, 그는 해양 동물의 평균 사망 온도를 결정하기 위해 그들을 종류별로 죽을 때까지 끓이는 작업에 착수했다. 산호, 연체동물, 척추동물 스무 종을 차근차근 끓여가면서, 그는 사망 온도의 범위가 섭씨 34도에서 40.6도 사이임을 알아냈다. 그는 그 절차를 이렇게 기술했다. "실험 방법은 동물을 관찰하면서 물이 담긴 작은 비커에 집어넣는 것이었다.… 이 물은 처음에는 상당히 빠르게, 하지만 동물의 사망 온도에 다가가는 동안에는 매우 천천히, 점진적으로 데웠다. 작은 비커 안의 물은 짧은 간격으로 관찰되고 있는 동물이 정확히 언제 열 마비가 시작되고 모든 동작이 멈추는지 결정할 수 있도록 온도계로 거세게 휘저었다." 그 물은 그런 다음 냉각되었고, 만약 동물이 기운을 차려 꿈지럭거리기 시작하면, 그 동물은 전보다 1도 더 높은 온도까지 가열되었다. 가열과 냉각은 불쌍한 생명체가 정말로 삶겨 죽었을 때까지 반복되었다.

버넌은 평균적으로 어류가 섭씨 39도 언저리에서, 양서류가 39.5도에서, 파충류가 45도에서, 그리고 다양한 연체동물이 46도에서 죽는다는 것을 확증했다. 그는 종합적으로, 사망 온도가 해부구조의 액체 부분과 고체 부분 간 균형에 달린 듯하다는 점에 주목했다. 단단한 장기가 두어 개 든 물주머니에 지나지 않는 해양 유기체는 먼저 죽은 데에 반해, 예컨대 근육질의 단단한 해부구조가 훨씬 더 많은 척추동물은 더 높은 온도까지 살아남을 수 있었다.

이 모두가 마치 송장 파먹는 귀신 같고 지독히 잔인한 듯하지만, 사실이 확립되었으니 실험은 반복될 필요가 없다. 열이 생명에 미치는 효과에 관한 버넌의 다른 연구 중 많은 부분은 살아 있는 동물이 아니라 절개된 근육 조직을 대상으로 수행되었다. 제1차 세계대전 동안 버넌은 폭탄을 만드는 가혹한 공장 노동에 종사했고, 흔히 고온에서 장시간 노동을 하고 교대한 후 노동자들이 괴로워하고 위험한 실수를 저지르기 쉽다는 걸 알게 되었다. 그는 이에 관해 일련의 보고서와 책을 쓰기 시작했고, 전쟁 후에는 옥스퍼드의 지위를 버리고 공장과 기타 작업장에서 온도를 규제하는 법률을 포함해 더 공정한 노동조건을 위한 운동을 펼치며 직업위생이라는 새로운 분야에 힘을 쏟았다.

살아 있는 동물을 실험 대상으로 삼아도 된다고 여겨지던 시절에 버넌과 동료 연구자들에 의해 확립된 기초 데이터는 놀랍다. 섭씨 34~40도라는 사망 온도 범위는 우리가 더운물로(37~38.3도에서) 샤워할 때 날마다 경험하는 것이다. 게다가 2020년대 초의 열파 기간에 남부 유럽, 미국 남부, 중국에서 40도 이상의 기온들이 보고되었던 것을 고려하면, 이런 조건에서 대부분의 생물은 전혀 편안하지 않을 게 명백하다. 더욱 의미심장하게도, 현대의 생리학적 연구는 섭씨 28도 이상의 기온과 수온이 모두 해양 생물에게 '스트레스를 주는 범위'에 들어간다는 것을 보여준다. 덴마크의 오르후스 대학에서 나온 2022년 연구에서 생리학자 리사 비에레고르 이외르겐센과 동료들은 스트레스를 주는 범위에서 섭씨온도가 1도 올라갈 때마다 에너지 전달, 심장박동, 산소 소비 같은 체내 화학 과정의 열 고장 비율이 100퍼센트 증가한다는 것을 보여주었다. 연체동물, 갑각류, 곤충, 어류, 개구리 같은 냉혈동물은 몸부림치다가 죽는다. 이외르겐센과 동료들은 이렇게 결론 짓는다. "변온동물은 수생과 육생 모두 지구 온난화와 함께 열 스트레스가 상당히 증가할 위험이 있고, 증가하는 이 열 스트레스는 지역 규모에서, 그리고 지구가 1도 더 온난화할 때마다 눈에 띄게 두드러질 것이다."

열의 살생법

고온 사건은 이상고온hyperthermal으로 불리고, 지질학자들은 거대한 페름기 말 대멸종(6장을 보라)부터 캐피탄절 말 사건과 트라이아스기 후기의 두 대멸종(9장을 보라) 같은 중간 크기 대멸종, 그뿐만 아니라 토아르시움절과 백악기의 대양 무산소 사건(10장을 보라) 같은 더 작은 규모의 멸종까지 규모가 다양한 그것을 수십 건 확인해왔다. 고온이 그렇게 엄청난 살수일 수 있다는 것은 언뜻 이해가 안 갈지도 모른다—예컨대 만약 온도가 캐피탄절에 그랬듯 겨우 2, 3도 올라간다면, 식물과 동물이 어떻게든 그냥 적응하지 않을까? 열이 어떻게 생물을 죽이지?

열 스트레스 연구는 그것에 다중 효과가 있다고 강조한다. 예컨대 기온이 올라가는 동안 땅 위의 동물은 그늘을 찾는다. 사람과 소는 나무 그늘로 사라지고, 뱀과 도마뱀은 바위 밑으로 비집고 들어가거나 굴을 파서 흙으로 들어간다. 온도가 더 올라가는 동안, 동물은 몸을 식히기 위해 물을 뿌리기 시작한다. 온몸의 구멍에서 물이 스며나오는 사람과 말은 땀을 흘리고, 개와 기타 동물은 헐떡거린다. 온도가 점점 더 올라가는 동안, 호흡을 통한 수분 손실은 극적으로 증가할 수 있다. 이처럼 연계된 반응은 특히 위험하다. 열 스트레스에 시달리고 있는 동물이 몸을 식힐 수 있으려면 사실상 물이 추가로 필요하지만, 땅 위에서 고온은 예컨대 여름에 과열된 열대 구간에서 그렇듯 많은 경우 물 부족과 연관된다.

사막 주위에 사는 동물은 건조한 조건들을 견디도록 적응되어 있다. 예컨대 낙타는 숨을 내쉴 때 수분 손실을 제한하는 콧구멍 덮개가 있다. 곤충과 거미는 왁스 성분을 함유한 큐티클이 몸을 에워싸고 있고, 수증기가 밖으로 나가지 않게 작은 기관氣管들을 닫을 수도 있다. 섭씨 영하 270도에서 영상 106도까지의 굉장한 온도 범위를 견뎌낼 수 있는, 깔따구과chironomid의 깔따구 폴리페딜룸*Polypedilum* 같은 일부 믿기 힘든 생존 전문가도 있다. 온도가 극단을 향해 조금씩 나아갈 때 깔따구는 몸의 장치 대부분이 가동을 중단하는 휴면기로 들어간다. 17년 동안의 탈수와 폐쇄를 겪은 뒤에 회복한 사례들이 알려져 있다. 그렇지만 이런 생존 전문가는 예외다. 버넌이 보여주었듯, 온도가 섭씨 34~40도에 도달하면 동물 대부분이 죽고, 동물 대부분은 사막처럼 지나치게 뜨겁고 메마른 가혹한 조건을 견뎌낼 수 있는 그 어떤 특별한 적응도 되어 있지 않다.

이런 종류의 온도에서는 육상 식물도 대부분 죽는다. 여러 상황이 벌어진다. 잎이 다 타서 떨어지고, 열 스트레스가 정상적인 광합성 과정을 줄일 수 있고 심지어 광호흡, 즉 식물이 산소를 생산하는 게 아니라 흡수하는 상황으로 과정을 역전시킬 수도 있으며, 정상적인 성장 과정이 망가진다. 이

심한 열 스트레스를 받으면 웅크리지만(왼쪽) 조건이 나아지면 활짝 피는(오른쪽) '부활초' 여리고의 장미.

끼와 우산이끼 같은 일부 단순한 식물은 탈수를 견딜 수 있지만, 양치류, 침엽수, 꽃식물 같은 관다발식물은 토양에서 무기질을 추출하고 줄기와 잎을 건강하게 유지하기 위해 물 수송에 의존한다. 가뭄이 오래 가면, 식물 대부분이 누레지고 결국은 죽는다.

극심한 건조에서 회복할 수 있는 약간의 '부활초resurrection plant'가 있다. 그들의 세포막은 물 손실을 막기 위한 특수한 적응을 보여주고, 그들은 건조로 유도되는 보호 단백질도 갖고 있다. 유튜브의 박스랩스Boxlapse 채널에 올라와 있는 저속촬영 영화에서는, 진행자가 여리고의 장미Rose of Jericho를 물그릇에 집어넣는다. 공 모양으로 움츠러들어 있던 메마른 잿빛 식물이 해초를 닮은 긴 잎과 줄기를 뻗어 한복판의 건강한 진초록빛 순을 드러내면서 서서히 펼쳐진다. 한 시간 사이에 가지가 더 널리 퍼지고 식물 전체가 검푸르게 변한다. 하지만 많은 식물이 이렇게 할 수 있는 것은 아니다—통틀어 30만 종인 꽃식물 중에서 300종뿐이다.

고온은 버논이 보여주었듯 대양에서도 생물을 죽이고, 임계 사망 온도들은 같다. 그렇지만 현대 연구자들은 예기치 않은 뭔가를 발견해왔다—온도가 빠르게 올라가면 임계 온도가 올라갈 수 있는 반면에 천천히 높아지는 온도의 압박을 받는 종은 더 괴로워진다. 이것은 바다의 생명체들이 몇몇 대멸종 위기들과 연관되는 빠른 지구 온난화를 극복하고 살아남을지도 모른다는 뜻일 수 있을까? 답은 '아니오'다. 급속한 온도 상승을 견디는 능력은, 금세 멈추고 역전되는 급격한 열충격을 위한 단기 적응이기 때문이다. 동물은 장거리 달리기 선수가 경주 막바지에 호기성 대사로부터 혐기성 대사로 전환되는 것과 꼭 마찬가지로, 비상 대사 체계의 스위치를 켠다. 산소 공급이 불충분할 때 달리기 선수는 당을 태워 근육에 무산소로 동력을 공급할 수 있지만, 이것은 그들에게 경련을 일으킬 수 있고, 몸은 회복되어야 한다.

더 나아간 발견은 해양 동물도 온도가 올라갈 때 다중 스트레스 요인에 영향을 받으리라는 것이다. 물이 데워지는 동안 많은 해양 동물이 사실상 숨이 가빠 헐떡거리고 더 많은 산소가 필요하지만(매우 뜨거운 사우나나 열탕에서 기를 쓰려 하면 우리도 똑같아진다), 더 많은 산소 따위는 없다. 이것은 덥고 답답한 조건이 열과 낮은 산소 농도의 조합으로 인해 안녕감을 대폭 떨어뜨릴 경우, 사람과 사육 동물에게도 해당된다. 우리는 호러스 버넌, 그리고 왜 인간에게 환기가 잘 되는 작업장과 적절하게 관리되는 온도가 요구되는가에 관한 그의 설명으로 돌아와 있다. 열은 생물을 죽인다.

현생 식물과 동물의 열 스트레스에 관한 실험들은 우리가 뒤쪽 대멸종 다수를 조사할 때 고생물학과 같이 온다. 캄브리아기 후기, 오르도비스기 후기, 데본기 후기 대멸종 같은 앞쪽 사건 일부는 기후 한랭화로 견인되었을지도 모르는 데에 반해, 캐피탄절 말 사건 같은 다른 일부는 화산 분화로 유발된 극단적 가열 국면을 수반한 듯하다. 이것은 모든 생명을 거의 끝장낸 사건이자 다음 장의 주제인, 페름기 말 대멸종에도 해당된다.

제 3 부

페름기 말 대멸종과 트라이아스기 회복

2억 5200만 년 전~2억 3700만 년 전

6
사상 최대의 위기

장대한 사크마라 강둑을 회상하며

1994년 7월 12일, 작은 지질학자 일행—나를 포함해, 미국 시민이고 당시 브리스톨에서 박사후연구원으로 있던 글렌 스토스, 사라토프 주립대학의 젊은 교수 미샤 수르코프, 우리의 연락 담당자 레오니트 시민케, 밴 운전사, 현지조사 인솔자 발렌틴 트베르도흘레보프—이 높은 바위 봉우리인 삼불라크Sambulak에 도달했다. 우리는 과거의 커다란 위기들에 관한 근본적 의문을 해결하고 싶었고 우리의 초점은 그 모든 것 중에서도 가장 큰, 생명이 거의 말살되었던 페름기 말 대멸종이었기 때문에, 러시아에 있었다. 땅 위에서든 대양 안에서든 황폐를 극복하고 살아남은 종은 10퍼센트도 되지 않았다. 어떤 단 하나의 거대한 살수, 혹은 살생 메커니즘들의 조합이 아마도 모든 생물을 벼랑 끝까지 몰고 갈 수 있었을까?

그 7월의 아침 일찍, 우리는 차를 몰고 길도 없는 스텝 지대를 가로질러 사크마라강River Sakmara을 내려다보는 곳까지 온 다음, 땅이 우리의 목적지 방향으로 올라가는 동안 등성이를 따라 동쪽으로 걸었었다. 러시아의 아주 많은 부분에서 그렇듯 사방으로 몇 마일씩 뻗어 있는, 훈훈한 바람이 건너가는 동안 미터 높이 풀이 물결 속에서 부드럽게 부풀어오르고 있는 스텝은 끝이 없는 듯했다. 심지어 여기에는 마을과 작은 콜호스(집단농장)가 수없이 많았는데도, 스텝이 전부 경작되고 있는 건 아니었다. 우리는 전날 콜호스 프라우다Kolkhoz Pravda(집단농장 '진실')를 방문했었는데, 콘크리트와 목재로 지은 얕은 오두막들, 거리에서 달리는 닭들, 그리고 'Прorpecc'(전진, progress) 딱지가 붙은 지붕에 우주 로켓이 서 있으나 언제든 버스가 들를 조짐이 없는 영웅적인 버스정류소를 가진 그곳은 조용한 마을처럼 보였다. 삼불라크 같은 봉우리들이 여기저기서 쑤시고 올라오지 않았다면 광활하고 평탄한 초지였을 것이다. 지질학자로서 우리는 이것을 기저 암석이 거의 평탄하게 놓여 있음을, 그리고 봉우리들은 풍화되어 떠난 적 없는 더 단단한 암석으로 구성되었기 때문에 자랑스럽게 서 있음을 의미한다고 해석했다.

전날 밤 지역 농부들과 활기 넘치는 파티를 가졌던, 인정하건대 일정량의 보드카를 마신 터였던 우리는 올라오는 동안 좀 헉헉거렸다. 글렌과 내가 다소 창백한 낯으로 약간 뒤처져 느릿느릿 걷는 동안 미샤, 레오니트, 발렌틴은 강둑 위 높은 절벽으로 자랑스럽게 서 있는 삼불라크 봉우리를 향해 땅바닥이 올라가는 동안에도 단호하게 전진했다. 미샤는 우리가 고대 호수들과 구불구불한 강의 침전물에 해당하는, 페름기 최후기 이암으로 구성된 완만하고 풀이 무성한 비탈을 올라가고 있다고 설명했다. 우리가 꼭대기에 있는 바위 봉우리까지 헐떡거리는 사이 비탈이 가팔라졌고, 미샤가 "이제 우리는 트라이아스기에 있습니다"라고 말했다.

우리가 더 가까이 가서 본 봉우리는 20미터의 역암, 즉 박살 나서 운반되다 결국 버려졌던 더 오래된 암석의 자갈과 바위로 만들어지는 암석이었다. 그토록 무질서한 돌과 바위의 축적은 극도로 세찬 물의 흐름, 돌발 홍

수나 대규모 산비탈 급류와 같은 뭔가를 가리켰다. 기저의 페름기 암석에는 어디에도 그런 규모로 일어났던 뭔가가 전혀 없었다. 이 페름기와 트라이아스기 암석은 모두 색이 붉어서 흔히 통틀어 '적색층red bed'이라고 불린다.

우리가 수직 트라이아스기 봉우리의 맨 밑에서 바위 턱 위에 앉아 있는 동안, 발렌틴 트베르도흘레보프는 그가 20여 년 전 박사과정의 부분으로 이 영역에서 작업했었다고 설명했다. 그는 지역 전체에 걸쳐 남과 북으로 수백 킬로미터씩 이어지는 봉우리들에 주목했었고 이것들은 거대한 충적선상지充積扇狀地—우랄산맥의 서쪽을 따라 급속히 쌓였던 삼각형 구조—의 부분들이라고 이해했었다. 우랄산맥은 이 지점에서 거의 정확히 남북으로 연장되고, 실루리아기와 데본기의 석회석을 화석 산호 및 완족류와 함께 포함하는 더 오래된 암석으로 구성되어 있다. 트베르도흘레보프는 트라이아스기 연대의 역암에 들어 있는 바위 다수의 출처를 밝혔었고 그것들을 따라 상류로 돌아가 우랄의 심장으로 들어갈 수 있었다.

학위논문에서 그는 우랄의 서쪽 평원 위에 충적선상지 네다섯 개의 정확한 모양을 지도화했었고, 선상지마다 중앙에 2억 5200만 년 전 고대 우랄산맥의 가파른 사면을 따라 세차게 흘렀던 강에 해당하는 진입 수로를 가지고 있었다는 것을 발견했다. 각각의 수로는 그다음에 수십 개의 더 작은 수로를 형성하면서, 여러 톤의 퇴적물을 실어나르면서, 그리고 가파르던 기울기가 평원 위에서 수평으로 바뀌는 동안 그것을 버리면서, 옆으로 펼쳐졌다. 지도화된 선상지 일부는 좌우 폭이 100킬로미터였고 우랄의 측면에서 서쪽으로 150킬로미터 떨어진 곳까지 이어졌다. 트베르도흘레보프는 진입 수로 역시 그 강이 시작되었던 우랄산맥 안쪽 깊은 곳까지 추적해 지도로 그렸었다.

우리는 거기 삼불라크에 얹힌 무거운 봉우리 밑에 앉아 무엇이 그처럼 격렬한 강우, 침식, 무시무시한 수류와 엄청난 암석 수송을 촉발했을까를 놓고 토론을 벌였다. 그리고 왜 그것은 정확한 대멸종의 층위에서 일어나고 있었을까?

얼마나 많이 살해되었기에?

우리가 러시아로 가기 전에 나는 페름기 말 대멸종에 관해 내가 읽을 수 있는 모든 것을 읽었었다. 1990년 무렵, 이것은 다른 어떤 '5대' 대멸종보다도 훨씬 더 크고 종의 90~95퍼센트 손실과 동등한, 해양 동물 과의 50퍼센트 사망에 책임이 있는 거대 사건이라고 밝혀져 있었다. 나머지 대멸종도—오르도비스기 말의 것, 데본기 후기의 것, 그리고 심지어 공룡이 모두 사라진 6600만 년 전의 그 유명한 마지막 위기를 포함해—아마도 과의 10~20퍼센트이자 종의 50~80퍼센트일 손실과 연관되었다. 이런 수치는 물론 완전한 것과는 거리가 먼, 화석 기록에 대한 우리의 지식에 근거한 최선의 추정치다. 우리는 종의 수보다는 과나 속의 수를 더 자신 있게 셀 수 있고, 여기서는 그게 페름기 말 위기의 규모를 추정하는 데에 도움이 되기 때문에 중요하다.

생물학자가 살아 있는 식물과 동물을 명명할 때와 꼭 마찬가지로, 고생물학자도 그들의 화석을 종—호모 사피엔스*Homo sapiens*, 티라노사우루스 렉스*Tyrannosaurus rex* 등—으로 명명한다. 첫 번째 부분(호모, 티라노사우루스)은 속명이고 두 번째 부분(사피엔스, 렉스)은 종명이다. 이름은 모두 라틴어와 그리스어라서 전 세계 어느 땅에서도 이해할 수 있다. 속마다 최소한 한 종이 들어 있어야 하고, 많은 속에 다수의 종이 들어 있다. 예컨대 집에서 기르는 개는 카니스 파밀리아리스*Canis familiaris*, 코요테는 카니스 라트란스*Canis latrans*, 회색늑대는 카니스 루푸스*Canis lupus*다. 멸종 사건의 심각성을 결정하는 데에는 종의 수보다 과와 속의 수를 추정하는 편이 더 쉽다. 과가 속보다 적고, 속이 종보다 적으며, 과나 속의 존재를 증명하는 데에 필요한 표본은 하나뿐이기 때문이다. 각각의 속에 들어 있는 종의 대략적인 수를 알면 고생물학자들은 서로 다른 층위들에서 멸종이 있을 공산을 추정할 수 있다. 이렇게 해서 만약 우리가 페름기 말 대멸종 중에 과의 50퍼센트가 절멸했다는 것을 안다면, 우리는 이것이 말하자면 속의 75퍼센트 손실과 동등하고 어쩌면 종의 90~95퍼센트 손실과도 동등할 수 있다는 걸 안다.

이 엄청난 종 손실의 수치가 합당할까? 그것은 모든 종이 열에 하나 아니면 스물에 하나만 살아남았음을 뜻한다. 중국에서 이루어진 작업이 전 지구적 추산에 현실성이 있음을 시사한 바 있다. 2012년에 우한武漢에 있는 중국지질대학에서 쑹하이쥔宋海軍이 남중국의 페름기 최후기와 트라이아스기 최초기에서 20년의 연구를 통해 나온 모든 증거를 수집해 해저면에 사는 동물 537종을 확인했다. 여기서 아마도 6만 년쯤 간격을 두고 두 국면으로 멸종이 일어났다. 첫 번째 멸종 국면이 종의 57퍼센트를 처리했고, 두 번째가 생존자의 71퍼센트를 처리했다. 합쳐서 537종 중 480종이 절멸했고, 이것은 페름기 최후기 종의 90퍼센트다. 종의 90퍼센트가 정말로 사라지긴 했다고, 모든 증거가 줄을 선다.

하지만 무엇이 멸종을 초래했을까? 지표면 위나 열대 안의 생물만이 아니라 가장 깊은 대양에서 가장 높은 산에 이르고 적도에서 양극에 이르는 모든 곳에서 거의 모든 생물을 멸종으로 몰아갈 수 있었던 파국적 사건은 무엇이었을까?

풍경 위기

1994년으로 돌아가 그날, 우리가 삼불라크 주위의 봉우리들에 관해 숙고하는 동안 우리는 발렌틴 트베르도흘레보프에게 삼불라크가 러시아 적색층에서 페름기 말 풍경 위기를 뒷받침하는 증거는 아닐까 물어보았다. 그는 그 갑작스러운 사건이 석탄기와 페름기 초기를 거치는 동안 두 대륙이 충돌해 남북 선을 따라 융합했을 때 형성되었던 우랄산맥에서 융기가 재개된 표시가 틀림없다고 결정지은 터였다. 어쩌면 깊이 들어앉은 어떤 지구조 운동이 최후의 발작으로 융기를 일으켰었고 그래서 산비탈이 가팔라지고 산의 암석 수백만 톤이 갑자기 떨어져나와 옆쪽 평원 위로 버려지는 결과를 낳았을지도 모를 일이었다. 그렇지만 이 산 융기 삽화가 왜 거대한 페름기 말 대멸종과 동시에 발생했었을까? 그 시점에 어떤 광적인 기후 변동, 갑작스러운 대규모 강우량 증가가 있었을 수도 있을까? 그는 이 제안을 배제했는데, 암석에서 나오는 모든 증거가 그 시기에 러시아에서는 기후가 더 따뜻해지면서 더 건조해지고 있었음을 보여주기 때문이었다.

그 시점에 우리가 답을 찾을 수는 없었어도, 우리는 이 급격하고 단명한 강의 형태학적 전환이 의미심장하다는 것을 알고 있었다. 그토록 엄청난 암석의 이동은 대규모 후속 효과를 동반한 중대한 풍경 변화를 반영했다. 산의 암석들이 산의 협곡을 따라 굴러떨어지고 있었을 뿐 아니라, 물도 충적선상지를 지나 내달리고 있었고, 수백만 톤의 모래와 진흙을 나르고 있었고, 바다로 가는 하류에 내내 퇴적물을 버리고 있었다. 트베르도흘레보프는 우랄의 300킬로미터 앞까지 영향을 미친 과정을 밝힌 터였다. 만약 이것이 더 광범위한 규모로, 전 대륙 혹은 심지어 전 세계 수준에서 일어났다면, 육지에서 바다로 막대한 양의 퇴적물 이동이 있었을 것이다. 그랬다면 풍경의 얼마나 많은 부분에서 암석과 토양이 벗겨졌으며, 대륙 주변부 얕은 수역을 차지한 산호초와 기타 풍부한 생태계에 남은 결과는 무엇이었을까?

석탄 공백

1년 뒤, 우리가 그 지역으로 돌아갔을 때, 영국 지질조사국을 위해 일하는 우리의 퇴적학자 앤디 뉴얼은 우리에게 사실은 무슨 일이 벌어지고 있었는가에 대한 확신을 주었다. 우리는 그의 조직하에 삼불라크 주위의 많은 곳에서 암석 유형과 퇴적 구조의 모든 세부사항(건열乾裂, 수로, 뿌리의 흔적, 동물이 판 굴 따위와 암석이 퇴적되었던 환경에 관한 정보를 제공할 수 있는 다른 모든 것)을 메모하며 암석 단면을 측량했다. 우리는 퇴적 중에 앞으로 계속 나아가는 모래가 잔물결을 따라 휩쓸리거나 사구沙丘 면을 따라 날리는 사암에 흔한 특징인 사층리斜層理를 살펴보았다. 사막에 있는 사구 면은 흔히 높은 데에 반해 흐르고 있는 시냇물 아래의 사구는 대개 더 낮다. 사층의 방향은 흐름의 방향을 알려주고, 이것이 트베르도흘레보프가 트라이아스기 최초기의 고대 강계江界를 복원하는 데에 사용했었던 종류의 증거였다.

이 세세한 절차와 과정을 거치면서, 악지의 협곡을 종종걸음으로 오르내리면서, 그리고 날마다 수백 미터의 암석 단면을 다루면서, 우리는 강의 이행 당시에 무슨 일이 일어났었는지에 대한 생각을 이렇게 정리할 수 있었다. 페름기 말 위기로 식물이 모두 살해당했었고, 전반적으로 숲과 식물이 없어진 토양이 헐거워졌고, 파릇파릇하던 풍경이 막대한 침식에 바위투성이 불모지로 바뀌었다. 이것은 산비탈 숲을 베어 넘겨온 곳—예컨대 방글라데시와 브라질—에서 오늘날에도 벌어지는 일인데, 그 산비탈에서는 보통 수준의 비만 내려도 토양이 파국적으로 침식되고 흙이 휩쓸려 내려간다. 재개된 우랄의 융기를 뒷받침하는 증거 없이도, 페름기 말 위기는 식물의 멸종을 통해 식생 덮개를 줄였고, 기후는 덥고 건조했으며, 퇴적물은 분명 엄청난 두께로 쌓였었다. 우리는 이러한 내용을 조심스럽게 주장하는 논문을 1999년에 다소 전문적인 학술지 『퇴적지질학Sedimentary Geology』에 발표했다.

1년 후, 시애틀에 있는 워싱턴 대학에서 고생물학자 피터 워드가 남아프리카에서 일하는 동료들과 훨씬 더 명망 있는 학술지 『사이언스Science』에, 완만한 곡류하천曲流河川이 페름기-트라이아스기 경계에서 충적선상지와 역암을 동반한 망상하천網狀河川으로 바뀌는 똑같은 전환을 지적하는 논문을 발표했다. 망상하천이란 서로 교차하면서, 그리고 비탈이 가팔라 그것을 따라 다량의 퇴적물이 휩쓸려가고 있음을 가리키면서 형성되고 재형성되는 여러 갈래의 물길이다. 그들도 이것을 식생 덮개 손실의 결과로 해석했고 "하성河成 페름기-트라이아스기 경계 단면이 들어 있는 세계 각지의 상보적 비非해양 지층에서 나오는 증거는 퇴적물 산출량의 뚜렷한 증가를 낳고 있는 파국적인 육상의 식생 절멸이 전 지구적 사건이었음을 시사한다"라고 결론지었다. 페름기-트라이아스기 경계에 걸쳐 일어나고 있었던 사건의 전 세계적 증거를 검토하고 식생의 손실에 관해 더 강력하게 주장하는, 우리가 했어야 했던 두 가지 일을 그들이 해버린 것이었다.

사실, 식생 증거는 이미 있었다. 우리가 삼불라크 주위에서 집중적인 작업을 하고 1년이 지난 1996년에, 오리건 대학에 터를 잡은 오스트레일리아의 고식물학자 겸 퇴적학자 그레고리 리탤럭과 동료들이 "트라이아스기 초기의 석탄 경계선이 아직 발견된 적이 없고 트라이아스기 중기의 것도 드물고 얇다는 것은 궁금한 사실"이라는 심오한 소견을 담은 짧은 논문을 발표했다. 그들은 이 소견을 더 설명하고 그 현상을 '석탄 공백'—나무나 숲이 없어서 석탄이 형성되지 않고 있었던 시기—이라고 명명했다. 아닌 게 아니라 페름기 후기에는 세계의 많은 부분에 걸쳐 풍부한 나무와 숲이, 그리고 남중국, 오스트레일리아, 인도, 러시아와 심지어 남극에도 정말로 두꺼운 석탄 축적물이 있었지만, 그런 다음 트라이아스기의 첫 1000만 년 동안에는 아무것도 없었다. 리탤럭과 동료들이 주목했듯이 그들의 육상 '석탄 공백'은 얕은 바다에서의 이른바 '생물초 공백'과 일치했는데, 둘 다 페름기 말 대멸종 무렵에 벌어진 생태계의 근본적 파괴를 뒷받침하는 증거를 제공하고 있다.

이렇게 해서 2000년경에는, 페름기 말 위기 무렵 지구상의 식물계가 대부분 제거되어 있었다는, 동시에 산호초와 그것이 보듬고 있던 모든 생물다양성 더하기 해양 생물 대다수도 근절되어 있었다는 강력한 증거가 있었다. 우리는 우리의 남아프리카 동료들과 함께, 멸종의 성격을 나타내는 핵심적 표시—죽음 및 파괴와 연관된 엄청난 지형학적 풍경 위기—를 독립적으로 밝혔었다. 트라이아스기 안에 모셔진 거대한 역암은 트베르도흘레보프가 연구했던 러시아 안의 영역에만 국한되었던 게 아니라 남아프리카, 인도, 오스트레일리아와 유럽에서도 보였던 듯하다.

1999년 이후로 지질학자들은 이 하천 이행을 뒷받침하는 증거의 범위를 논의해왔다. 만약에 예컨대 지역 효과가 있었고 따라서 아마도 식물 절멸이 산맥 근처 풍경에 더 큰 영향을 미치고 있었다면, 혹은 적도와 양극 사이에서 달라지는 위도에 따른 효과가 있었다면, 세계의 몇몇 부분에서는 하천의 이행이 없었을 것이다. 그 밖에 단순히 암석의 계승이 불완전한 경우에도 페름기-트라이아스기 경계에 공백이 있을지 모른다. 그렇지만 역암은 두껍고 지리적으로 광범위하므로, 비록 침식이 어마어마했다면 고지대의 일부 영역에서는 역암이 더 낮은 고도로 떠났을 테지만, 어딘가에서는 아직도 쌓인 채 남아 지질학자에게 관찰될 날을 기다리고 있기를 기대할 수도 있을 것이다.

오리엔트 특급 살인

러시아로 가기 전에 내가 읽을 책 무더기 맨 위에는 스미스소니언 협회의 고생물학자 더그 어윈의 1993년 책 『고생대 대위기The Great Paleozoic Crisis』가 있었다. 그는 당시에 알려져 있던 모든 것을 요약한 끝에 대멸종은 그가 '오리엔트 특급 살인 가설'이라 부른 것의 결과라는 결론을 내렸다. 애거서 크리스티의 유명한 소설에서 에르퀼 푸아로는 처음에 미국인 사업가 새뮤얼 래칫을 누가 죽였는지 밝히느라 고전하지만, 마침내 열두 명의 승객이 저마다 따로따로 그를 찌르면서 모든 사람이 연루되었음을 깨닫는다. 어윈은 증거가 페름기 말에서 저마다 대량 파괴에 남들만큼 책임이 있는 다수의 살해범들을 암시한다고 주장했다. 이 범죄자들에는 시베리아에서의 대규모 화산 분화, 올라가고 있는 이산화탄소 농도, 해수면 하강, 해저면 퇴적물의 산소 상실, 지구 온난화와 그 밖의 여럿이 포함되었다. 하지만 열두 종류의 자연적 살수가 어떻게 범행 시간을 맞출 수 있었을까?

책에서 어윈은 이 가운데 일부 메커니즘을 연결했다. 예컨대 화산 분화는 십중팔구 막대한 부피의 이산화탄소를 대기 안으로 퍼부었을 테고, 이것은 차례로 피할 수 없이 지구 온난화로 이어졌을 것이다. 우리는 오늘날 이산화탄소가 화산에서 나오든 우리 자신의 산업적 과정에서 나오든 전 세계적으로 기온을 끌어올리는 데서 맡을 수 있는 강력한 역할을 매우 잘 알고 있다. 어윈이 주목한 또 한 가지 핵심적 사실은 해저면이 정확한 멸종 위기의 순간에 전 세계적으로 무산소 상태가 되었었다는 점이었다.

앞선 1992년에 영국 리즈 대학에서 고생물학자 겸 퇴적학자 폴 위그놀은 페름기 말 위기의 핵심적 현상 중 하나가 거의 모든 해저면 퇴적물이 산소를 잃었던 것임을 밝혔었다—그는 이탈리아에서 그리고 중국에서 그의 현지조사 중에 이것의 효과들을 보았었고, 산소가 풍부한 퇴적물에서 무산소 퇴적물로의 전환도 전 세계적이었음을 알아차렸다. 층서 기록에서 위기층 아래에는 풍부한 채굴의 증거와 함께 다양한 동물에서 나온 껍데기와 부스러기로 가득한, 창백한 빛깔의 페름기 최후기 퇴적물이 있었다. 위기층 위의 트라이아스기 최초기 퇴적물은 검었고, 화석 부스러기와 굴이 없었고, 때로는 황철석(바보의 금으로도 알려진 황화철, 184쪽을 보라)의 황금빛 덩어리 결정이 들어 있었다. 황철석은 무산소 조건에서 형성되고, 퇴적물의 검은빛은 그것의 풍부한 유기 탄소 함량에서 기인한다. 보통, 해저면 산소가 있을 때는 다양한 형태의 생물이 모든 유기 탄소를 게걸스럽게 먹어치워서 퇴적물이 창백한 빛깔인데, 만약 산소가 없다면 해저면 유기체 대부분이 죽어버려서 유기 탄소를 소비할 생물이 하나도 없게 된다.

어윈이 나열했었던 모든 살수가 단 한 가닥 인과의 사슬로 함께 연결될 수도 있었을까?

시베리아 용암대지

어윈, 위그놀, 리탤럭과 다른 몇몇의 눈에는 연관성이 명백해지고 있었다. 시베리아에서 엄청난 규모로 화산이 분화했다는 사실은 잘 알려져 있었다. 굉장한 면적의 풍경이 열극형 화산으로부터 장기간 이어진 막대한 용암 분출을 대변하는 현무암의 엄청나게 두꺼운 축적물에 장악당했다. 이것은 오늘날 끊임없이 일어나고 있는, 그리고 아이슬란드에서는 지상에서 보일 수도 있는 대서양 중앙해령의 분화를 닮았다. 이런 열극 화산은 베수비오산, 에트나산, 세인트헬렌스산 같은 뾰족한, 다른 말로 플리니식Plinian 화산보다 덜 극적으로 보이겠지만, 그것도 똑같이 많은 용암, 재, 가스를 생산할 수 있다(이런 화산에 관해 더 알고 싶으면 10장을 보라).

1990년에는, 시베리아 용암대지는 연대가 정확히 밝혀지지 않아서, 2억 4000만 년 전부터 2억 년 전까지, 트라이아스기의 많은 부분에 걸쳐 분화가 일어났으리라는 것이 최선의 추정이었다. 1990년대 이후로 정확한 연대를 알아내는 법이 개선되어왔고, 대멸종과 페름기-트라이아스기 경계의 연대는 2억 5200만 년 전으로 개정되었다. 새로운 표본 채집 방법 및 새로운 연대 측정 방법과 함께 시베리아 용암대지 분출의 연대 표기도 개선되었다. 지금은 분화들이 연대가 일치한다는 것, 그리고 페름기-트라이아스기 경계 이전 페름기 최후기에 시작해서 트라이아스기 최초기에 속하는 어느 시기에 끝나는 약 100만 년의 총 기간이 함께 알려져 있다.

연대를 확보한 지질학자들은 시베리아 용암대지를 다시 쳐다보았다. 1990년까지는 연구 대부분이 러시아 지질학자에 의해 이루어졌었지만, 페레스트로이카 이후에는 우리 팀을 포함한 많은 국제 지질학자들이 러시아 동료들과 협업으로 프로젝트를 시작했다. 러시아에서의 현지조사는 세심한 계획을 요구한다. 시베리아에 있는 산지들은 연중 많은 기간 눈과 영구동토층 밑에 있고 여름에는 사람도 야생동물도 거대 모기에 들볶인다.

현대의 화산은 고대 화산이 어떻게 작동했는가에 관한 훌륭한 정보원이다. 화산학자는 분화의 폭발력뿐 아니라 분화 중 분출되는 용암, 재, 화산가스의 부피까지 측정할 수 있다. 이것이 중요한 이유는 이 정보가 확장성이 있고 화산 출력의 서로 다른 척도 사이에 비교적 간단한 관계가 있기 때문이다. 시베리아 용암대지는 오늘날 400만 세제곱킬로미터의 용암이 곳에 따라 최대 4킬로미터 두께의 무더기를 이루면서 동부 러시아의 700만 제곱킬로미터를 뒤덮고 있는 것과 마찬가지다. 분화로 생산된 재와 가스의 부피도 막대했을 것이다. 그것들은 확실하게 전 세계적인 영향력이 있었겠지만, 위그놀이 계산했을 때 그는 그것들의 엄청난 규모에도 불구하고 시베리아 용암대지 분출로 생성된 이산화탄소의 부피가 그 시기에 일어난 정도의 지구 온난화를 초래하기에는 충분치 않았으리라는 사실을 알게 되었다. 그는 어쩌면 같은 시기에 추가적 온실가스가, 이를테면 메탄이 심해 저수지로부터 배출되었을지도 모른다는 의견을 내놓았다. 어쩌면 동남아시아에 온난화와 산성비에 공헌하면서 동시에 분화하고 있는 다른 화산들이 있었을지도 모른다는 또 다른 최근 제안이 중국의 연구에서 나온 바 있지만, 만약 이것이 사실이라면 그 분화들은 서로 다른 위치에서 어떻게 동기화되었을까?

화산 분화 중에 배출되는 가스들은 대기에서 물과 섞이면 황산으로 떨어지는 이산화황을 포함한다. 이 산성비는 숲을 죽여 없애고 대양을 산성화한다. 우리가 보았다시피 나무의 광범위한 손실은 죽은 뿌리들이 헐거워지고 토양이 안정성을 잃어 첫 번째 강우로 휩쓸려나가는 동안 막대한 침식으로 이어진다. 바닷물의 산성화는 연체동물, 절지동물, 산호의 석회질 껍데기와 골격을 공격한다.

이미 주목된 해저면 위의 광범위한 무산소증은 화산 분화로 촉발된 지구 온난화로 초래된다. 이 시기의 온도 상승은 아마도 열대에서 바닷물 온도를 34~40도로 올렸을 만큼인 섭씨 10~15도였던 것으로 추정되어왔다. 공기의 온난화는 바다의 표층수로 반영되어 수온약층水溫躍層, thermocline(더 따뜻한 표층수와 더 차가운 심층수의 접촉면)을 밀어내린다. 만약 수온약층이 지나치게 낮게 내려가면, 표면으로 올라가 산소를 붙잡은 다음 다른 곳에서 깊은 해저면으로 가라앉는 차가운 심층수의 통상적 순환이 정지된다. 이렇게 해서 온난화는 무산소증을 구동했고, 온난화와 무산소증의 조합은 해양 생물, 특히 열대의 해양 생물로 하여금, 옆으로든 북으로든 남으로든 도망치든지, 아니면 그 물기둥 안에서 뜨거운 표층수의 밑바닥에만 있는, 그리고 약간의 산소를 찾을 만큼은 해저면 위로 높이 올라와 있는 좁은 안전지대를 찾을 수밖에 없도록 했다.

이 살수들이 정말 거의 모든 생명을 소멸시킬 수 있었을까?

페름기 말에 있었던 이 고온 위기는 이상고온 사건(10장을 보라) 중 가장 큰 사건이지만, 해양 생물을 그토록 많이 죽이기에 충분했을까? 열, 산소 상실, 산성화의 다중 압력은 해양 생명체의 일부 집단을 때린다. 석회질 골격을 가진 집단, 그리고 특히 자유롭게 헤엄치는 부유성 유생이 없는 집단은 금세 사라졌을지도 모른다. 물고기, 바닷가재, 성게는 뜨거운 바다에서 떠날 수 있었겠지만, 다는 아니었을 것이다—예컨대 테티스해는 남과 북이 육지로 막혀 있었다. 만약 열, 산성화, 무산소증이 달을 거듭하고 해를 거듭해 계속되었다면, 이것은 막중한 타격을 주었을 것이다. 심지어 한동안 안전한 피난처를 찾았던 종도, 그곳은 그들이 늘 먹던 먹이가 없어서 굶주림에 쫓겨 나왔거나 단순히 옮겨다니는 너무 많은 다른 난민들로 붐비게 되었을지도 모른다. 앞 장에서 우리는 열대가 언제나 생물다양성이 가장 높은 장소였다는 점에 주목했는데, 살수들, 심지어 열, 무산소증, 산성화처럼 조용한 살수들로 포위된 열대 대양에서 생명이 급속히 비워질 것은 분명하다.

그리고 지상에서는? 산성비가 숲과 식물 전반을 죽였다. 통나무, 잎, 토양이 비탈 아래로 그리고 대양 안으로 밀려드는 동안, 버티고 있는 동물은 찾을 먹이가 점점 더 줄어들 것이었다. 식물을 먹는 곤충과 파충류가 먹을 게 없었다면, 그들의 포식자도 마찬가지로 고통받았을 것이다. 대양에서처럼 열대 온도는 섭씨 34~40도에 도달했고, 식물과 동물이 옮겨다니고 있었을 것이다. 이 표현이 식물에는 어울리지 않는 듯하겠지만, 느리게 변화하는 조건에 직면하면 식물도 이동할 수 있다. 예컨대 지난 100만 년의 빙하기 동안에는 빙하가 여러 번 전진하고 후퇴했으므로, 유라시아와 북아메리카의 전형적인 숲 나무와 기타 식물이 여러 번 남과 북으로, 아마도 번번이 수십 년 또는 수백 년에 걸쳐 행진했다. 씨가 아래로 던져지고 바람에 날리는 동안, 숲 전체가 해마다 몇 미터씩 이동할 수 있었다. 지상에서도 열대는 생물다양성 대부분을 구성하는 식물, 곤충, 척추동물의 집이 되었을 것이다. 그들은 그들이 이동할 수 있었던 곳으로 이동했을 테지만, 만약 식물이 대부분 제거되어 있었다면 전 생태계가 붕괴해 굶주렸을 것이다. 열대 밖으로의 이동은 더 시원한 영역들로 몰려드는 생명, 그리고 그 이상의 죽음으로 이어졌을 것이다.

위기가 몇 주나 몇 달만 계속되었다면, 아니 1년만 계속되었더라도 생명은 비교적 금세 딛고 일어설 수 있었을 테고, 그 사건은 아마도 간신히 탐지될 것이다. 우리는 이것을 오늘날 화산이 분화한 뒤에 더 작은 규모로 본다. 1980년에 세인트헬렌스산이 분화했을 때 용암과 재가 600제곱킬로미터에 걸쳐 식생과 건물을 파괴했고, 목격자들은 파괴가 종말 수준이었으며 황폐한 잿빛 풍경이 외계와 같았다고 묘사했다. 그렇지만 몇 년 후에는 식물이 다시 자랐고, 30년 뒤에는 눈에 보이는 피해의 흔적이 거의 없다. 이 짧은 기간은 암석 기록에 등재조차 되지 않을지도 모른다.

우리는 페름기 말 대멸종으로 합쳐지는 큰 분화가 6만여 년 떨어져 최소 두 번은 있었다는 것을 안다. 대부분의 다른 곳에서는 이 둘을 떼어낼 수 없지만, 남중국에 있는 양질의 장소에서 나오는 증거가 제각기 급격한 온도 상승 및 산성비와 연관되는 대규모 화산 활동의 박동을 두 번 보여준다. 그렇지만 온난화와 산성비가 얼마나 오래갔는지는 미지수다. 아마도 전자가 후자보다 오래갔겠지만, 산성비에 의한 숲 파괴와 대양 산성화에 의한 산호초 파괴는 최종적이었고, 숲과 산호초는 1000만 년 동안 회복되지 않았다. 생명이 열대로부터 내쫓긴 것에 관해 말하자면, 우리는 기온과 수온이 얼마나 오랫동안 높게 남아 있었는지 모르지만, 그것은 여러 해 동안, 아마도 멸종 수준을 그렇게 높여놓을 만큼은 긴 동안이었을 것이다. 땅 위에서 그리고 바닷속에서 식물과 동물 종의 5~10퍼센트만이 살아남았다.

러시아에서 우리가 한 작업은 모든 기후 위기를 연결해 시베리아 용암대지의 분화로 거슬러 올라가는 현재의 모형들에 이바지했다. 위기는 고온과 산성비 면에서 육지를 먼저 때렸지만, 육지와 바다 사이에는 매우 긴밀한 연관성이 있으므로 토양과 기타 부스러기가 대양으로 휩쓸려 들어가는 동안 대양도 온난화되면서 산성화되고 있었다. 산이 호신용 골격을 공격한 것과 꼭 마찬가지로, 흙은 여과섭식자의 아가미와 섭식 조직을 틀어막았다.

모든 대멸종 중 가장 심각했던 이 대멸종 주위에는 아래의 것들을 포함해 공략되어야 할 의문점이 아직도 아주 많다. 그것은 전적으로 시베리아 용암대지 분화로 견인되었을까 아니면 다른 화산들도 연루되었을까? 지구온난화의 양을 설명하는 데에 필요한 모든 가외의 이산화탄소는 어디에서 발견될 수 있을까? 살생 국면은 얼마나 많았을까? 산성비는 모든 곳의 풍경을 벗겨냈을까? 왜 어떤 종은 최소한 간신히라도 살아남았는지를 설명해주는 이유가 있을까? 답들이 무엇이건 간에, 트라이아스기 최초기의 풍경은 황폐했다—황량하고, 뜨거웠으며, 소수의 종이 가혹한 조건을 견디며 먹이를 찾느라 몸부림치고 있었을 뿐, 생명이 없었다. 참 안된 일이었지만, 앞으로 보게 되듯이, 생명이 회복되기는 했다.

7
트라이아스기 회복

회복, 더 많이 먹기 그리고 현대 세계

사상 최대의 대멸종은 지구상에서 최고로 엄청난 생명의 변화로 이어졌다. 지상에서 식물과 동물의 주요 집단 다수를 살펴보면, 우리는 그들의 근원을 추적해 트라이아스기로 거슬러 올라갈 수 있다. 예컨대 가장 오래된 개구리, 거북이, 도마뱀, 악어, 포유류가 모두 트라이아스기의 서로 다른 시점에 기원했다. 공룡은 그들의 기원이 트라이아스기에 있음을 우리가 알기 때문에, 우리는 살아 있는 공룡으로서 새도 그때 기원했다고, 따라서 사실상 모든 현생 육상 척추동물—양서류, 파충류, 조류, 포유류—이 트라이아스기에 생겼다고 말할 수도 있다. 현대 육상생태계의 기타 매우 당연한 부분 일부에서도 마찬가지다—파리, 나비 그리고 소나무, 사이프러스, 전나무, 칠레소나무 같은 침엽수도 모두 추적하면 트라이아스기로 거슬러 올라갈 수 있다. 지상에서와 꼭 마찬가지로, 많은 현생 해양 생명체 집단—예컨대 이매패류, 복족류, 갑각류(바닷가재, 게), 빠르게 헤엄치는 현대식 경골어류 중 많은 집단—의 기원도 트라이아스기에 있다. 왜일까? 그 이유가 페름기 말 대멸종으로 초래된 황폐와 관계가 있었을까?

시카고 대학의 위대한 진화 이론가 리 밴 베일런 같은 통계고생물학자들은 이 연결고리를 만들어왔었다. 1982년에 그는 페름기 말 대멸종을 진화 '재설정resetting'이라고, 그 이전과 그 이후가 있었을 뿐 다른 어떤 위기도 그토록 지대한 영향을 끼친 적이 없었다고 기술했다. 역시 시카고 대학에 있었던 빅데이터 고생물학의 창시자(55쪽을 보라) 잭 셉코스키는 그 무렵 대양 안에서 생명의 역사의 거대한 단계들을 특징짓고 있었다. 그는 캄브리아기 국면, 고생대 국면을 식별한 다음 현대 국면을 식별했지만, 중생대 국면을 뒷받침하는 증거를, 다시 말해 고생대와 현대 사이에서는 아무것도 찾을 수 없었다. 놀랍게도 그는 현대 국면이 백악기 후반의 끝에서 공룡과 암모나이트의 죽음 이후에 시작되는 게 아니라, 트라이아스기 초기에 시작된다는 것을 발견했다.

이것은 새우, 게, 바닷가재의 조상뿐 아니라 홍합, 굴, 오징어, 문어 같은 패류貝類, shellfish(어패류라는 식품 범주에서 어류를 제외한 나머지의 총칭에 가깝지만, 엄밀히 말해 오징어와 문어도 조상은 껍데기가 있었다—옮긴이)가 정말로 번성한 시기였다. 트라이아스기 이전의 전형적인 고생대 해양 생명체는 아작아작하고 살이 별로 없었다. 삼엽충과 바다나리는 죄다 골격이어서 근육이랄 게 없었고, 완족류는 껍데기와 몇 가닥 질긴 근육뿐이었다. 미국의 고생물학자 리처드 뱀버치가 1993년 논문에서 말했듯이, 트라이아스기에는 해산물이 대폭 향상되었다. 이것은 거대한 국면 전환, 그러니까 그저 이곳저곳의 작은 변화, 이런저런 소수 신종이 아니라 대양 생산성의 중대한 증대를 표시한다. 동물은 살아남으려면 먹이가 필요하고, 어쨌든 트라이아스기 대양은 페름기 대양보다 먹이 공급 수준이 더 높았다. 지상에서도 비슷한 뭔가가 일어났던 듯하다—공룡과 포유류의 조상을 포함한 새로운 집

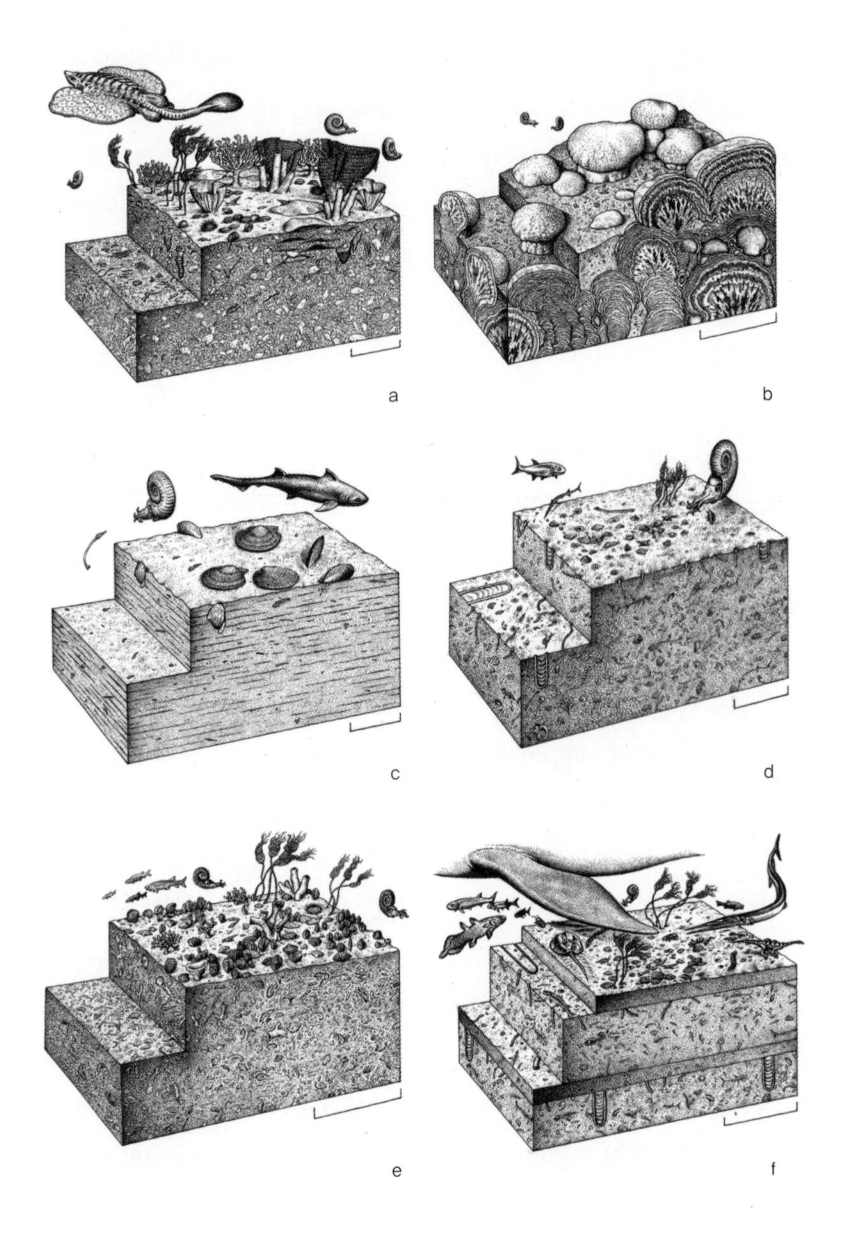

멸종과 회복. 페름기 말에 바다 밑바닥 위 풍부한 생물(a)이 강타당했고, 트라이아스기 최초기에 처음에는 조류藻類가 지배하는 동안(b) 혹은 소수 종만 검은 진창 배경에서 진화하는 동안(c) 생명이 천천히 회복되었다. 나중에는 더 많은 해저면 거주자와 유영자가 나타났다(d~f).

단 다수가 그들의 페름기 선조보다 더 활발했고 움직임도 더 빨랐다. 지상에서는 생물이 더 기운찼다.

따라서 문제는, 황폐 후의 트라이아스기 초기에, 그 무엇이 지구–생명 시스템 전체가 재설정되어 태양 에너지를 더 많이 붙잡고 더 많은 먹이를 소비하면서 속력을 높였을 정도로 엄청났을까 하는 것이다. 이 문제에 답하려면 우리는 남아프리카에서 출발해야 한다. 우리는 페름기 말 대멸종의 순간, 그리고 트라이아스기 최초기에 속한 그 후의 날들을 향해 2억 5200만 년 뒤로 되돌아간다.

리스트로사우루스: 그저 살아남기

햇볕이 약해지고 공기에서 이상한 냄새가 난다. 돼지를 닮은 파충류, 리스트로사우루스*Lystrosaurus* 암컷이 방금 알을 낳은 강둑 안의 굴에서 밖으로 나온다. 파국적인 시베리아 용암대지 분화의 중심에서 1만 5000여 킬로미터 떨어진, 지금의 남아프리카에 속한 여기서조차, 세계가 달라 보인다. 한낮에도 하늘이 자줏빛이고 날씨가 매섭게 춥다. 리스트로사우루스가 식물 먹이를 기대하며 강둑을 따라 걷는다. 그녀는 두 개의 엄니를 이용해 양치류 다발과 양치종자류 잎을 모은다. 그녀는 다른 이빨이 없지만, 거대한 전지가위 비슷하게 작동하는, 그녀의 뿔로 덮인 날카로운 턱 가장자리는 식물 줄기를 썰기에 매우 효율적이다. 그녀는 풍부한 잎과 줄기가 양쪽 입가에서 떨어지는 지저분한 식객이다. 그녀도 치우려고 노력하지만, 많이는 아니다. 식물을 먹는 바퀴벌레 몇 마리가 땅 위에서 연회를 즐기며 바스락거리고 돌아다닌다.

날이 가는 동안 그녀의 세계는 예기치 않게 변한다. 마치 폭풍이라도 몰아칠 것처럼 하늘이 색을 바꾼다(컬러도판 1을 보라). 기온이 찬 쪽에서 따뜻한 쪽으로 급속히 바뀌고, 그런 다음 점점 더 뜨거워진다. 강이 말라버리고 땅도 건조해지며 갈라진다. 우거진 수풀과 키 작은 나무들이 누레진다. 그녀는 공기 중에서 특이한 뭔가, 연기와 산酸의 혼합물 냄새를 맡는다. 실은, 숨쉬기가 어려워지고 있다. 일주일 후, 먹이가 귀해진다. 그녀가 늘 먹이를 먹던 자리는 이제 누런 잎으로 표시된다. 식물의 성장을 자극하고 연못과 강을 채우는, 이런 메마른 풍경에서 보통은 반가운 사건인 소나기가 밤새 쏟아진 터였다. 그녀는 비를 즐기러 일찍 나타났었지만, 그것은 그녀의 눈을 따갑게 찔렀다. 강은 이제 가득 찼고 나무 몸통들과 식물 부스러기 깔판들을 싣고 빠르게 흐르고 있다. 떠가는 깔판 중 하나에 얹힌 또 다른 리스트로사우루스가 겁에 질려 꽥꽥거리며 쏜살같이 지나간다. 진흙으로 가득한 물은 탁하고, 토양이 실려 떠내려가고 있다.

우리는 남아프리카의 대 카루 분지에서 페름기-트라이아스기 경계를 가로지르는 암석들에 대한 선구적 연구 덕분에 이 장면을 그려볼 수 있다. 여기서 고생물학자 제니퍼 보사브링크와 퇴적학자 로저 스미스는 그저 위기층 아래와 위의 암석층에서 무슨 일이 일어나고 있었는지를 세세하게 알아내는 연구를 계속해왔다. 이곳의 암석도 러시아에 있는 일련의 암석층처럼, 고대의 강과 호수에 가라앉은 사암과 이암이다. 그렇지만 남아프리카에서는 파충류 화석 기록이 더 연속적이고 1850년대부터 연구되어왔다.

우리의 리스트로사우루스는 시베리아 용암대지 분화가 먼저 대기 중으로 쏟아부은 엄청난 부피의 이산화황이 고농도의 대기 수증기와 섞여 황산을 생산하는 위기의 첫날들을 목격하고 있었다. 황산은 첫째, 태양 광선을 막아서 한랭화를 초래하는 증기를 형성하고 둘째, 산성비로 땅에 떨어지는 두 가지 효과가 있다(이산화황과 그것의 효과에 대해 더 알고 싶으면 10장을 보라). 빅토리아 시대와 나중의 런던 스모그 속에서 행인들은 아황산 증기로 질식할 지경이었고, 나도 베이징에서 드문 여름 폭우가 쏟아지는 동안에 산성비가 눈을 찌르는 것을 느껴본 적이 있다.

스미스와 보사브링크는 살생의 세 국면을, 둘을 페름기 최후기에서, 그리고 회복의 시작을 트라이아스기 최초기의 카루 적색층에서 식별했다. 먼저 식물과 작은 초식동물과 육식동물의 손실과 연관되는 건조의 국면이 있었다. 주된 멸종 사건인 두 번째 국면에서는 식물, 특히 풍부한 글로솝테리스*Glossopteris* 나무와 속새류의 추가 손실, 그리고 더 큰 초식동물과 육식동물의 멸종과 연관되는 더 나아간 환경의 건조가 있었다. 페름기-트라이아스기 경계 위쪽의 퇴적암 중 25~30미터로 대변되는 세 번째 국면은 건조가 극에 달하고 멸종의 마지막 파도와 모래에 파묻힌 미라화된 사체의 축적과 함께 사막처럼 바람에 날린 퇴적물이 침전된 시기였다. 추정되는 퇴적물 축적 속도를 바탕으로 스미스와 보사브링크는 국면 1과 2가 합쳐서 6만 1000년을 갔다고 계산한다. 이 시기 다음에 멸종이 없는 5만 년, 그다음에 멸종이 극심한 국면 3에서의 8000년이 뒤따랐다.

이 층위들 다음에 스미스와 보사브링크에 의해 초기의 일시적인 생명의 회복을 대변하고 있다고 밝혀진 암석들이 뒤따른다. 여기서, 우리가 러시아 삼불라크에서 보았던 두꺼운 역암들이 나무의 손실로 인한 높은 침식 속도를 표시한다. 짧은 주둥이와 약 50센티미터밖에 안 되는 길이를 가진 첫째 종 리스트로사우루스 무라이*Lystrosaurus murrayi*, 그리고 더 긴 주둥이와 1미터 이상의 길이를 가진 둘째 종 리스트로사우루스 데클리비스*L. declivis*, 두 종이 남아프리카에서 발견되는 리스트로사우루스는 메말라가는 풍경과 식물 먹이 손실의 혹독함을 뚫고 살아남았다. 이 층위로부터 위쪽으로는 트라이아스기의 새로운 정복 집단, 즉 나중에 공룡과 익룡을 포함했고 오늘날 악어와 새로 대표되는 지배파충류archosauromorphs의 일원인 프로테로수쿠스*Proterosuchus* 같은 새로운 양서류와 파충류가 화석 기록에서 나타난다.

길이 1~3.5미터에 뒤로 구부러진 이빨로 무장된 길고 좁은 주둥이를 가진 프로테로수쿠스는 땅바닥에 납작 엎드린, 희미하게 악어를 닮은 동물이었다. 위턱은 묘하게 아래로 꺾어져서 그것의 무기인 열 개 이상의 앞니가 더 짧은 아래턱과 맞닿게 했다. 그것은 명백히 포식자였고, 강과 웅덩이 안의 어류와 양서류는 물론 리스트로사우루스의 더 작거나 더 어린 예를 포함해, 프로테로수쿠스가 달려들었을 수 있는 먹잇감도 풍부했다. 남아프리카의 트라이아스기 최초기에 있는 이 지점에서, 다시 말해 이른바 팔링크루프 층원Palingkloof Member의 붉은 이암과 사암이 내려놓이고 있던 시기에서, 당신은 멋진 신세계의 징후인 초록빛 회복의 싹들을 보았을 것이다.

그렇지만 100만 년 안에 황폐가 다시 타격을 주었고 리스트로사우루스, 프로테로수쿠스를 비롯해 많은 기타 생존자와 새로 출현한 종이 절멸했다. 그런 반복되는 위기와 발작적 회복이 트라이아스기 초기의 최소 육칠백만 년에 걸쳐 이어졌으므로, 어떻게 그처럼 말썽 많은 시기들이 현대 세계를 낳았을 수 있는지 이해하기가 힘들어 보일 것이다. 멸종 위기 후에는 지구가 딛고 일어나 정상적인 안정 상태로 돌아갈 거라고 기대할지도 모르지만, 트라이아스기 초기 내내 이어진 일련의 고온 위기(이상고온, 10장을 보라)를 뒷받침하는 좋은 증거가 있다. 캘리포니아의 스탠퍼드 대학에서 지질학자 조너선 페인과 동료들이 산소와 탄소 동위원소에서 나온 증거를 요약하는 과정에서, 온도가 페름기-트라이아스기 경계에서, 그리고 100만 년 뒤에 다시, 그리고 그다음에는 트라이아스기 초기가 끝나기 전에 다시 두 번, 급격한 가열 일화들과 함께 최소 네 차례 경로를 벗어나 꿈틀거렸음을 보여주었다. 이 가열의 박동 하나하나가 페름기 말 대멸종의 시기에서 섭씨 약 10도의 온도 상승을 대변하는 박동과 비슷했다. 생명이 하나하나의 열 위기 후 회복을 시작하는 동안, 그것은 또 다른 고온 사건으로 반복해서 짧게 잘렸다.

우리는 트라이아스기 중기 무렵 회복이 거의 완료된 곳을 찾아 중국으로 간다. 빈틈은 그다음에 메워봐도 된다.

윈난의 트라이아스기 중기

내가 처음으로 뤄핑羅平을 찾은 것은 2010년 일이었다. 그곳은 미얀마, 라오스, 베트남의 경계를 파고드는 윈난성의 북동쪽에서 바삐 돌아가고 있는 현縣이다. 러시아에서 페름기-트라이아스기 경계를 연구한 터였던 나는 트라이아스기의 첫 번째 1000만 년에서 생명의 회복에 대한 뭔가를 보기를 간절히 염원했다. 러시아에 있는 일련의 적색층 암석도 위쪽으로 계속되어 트라이아스기로 들어가지만, 어류, 양서류와 파충류, 그리고 여기저기에 곤충과 식물을 가진 화석층들이 있기는 해도 산발적이어서 연속되지 않는다. 반면에 남중국에서는, 어떤 곳은 두께가 수백 미터, 심지어 수 킬로미터에 달하는 긴 석회암 단면들이, 그 기간의 첫 1000만 년을 통해 일부는 깊은 물에서 퇴적되었고 다른 일부는 생명이 풍부한 대륙붕 위에서 퇴적된 해성층들을 기록하고 있다.

중국 지질조사국 산하의 지국인 청두成都지질조사센터의 소관은 티베트를 포함해 중국 남서부 전체를 아우르는데, 나는 윈난 북쪽에 접해 있는 쓰촨四川성 청두에 위치한 중국 지질조사국 청두지질광물자원연구소의 후스쉐胡世學 교수와 장치웨張啓躍 교수가 인솔하는 집단에 합류했다. 우리가 차를 몰고 발굴지를 향해 달리는 동안 도로는 곳곳에 담배가 심어진 드넓은 황토밭을 요리조리 빠져나갔다. 윈난의 기후는 대체로 열대성으로, 중국에서 담배를 생산하는 주요 지역 중 하나다. 바래가는 벽보들이 지나는 사람들에게 애국의 의무로 담배를 피우라고 촉구했다. 이 지역의 봄은 기름을 짜는 양배추의 친척, 카놀라로도 알려진 유채의 샛노란 꽃이 펼치는 장관으로 유명하다. 트라이아스기 연대의 거대한 석회암 구릉들로 구멍이 뚫린 평평한 농지 위로 유채꽃밭이 몇 킬로미터에 걸쳐 펼쳐진다. 석회암이 여기에 높이 서 있는 까닭은 그게 주위 암석보다 더 단단하기 때문이다. 채우는 흙은 수천 년에 걸쳐 축적된, 그리고 농부들에 의해 비옥해진 침식된 암석과 유기물의 혼합물이다. 구릉들 사이에 반반하게 놓인 흙이란 흙은 한 치도 남김 없이 경작되고 있었다. 부지런한 농부들은 심지어 그들이 담배 딱 한 포기를 기를 수 있는 1미터 너비의 석회암 함몰부에도 흙을 떠다 넣어 작은 밭을 일궈놓고 있었다.

우리는 고속도로를 빠져나와 다아오쯔大凹子 마을로 가는 가파른 콘크리트길 위로 차를 몰았다. 모두 콘크리트로 짓고 알록달록한 타일로 벽을 두른 이층집들이 작은 도로 가까이 서 있었다. 대부분 대문을 열고 들어가는 마당에는, 농가마다 작은 트랙터와 농기구를 보관할 곳과 돼지 한 마리나 닭 몇 마리를 칠 우리까지 갖고 있었다. 입구는 들어오는 모든 이에게 행운과 건강과 부를 빌어주는 붉은 깃발들로 에워싸여 있었다. 우리는 구릉 중 하나의 꼭대기를 향해 꼬부랑길을 걸어 올라갔다. 듣던 대로, 거기서 우리는 지질학자들에 의해 구릉 절반이 없어진 것을 볼 수 있었다. 채석장 옆 작은 집에 사는 발굴지 관리인이 우리를 맞이했고, 그가 몇 계단 위의 첫 번째 암석층으로 우리를 안내했다.

우리 위에서, 발굴하는 이들이 비탈을 한 층 한 층 파고 들어갔었다. 그들의 목표는 화석 표본을 채집하며 나아가면서, 일련의 암석층을 뚫고 올라가는 내내 암석 표본을 함께 채취하는 것이었다. 여기에는 페름기 말 대멸종으로부터 800만 년 후, 연대가 2억 4500만 년 전에서 2억 4400만 년 전의 트라이아스기 중기로 측정되는 관링關嶺층의 층원II Member II of the Guanling Formation에 종류가 다른 석회암층이 16미터에 걸쳐 이어져 있다. 개별 석회암층은 두께가 약 50~100센티미터였고, 우리는 이 천연 계단을 한 번에 한 지층씩 기어오를 수 있었다. 몇몇 표면에서 우리는 정원 연못의 금붕어보다 그리 더 크지 않은 작은 물고기 표본 수십 점을 보았다. 다른 한 표면에는 상자가 엎어져 있었다. 관리인이 돌들로 눌러두었던 상자를 옆으로 들어내어 돌고래를 닮은 포식성 해양 파충류인 작은 어룡의 섬세한 골격을 보여주었다. 한 층에는 새우들이 해저면 진흙 속에서 자신들을 보호해줄

대규모 화석 사냥. 남중국 뤄핑현에 있는 이곳의 구릉은 암석의 모든 층에서 화석을 채집하기 위해 절반이 발굴되어 없어졌다.

집을 짓고 있었음을 보여주는, 특유의 U자형을 이루는 제법 정교한 양식의 큰 굴窟이 풍부했다.

뤄핑에서 바닷가재 점심을

우리는 다아오쯔 마을에 있는 박물관으로 향했고, 후 교수와 장 교수는 이 채석장에서 나온 유물을 모두 보여주었다. 화석 2만 점에 전부 지층 번호가 세세하게 적힌 꼬리표가 달려 있었다. 일부는 유리 뚜껑이 달린 상자에 들어 있었고 더 큰 화석들은 벽에 부착되어 있었지만, 대부분은 전처리와 연구를 위해 준비된 상태로 아직도 신문지에 싸인 채 선반 위에, 나무 상자 안에 쌓여 있었다. 우리는 어류와 해양 파충류만큼이나, 새우와 바닷가재 같은 절지동물이 가장 흔한 화석이라는 걸 알 수 있었다. 패류 중에는 이매패류와 복족류, 그리고 극피동물(성게와 바다나리), 완족류, 코노돈트(작은 턱뼈를 가졌고 물고기처럼 헤엄치는 동물)와 유공충(단단한 껍데기를 가진 미시적 플랑크톤) 같은 더 드문 형태들이 있었다. 이들은 모두 얕은 바다의 전형적 동물이어서, 이들이 풍부하다는 사실과 굴들은 그곳이 꽤 얕은 물이었음을 가리킨다.

장 교수의 집중 작업 덕분에 목록에 몇몇 집단—벨렘나이트와 암모나이트(중생대의 전형이고 특히 쥐라기와 백악기에 번성했던 멸종 연체동물)—이 추가되어 있었다. 암모나이트는 돌돌 말린 껍데기 안에서 살았고 그들이 촉수로 낚아챌 먹이를 찾아 표층수와 심층수에서 헤엄친 데에 반해, 벨렘나이트는 아마도 붙잡는 데에 쓰는 수많은 촉수와 먹이를 싹둑 자르는 뿔로 된 부리를 가진 현생 갑오징어와 비슷했을 두족류의 친척 한 종이 몸속에 갖고 있던 탄산칼슘 골격의 부분인, 총알처럼 생긴 화석이다. 팔의 갈고리들과 심지어 부리까지 보여주는 뤄핑의 이 벨렘나이트 화석들은 화석화되는 과정에서 대개 사라지고 마는 연조직이 예외적으로 잘 보존된 사례다. 성게 표본 일부에는 몸을 에워싸는 감각용 가시들의 후광까지 보존되어 있다. 더 초기의 수집가들은 그 화석층에서 식물 잔해를 보고했었다. 이것은 이례적이었다—아마도 그 장소는 해변에 상당히 가까웠었고 식물은 인근 육지에서 밀려 들어왔을 것이다. 장 교수도 노래기, 더 많은 식물과 육지에 사는 파충류의 이빨이라는 드문 잔해들을 추가했다.

뤄핑의 해양 군집에서 가장 흥분되는 것은 최상위 포식자의 화석이었다. 여기에는 주둥이가 긴 물고기 사우릭티스*Saurichthys*, 다시 말해 비늘로 중무장하고 매복과 돌진 방법으로 사냥을 했던 최장 1미터의 뱀 같은 물고기의 풍부한 예가 포함되었다. 사우릭티스는 아마도 수초 사이나 탁한 밑바닥 물속에 숨어서 가만히 있다가 먹잇감 동물이 지나갈 때 엄청난 속도로 튀어나가 긴 턱으로 그것을 낚아챌 것이었다. 우리가 클리블랜드 셰일에서 둔클레오스테우스를 통해 보았듯이, 그런 매복 사냥꾼은 그들의 입을 여

뤄핑에서 나온 트라이아스기 중기 어룡의 표본. 그것은 긴 턱을 가졌고, 이 표본에서는 꼬리가 부러져서 앞쪽 등 위로 꺾여 있다.

는 행위가 흡인력을 일으키고 그러면 희생자가 끌려 들어온다는(80쪽을 보라) 수중 생활의 신기한 속성을 이용한다. 모두 물고기와 더 작은 파충류를 먹고 산, 어룡 믹소사우루스*Mixosaurus*, 위룡류僞龍類, nothosaur 노토사우루스*Nothosaurus*, 목이 긴 디노케팔로사우루스*Dinocephalosaurus* 같은 해양 파충류도 기타 최상위 포식자에 포함되었다.

이런 어류 포식자와 파충류 포식자의 의의는 그들이 먹이사슬의 꼭대기에 새로운 층을, 즉 페름기에는 보인 적이 없었던 뭔가를 형성했다는 데에 있다. 뤄핑 생물상은 페름기 말 대멸종으로 황폐해진 세상에서 생명이 생태적으로 회복해가는 새로운 단계를 보여주는 증거를 제공한다. 800만 년 후의 이곳에서, 해양 생태계는 자신을 재건하여, 예상되는 모든 층의 생물과 함께 안정을 되찾은 터였다. 먹이 피라미드의 바닥에 플랑크톤이 있었고, 이들이 연체동물, 완족류, 극피동물과 작은 물고기에게 잡아먹혔고, 이번에는 이들이 바닷가재와 더 큰 물고기에게 잡아먹혔고, 다시 이번에는 이들이 해양 파충류와 포식성 사우릭티스에게 잡아먹혔다.

이런 트라이아스기 중기 어류 사이에서 중국 고생물학자들, 그중에서도 특히 베이징에 있는 중국과학원 척추동물 고생물학 및 고인류학 연구소의 우페이샹吳飛翔은 굉장한 발견을 해왔다. 사실, 우 박사는 뭐랄까 물고기 전도사급으로, 뤄핑 등지에서 발견되는 새로운 물고기의 과학적으로 정확한, 굉장한 복원도를 만든다. 그가 그린 '남중국 트라이아스기 중기의 사우릭티스목saurichthyiform 어류'(오른쪽 페이지를 보라)는 뾰족한 주둥이를 가진 길고 날씬한 물고기들의 폭발처럼 보이도록 의도적으로 설계되어 있다. 일부는 크고 다른 일부는 훨씬 더 작다. 일부는 좁은 지느러미를 가진 데에 반해 다른 일부는 앞에 넓은 가슴지느러미를 가졌거나 뒤에 리본 같은 지느러미를 가졌다. 그들의 머리 모양은 모두 미묘하게 다르다.

이 사우릭티스 종 폭발의 이미지는 이런 해양 동물상이 페름기의 해양 동물상에 비교할 때 단적으로 얼마나 달랐는가를 종합적으로 각인시킨다. 페름기 말 위기로부터 800만 년 후의 생명은 살진 연체동물, 갑각류, 어류—뱀버치의 해산물 접시—로 따뜻한 바다에서 포식성 어류와 파충류의 대규모 다양화에 연료를 공급했을 만큼 풍요로웠다. 우 박사는 그 시기의 물고기 영역에서 그 밖에도 가장 오래된 활강하는 물고기 포타닉티스 *Potanichthys*를 포함해 모든 종류의 경이로운 물고기를 발견해왔다. 오늘날 우리는 남쪽 대양의 나는 물고기, 날치과Exocoetidae를 보고 경이로워하지만, 물고기가 파충류나 상어 같은 훨씬 더 큰 포식자를 피할 수 있게 해주는 적응인 이 생활방식은 2억 년도 더 전에 이미 진화해 있었다.

이 새로운 다량의 먹이를 마음껏 먹고 있던 포식자들은 빠르고 팔팔하기만 한 게 아니었다. 다른 일부는 열린 딱딱한 껍데기를 처리할 수 있도록 적응했다. 경식硬食동물durophage(딱딱한 먹이를 먹고 사는 동물)은 입천장에 넓고 뭉툭한 이빨로 포장된 부분을 갖고 있어서, 굴이나 딱딱한 껍데기에 싸인 갑각류를 꽉 붙들고 납작하게 부순 다음 껍데기 부스러기들을 뱉어내고 살만 삼킬 수 있었다. 트라이아스기에 파충류, 특히 얕은 물에서 걸

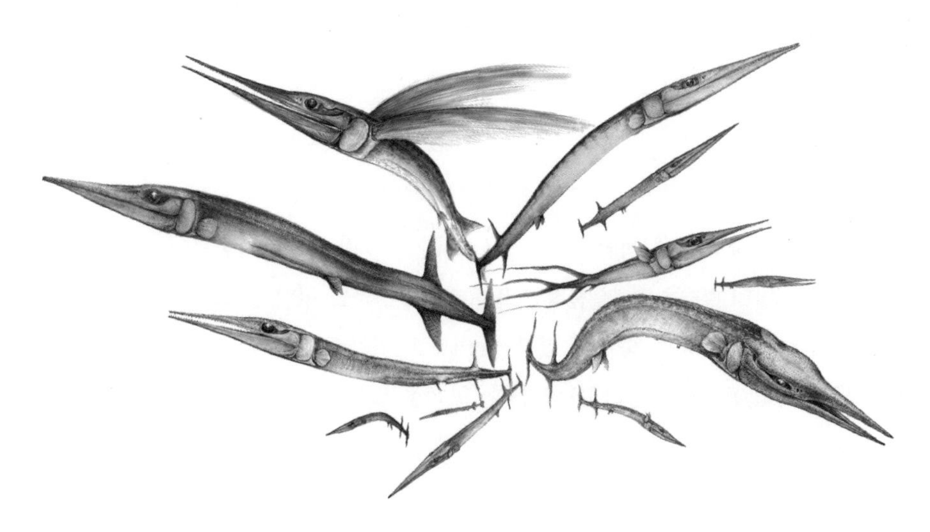

다양성의 폭발. 다양한 크기와 형태의 열두 종을 보여주는, 중국의 트라이아스기 중기에서 나온 사우릭티스목 어류.

을 수도 있고 헤엄칠 수도 있는 강력한 사지를 가지고 물속을 헤엄쳐 다니던 판치류板齒類, placodont가 처음으로 이 섭식 방식을 채택했다. 이런 종류의 식사에 꼭 필요한 파쇄기와 강력한 턱 근육을 두개골에 추가로 담아야 했기에, 그들의 머리는 위에서 볼 때 넓은 삼각형이었다. 판치류는 트라이아스기 말에 사라졌지만, 그 무렵에는 일부 경골어류도 경식 습성을 진화시키기 시작한 터였다. 경식동물은 고생대에도 있었지만, 이 시기에 껍데기를 부수던 물고기들은 그들이 들인 노력에 비해 훨씬 적은 보상밖에 받을 수 없었다.

만약 트라이아스기 대양에서 먹이 공급과 종합적 에너지와 생태계의 복잡성이 증가하고 있었다면, 지상에서는 어땠을까? 여기서도 생명이 아주 실질적으로 속력을 높이고 있었음을 뒷받침하는 좋은 증거가 있다.

변화하는 자세와 군비 경쟁

네발동물 중에서는 크게 두 계통—지배파충류와 단궁류—이 페름기에서 트라이아스기로 넘어가는 위기의 경계를 건넜다. 우리는 단궁류이자 현생 포유류의 매우 먼 친척인 리스트로사우루스, 그리고 지배파충류이자 현생 악어와 새의 비슷하게 먼 친척인 프로테로수쿠스를 이미 만나보았다. 우리한테는 많은 부분이 숨겨져 있지만, 이 트라이아스기의 첫 수백만 년에는 훨씬 더 많은 일이 진행되고 있었다. 화석은 드물고 우리에게는 세계의 많은 부분에서 나온 정보도 모자라고 연대의 많은 시점에서 나온 정보도 모자란다. 새로운 집단이 기원할 때 그것은 세계의 어느 한 부분에서 기원할 것이고, 처음에는 예가 아주 드물지도 모른다. 놀랍게도, 공룡도 그랬던 것 같다.

공룡에 미친 교수들이 엄청나게 많이 조사를 해왔음에도 불구하고, 실은 공룡에게 자그마치 2000만 년의 숨겨진 초창기 역사가 있었다는 게 이제야 발견되어왔다. 가장 오래된 공룡의 골격들은 약 2억 3000만 년 전으로 연대가 측정된 트라이아스기 후기 지층에서 나오지만(8장을 보라), 진화 계통수의 모양을 볼 때 우리는 공룡이 늦어도 2억 5000만 년 전에는 기원했음을 알게 된다. 측정되는 연대가 2억 5000만 년 전으로 거슬러 올라가는, 트라이아스기 초기의 최후기와 중기로부터 알려진 공룡 계통의 가까운 친척들—사실상 사촌들—은 있다. 이 가장 가까운 사촌들은 그들 자신이 이미 분화해 있었기 때문에, 어딘가에는 어쩌면 작았을지도 모르는, 그들의 생태계 안에 드물었고 아마도 세계의 일정 부분에 제한되었을, 최초의 공룡들이 존재했음에 틀림없다.

공룡이 트라이아스기 초기에 기원했다는 깨달음은 트라이아스기를 통한 자세와 걸음걸이의 진화에 대한 우리의 이해를 대폭 개정한다. 몇 해 전, 브리스톨 대학 이학석사 과정 학생 구보 다이久保泰는 자세의 증거로 화석

발자국을 살펴보자는 생각이 들었다. 어느 동물이 밟고 다녀서 생긴 길을 보면, 그 동물이 현생 포유류와 조류처럼 직립upright 방식으로 걸었는가, 그러지 않았는가를 판단할 수 있다. 앞다리와 뒷다리가 등뼈에 정확히 평행으로 움직이는 동안 앞뒤로 흔들림을 의미하는 이것은 엄밀하게는 '방시상傍矢狀, parasagittal' 방식으로 불린다. 초기 네발동물은 팔과 다리가 몸 옆으로 튀어나왔고 걷는 동안 사지 운동이 사지를 묘하게 옆으로 흔드는 것이었다는 의미에서 '기는 무리sprawler'였다. 이것의 중요성은 기는 무리가 호흡과 달리기 **둘 중 하나만** 할 수 있다는 데에 있다. 그들은 동시에 둘 다 하지 못한다. 이것은 기어가고 있는 동물이 등뼈를 좌우로 흔드는 동안 공기가 좌우 폐 사이에서 흔들리기는 하지만, 그 동물이 숨을 들이쉬고 내쉬지는 못하기 때문이다. 도롱뇽이나 도마뱀 같은 현생 기는 무리는 안전을 위해 틈새나 연못 속으로 몸을 숨길 때 오직 짧은 거리만 전력으로 달릴 수 있다. 반면에 사람, 말, 오리를 포함한 방시상 동물은 달리기와 호흡을 동시에 할 수 있다. 사실, 말과 치타처럼 빠른 주자들에서는 뒷다리의 전후 방향 운동이 실제로 공기를 몸 안과 밖으로 펌프질함으로써 지속적으로 빨리 달릴 수 있도록 동력을 공급한다.

구보와 나는 페름기-트라이아스기 경계를 건너는 모든 중대형 네발동물의 자세에 분명한 전환이 있다는 것을 발견했다. 위기 이전에 그들은 모두 기는 무리였다. 나중에는 그들이 모두 방시상이었다. 특히 단궁류와 지배파충류에서 동시에 자세 전환이 일어났기 때문에, 우리는 이것이 '군비 경쟁'의 시작을 표시한다고 추측했다. 우리는 '군비 경쟁'이라는 용어가 군사 맥락에서 더 익숙하겠지만, 생태학에서 그것은 포식과 경쟁 모두에 적용된다. 포식자와 먹잇감 사이에도 군비 경쟁이 있을 수 있다—예컨대 사자와 영양의 끊임없는 실랑이에서 만약 사자가 더 영리해지거나 더 빨라진다면, 영양도 살아남기 위해 더 영리해지거나 더 빨라져야만 한다. 마찬가지로, 같은 자원을 노리는 경쟁자도, 그들이 식물 먹이를 최대한 섭취하려고 하는 초식동물이건, 먹잇감 동물을 가능한 한 많이 잡는 것에 집중하는 포식자이건 비슷한 군비 경쟁을 경험할 것이다—아프리카 평원에서 사자는 하이에나를 유심히 보고, 하이에나는 가까이 오지 않지만, 그들은 잠입이 빠르고 가능한 한 사자의 독식을 허락하지 않는다.

이 자세 전환과 네발동물이 속도를 높이고 있었다는 우리의 다소 과감한 제안대로라면, 그것은 그들이 더 많이 먹고 더 많은 산소를 호흡해야 했으리라는 것을 의미하는, 더 높은 대사율을 요구했을 것이다. 이 동물들이 이 시기에 그들의 열 생리 전체를 급격히 바꾸고 있었음을 우리가 실제로 보여줄 수 있을까?

고속주행 차로로 들어선 생명

현생 동물의 대사율은 대개 시간과 몸 크기에 비례하는 그들의 산소 소비량에 따라 측정된다(큰 동물은 작은 동물보다 더 많은 산소가 필요하다). 우리는 보통 현생 동물을 대사율이 낮고 주위 환경에서 열을 얻는 외온동물, 그리고 체열의 일부 또는 전부를 몸 안의 보일러에서 발생시키는 내온동물로 분류한다. 파충류, 양서류, 어류와 연체동물 및 곤충 같은 무척추동물은 대개 외온동물이고, 조류와 포유류는 내온동물이다. 내온성은 언제 어떻게 기원했을까?

나를 포함한 일부 연구자들은 트라이아스기 초기에 있었던 혼란의 시기를 가리킨다. 살아남은 파충류가 방시상 걸음걸이로 돌아다니고 있었고, 그들이 최소한 어느 정도는 내온성이었다는 독립적인 증거도 있다. 단열이 첫 번째 증거를 제공한다. 오늘날 포유류는 털을 가졌고 조류는 깃털을 가졌다—이 구조들의 일차 기능은 그들이 발생시킨 값비싼 몸 안의 열을 간직하는 것이다. 1913년에 영국의 젊은 척추동물 고생물학자 데이비드 왓슨(1886~1973)은 트라이아스기 초기와 중기의 작은 육식성 단궁류 일부가 털을 갖고 있었다는 의견을 내놓았다. 증거는 그들의 주둥이 주위에 신경의 풍부한 공급을 시사하는, 뼈를 관통하는 풍부한 작은 구멍이 있다는 것이었다. 왓슨은 이것이 그들에게 오늘날의 포유류처럼 근육질 입술뿐만 아니라 감각을 느끼는 수염까지 있었음을 보여준다고 주장했다. 감각을 느끼는 수염은 변형된 털이고, 따라서 이로부터 그들은 온몸에 단열하는 털도 갖고 있었다고 추론해볼 수 있다. 다른 일부 연구자들이 포유류는 쥐라기에야 완전히 내온성이 되었다고 주장하면서 논란이 되기는 하지만, 트라이아스기 초기 단궁류는 폐의 펌프질을 도울 횡격막, 더 커진 뇌 외에도 내온성과 연관되는 많은 특징을 뒷받침하는 증거인 방시상 걸음걸이를 이미 갖고 있었다.

하지만 지배파충류는 어땠을까? 최초의 깃털은 분명 1억 5000만 년 전의 쥐라기 후기에, 바로 가장 오래된 새인 시조새*Archaeopteryx*에게서 생기지 않는가? 1996년까지는 이것이 사실이라고 믿었다. 그렇지만 그때 이후로 중국에서 굉장한 화석 새와 공룡 수천 마리가 깃털과 함께 발견되어왔다. 고생물학자들은 우선 새에 가까운 공룡들이 깃털을 갖고 있었다고 받아들였지만, 나중에는 딱히 새와 가까운 친척이 아닌 다른 공룡들에서도 깃털이 확인되었다. 어쩌면 모든 공룡은 처음부터 깃털을 갖고 출발했었고 이 깃털은 단순히 그게 필요치 않았을 일부 거대 공룡에서, 그리고 피부에 장갑판을 갖고 있었던 다른 일부에서 사라진 것일까? 그런 다음, 2018년에는, 박사과정 학생 양쯔샤오楊子瀟가 이끈 난징-브리스톨 팀이 공룡의 먼 사촌인 익룡에서 다양한 깃털 유형을 찾아냈다. 이것은 깃털의 기원을 트라이아스기 초기에, 단궁류와 같은 줄에 딱 맞춰 넣었고, 우리는 이것이 두 집단 모두 그 시기부터 줄곧 어느 정도는 이미 내온성이었다는 증거라고 주장했다.

확증하는 증거는 뼈 조직학—화석 뼈의 세포 규모 해부구조를 연구하는 학문—에서 나온다. 예컨대 유타 대학에서 나온 정말 기지 넘치는 한 편의 연구물에서 고생물학자 애덤 허튼로커와 생물학자 콜린 파머는 트라이아스기 단궁류와 지배파충류가 작은 적혈구를 갖고 있었다는 것을 보여주었다. 현생 내온동물에서는 이 세포가 외온동물에서보다 훨씬 더 작은데, 이유는 그것이 더 높은 대사율에 동력을 공급하기 위해 더 많은 산소를 운반하도록 적응되고, 혈액 세포의 이용 가능한 표면적이 운반될 수 있는 산소의 양을 결정하기 때문이다. 가장 가는 모세혈관의 치수는 적혈구의 크기와 일치한다. 허튼로커와 파머는 생전에 그런 아주 작은 혈액 용기를 실어 날랐던 화석 뼈로부터 모세혈관의 크기를 측정했다. 만약 지배파충류와 단궁류가 둘 다 어느 정도 내온성이었고 트라이아스기 초기 중에 방시상 걸음걸이를 채택했었다면, 이것은 현대 세계에서 조류와 포유류가 성공하기 위한 길을 닦는, 척추동물 역사에서 가장 주목할 만한 전이 중 하나를 표시하게 된다.

최근까지 트라이아스기의 줄거리는 양쪽 끝에 대멸종이 있고 그 사이에서 단일한 일련의 진화 단계로 바닷속과 땅 위에서 생명의 주목할 만한 현대화가 일어나고 있는, 비교적 단순한 이야기로 보였다. 그렇지만 트라이아스기의 중간쯤, 카닉조Carnian stage에서 나타나는 지구와 생명의 수수께끼 같은 동요가 지금은 대멸종 사건으로 공인된다. 다음 장에서 우리는 그것이 어떻게 그토록 오랫동안 발각되지 않았는가를 탐구한다.

제 4 부

트라이아스기 후기부터 쥐라기까지

2억 3700만 년 전~1억 4500만 년 전

8
카닉절 다우 일화와 공룡의 다양화

린코사우루스류의 법칙

2억 3000만 년 전의 먼지 날리는 메마른 풍경 속, 달의 계곡으로도 알려진 지금의 아르헨티나 북서부 이치괄라스토Ischigualasto 주립공원에서 잿빛 파충류 떼가 먼지를 뚫고 전진한다. 그들은 악어와 공룡의 먼 친척이지만 생김새는 돼지를 더 닮았고 길이가 약 1.5미터인 린코사우루스류rhynchosaur다. 이 종, 히페로다페돈 산후아넨시스*Hyperodapedon sanjuanensis*는 소나 돼지처럼 단면이 둥글고 영양가 낮은 식물을 소화하는 데에 필요한 엄청나게 크고 긴 창자를 수용하도록 진화된 뚱뚱한 몸통을 가졌다. 그것은 뭉툭한 다리를 가지고 네 발로 걷지만, 손가락과 발가락 하나하나가 높이가 높은 좁은 발톱으로 무장되어 있다.

린코사우루스 하나가 딱 보아도 말라버린 강인, 넓게 구불구불 파인 땅바닥에 들른다. 그것이 버티고 서서 뒷발 하나로 뒤를 향해 흙을 파헤친다. 발톱이 마른 진흙 껍데기를 푹 쑤시고 들어가고 덩어리들이 뒤로 날린다.

몇 분만 더 파도 뒤에 던져진 부스러기가 산더미처럼 쌓인다. 그것이 파는 동안 진흙이 축축한 기미를 보인다—린코사우루스가 어색하게 몸을 돌리더니, 그런 다음 물을 바라고 진흙을 핥으며 들창코 달린 머리를 깊이 처박는다. 다른 린코사우루스 일부도 땅을 파기 시작한다.

한둘은 말라버린 강의 가장자리에서 고개를 들고 뜨거운 바람을 킁킁거린다. 그들의 머리는 앞에 달린 한 쌍의 엄니를 향해 좁아지면서 등판을 넓게 가로지른다. 위에서 본 전체적 머리 모양은 삼각형이다. 옆에서 보면, 주름진 잿빛 피부로 겹겹이 에워싸인 작은 눈이 날아드는 먼지를 막기 위해 오므려져 있다. 린코사우루스 일부는 암석에서 물을 빨아내기 위해 버려진 강을 따라 뿌리를 깊이 보내는 얕은 식물에서 잎을 뜯기 시작한다. 그 파충류는 그들이 우적우적 씹는 동안 미소짓는 것처럼 보인다. 그들의 턱은 뒤에서 앞으로 구부러져 있고, 아래턱은 손잡이로 접혀 들어가는 주머니칼의 칼날 비슷하게 위턱에 있는 홈으로 올라가 꽂히는 능선을 따라 닳아빠진 이빨이 나 있는 넓은 날이다.

떼의 가장자리에서 린코사우루스 하나가 꽥하고 경보를 울린다. 날씬한 두 다리 파충류 하나가 무리를 돌아 달린다. 그것은 길이가 약 1미터이고 몸무게는 린코사우루스류 무게의 몇 분의 일이다. 침입자는 초기 공룡 에오랍토르*Eoraptor*이고, 그것이 지저귀는 소리를 내며 떼를 향해 일련의 날카로운 굽은 이빨을 번쩍인다. 그것은 허세를 부리고 있을까, 아니면 화가 났을까? 에오랍토르는 그것이 어떤 성체와도 맞붙을 수 없다는 것, 그리고 새끼들은 떼의 한복판에서 보호받는다는 것을 안다. 작은 털북숭이 포유류 하나가 허둥지둥 지나간다. 그것은 보통 낮 동안 숨고 밤에 곤충을 사냥하러 나온다.

가장 가까이 있는 린코사우루스가 소화되지 않은 잔가지와 줄기로 가득한 엄청난 똥 무더기를 땅에 떨어뜨리는 동안 뱃속에서 꾸르륵거리는 소리를 내며 굉장한 방귀를 뀐다. 그것의 식사는 질이 나쁘다. 린코사우루스류

풍부한 린코사우루스류와 아울러 지금까지 가장 오래된 공룡들의 출처인 아르헨티나 북서부 이치괄라스토층의 악지惡地.

는 중심에 목질 줄기를 가졌고 갈라진 고사리 비슷한 초록빛 잎을 가진, 그리고 물웅덩이 주위에서 자라는 디크로이디움*Dicroidium*이라 불리는 양치종자류를 주식으로 한다. 그 파충류는 더 어린 최고 키 1미터인 잎들의 다발을 선호한다. 그 식물이 덜 맛있는 목질 줄기를 가진 2~4미터 높이 관목으로 바뀌려면 얼른 1년이 흘러야 한다. 둘 중 어떤 형태로든, 린코사우루스류는 살아남으려면 엄청난 양의 디크로이디움을 먹어야 한다.

먼 곳에는 큰 키의 날씬한 몸통 그리고 땅 위로 높이 린코사우루스류에게는 그들이 닿을 수 없어서 전혀 흥미롭지 않은 잎 다발을 가진, 현생 칠레소나무 비슷한 침엽수들이 있다. 저마다 몸무게가 약 1톤인 거대한 이스키구알라스티아*Ischigualastia* 대여섯이 떼를 지어 입안 가득 가지를 붙잡으며 더 작은 나무들을 밀치고 나아간다. 이빨이 없고 앵무새처럼 입의 앞쪽 가까이에 식물 줄기 긁어들이기를 돕는 부리를 가진 그들은 페름기 후기 이후로 존재해온 식물을 먹는 계열 중 늦게까지 살아남은 구성원, 디키노돈트 dicynodont다.

아르헨티나 안의 이 장면은 트라이아스기 후기에 속한 이 시점에 전 세계에 걸쳐 흔했다. 매우 비슷한 린코사우루스류 화석 표본들, 즉 히페로다페돈의 종들이 남아프리카, 인도, 북아메리카, 유럽에서 수집되어왔다. 그들은 그들의 시절에 흔히 생태계를 지배하면서 매우 성공했고, 수백 점의 화석으로 대표된다. 그렇지만 그것은 오래갈 운명이 아니었다. 건조한 기후가 트라이아스기의 나머지 내내 계속되었고 린코사우루스류는 살아남기 위해 몸부림쳤다. 그들은 2억 3200만여 년 전 건조한 조건의 개시 이후로도 더 살았었지만, 결국 전 세계적으로 절멸했고 트라이아스기 후기 생태계에서 지배적인 초식동물로서는 식물을 먹는 공룡으로 대체되었다. 앞으로 보겠지만, 이 극적인 기후 변화는 오랫동안 실종되었던 대멸종, 카닉절 다우일화Carnian Pluvial Episode(CPE)로 견인되었다.

대멸종이 어떻게 실종될 수 있을까?

극적인 뭔가가 일어나고 있었다는 데에 의심의 여지가 없는 대멸종은 일반적으로 암석에서 나타난다. 예컨대 예민한 화석 수집가는 그들이 일련의 암석층에서 일정한 층위까지 A, B, C 종의 수많은 예를 발견한다는 점, 그런 다음 이 지점 후에는 이 종들이 완전히 사라졌고 그들은 그 대신에 D, E, F 종을 발견한다는 점에 주목할 것이다. 더 멀리 내다보는 조사자는 아마도 한 화석 군집에서 다른 화석 군집으로의 똑같은 극적 변화를 알아보고 이 지점 저 지점을 연관지은 다음, 결국은 이것을 세계의 다른 부분들에서 나오는 증거와 연관지어 전 지구적 규모의 극적인 종 전환을 알아볼 것이다.

물론 여기에는, 특히 지역 규모에서 전 지구 규모로 넘어가기에서는 한 영역과 다음 영역의 암석층이 완전히 다를 것이기 때문에 어려움이 따른다.

트라이아스기 중기와 후기 초반에 린코사우루스류와 다른 많은 초식동물의 기본 식사였던, 양치종자류 디크로이디움의 화석 잎.

이것은 암석이 한 장소에서는 대양 배경을 기록하고 다른 장소에서는 육지 배경을 기록해 화석이 완전히 다른—한편은 연체동물, 산호, 어류이고 다른 편은 육상 척추동물인—상황에서 가장 극적이다. 일련의 암석층에 공백이 있는 상황에서는 지질학자도 그들이 알아본 뚜렷한 동물상 변화가 과연 진짜인지, 혹시 몇백만 년에 해당하는 퇴적이 중단된 결과가 아닌지를 밝혀내야 한다. 그런 공백 후에도 화석은 다르겠지만, 그곳에는 멸종 사건이 있었던 게 아니라 단순히 많은 데이터가 손실된 보통 속도의 진화가 있었을지도 모른다.

이와 같은 고려사항은 지금은 연대가 약 2억 3700만 년 전으로부터 2억 2700만 년 전까지 계속되는 것으로 측정되는, 트라이아스기 후기의 세 하위구간 중 첫 번째인 카닉조 동안 진행되고 있는 특이한 뭔가를 용감무쌍한, 그리고 약간 소심한 세 명의 젊은 연구자 집단이었던 우리 각자가 따로따로 발견한 과거 1980년대에 맞닥뜨렸던 것이다. 나는 제대로 된 첫 직장, 북아일랜드 벨파스트에 있는 퀸스 대학의 햇병아리 교수였다. 마이크 심스와 알라스테어 러펠은 둘 다 영국 버밍엄 대학에서 그들의 박사과정을 마무리하고 있었다.

심스와 러펠은 카닉절 다우 일화를 처음에는 개별적으로 알아보았거나, 심지어는 지어냈다. 심스는 성게와 불가사리의 친척인 극피동물 중 트라이아스기에 바다 밑바닥 생물초의 중요한 부분을 형성한 집단 바다나리 사이에서 나타난 중대한 멸종에 주목했었다. 한편 러펠은 서머싯주 톤턴의 그의 고향 근처에서 특이한 사암층을 관찰하고 그것을 급격한 기후 변화의 증거로 해석했었다. 1987년에 드디어 심스는 바다나리 멸종에 관한 그의 생각을 공유했고, 러펠은 "그때는 비가 내리고 있었어요. 아마도 바다나리는 비를 좋아하지 않았나 봐요"라고 대꾸했다.

심스와 러펠은 계속 의견을 주고받으며 증거를 수집해나갔다. 러펠은 그가 서머싯주에서 연구했던, 공식적으로 노스커리 사암North Curry Sandstone이라 불리는 사암층이 웨스트미들랜즈주에 있는 아덴 사암Arden Sandstone 및 데번주 해안에 쌓인 웨스턴마우스 사암Weston Mouth Sandstone과 매우 유사하다는 점에 주목했다. 당시에 영국 지질조사국은 이것들이 모두 본래는 똑같은 암석 단위라는 결론에 다가가고 있었다. 그것들을 비교하는 과정에서 러펠은 그것들이 단 몇 미터로 모두 얇다는, 그리고 붉은 이암의 엄청난 두께 한가운데에서 나타난다는 점에 주목했다. 그 사암은 물에 의해 퇴적되었다는 모든 징후를 보여주었다. 러펠이 현미경 슬라이드를 들여다보았을 때 볼 수 있었던 아주 작은 점토 광물질 알갱이들을 분석한 결과, 기후가 다습성humid 혹은 다우성pluvial(집중호우로 특징지어지는 시기를 의미하는)이었다는 사실이 확증되었다.

심스와 러펠은 그다음에 이 영국의 사암이 역시 일련의 이암에 들어 있는 얇은 사암 단위인 남부 독일의 실프 사암Schilfsandstein과 똑같다고 주장하면서, 북해를 건너 독일로 도약했다. 모든 사례에서 사암에는 어류와 수생 양서류와 파충류의 화석이 들어 있었고, 이 생명체들이 유사하다는 점이 똑같은 연대를 시사하고 있었다. 1989년에 그들은 「트라이아스기 후기 기후 변화와 멸종의 동시대성」이라는 논문에서 "카닉절 중기부터 후기 동안의 상당한 강우량 증가를 뒷받침하는 증거가 있다"고 선언했다. 증거는 유럽과 이스라엘 안의 단 한 산지에서 나왔지만, 그들은 과감하게도 그것이 전 지구적 멸종 사건이라고, 그리고 중대한 종의 전환 또는 교체가 대양 안에서도 지상에서도 있었다고 강조했다. 그들은 빠진 대멸종을 찾아냈던 걸까? 그리고 만약 그랬다면, 그것은 아르헨티나의 린코사우루스류와 어떤 관계가 있을까?

히페로다페돈의 전성기

내가 부담할 부분은 육상 네발동물과 해양 암모나이트의 화석 기록 비교를 기반으로, 카닉절에 있을 수 있었던 대멸종 사건을 확인하는 것이었다. 내가 이런 유의 작업을 시작한 것은 1981년이었다. 박사과정에 들어간 나는 스코틀랜드 북동부 엘긴의 트라이아스기 후기 지층에서 나오는 린코사우루스류 히페로다페돈을 연구하기로 했었다(컬러도판 11과 12를 보라). 이것은 우리가 아르헨티나의 이치괄라스토층에서 만난 짐승과 근본적으로 똑같은 짐승이었고, 앞서 주목했듯이 정확히 공룡의 여명기에 매우 성공한 초식성 파충류로서 거의 전 세계에 분포했다. 히페로다페돈을 더 넓은 맥락에 넣어 보고 싶었던 나는 트라이아스기 전체에 걸쳐 네발동물 생태계의 생태를 비교하기로 했다. 나는 히페로다페돈과 나란히 살고 있던 다른 모든 동물의 스코틀랜드 군집을 복원할 수 있었고, 그들의 상대적 수를 살펴보는 게 중요하다는 걸 눈으로 확인할 수 있었다. 예컨대 히페로다페돈의 두개골과 골격은 엘긴 주위의 여러 사암 채석장에서 수년간 서른다섯 점이 발견되어 있었던 반면에 나머지 종은 저마다 더 적은 수의 화석으로, 그리고 때로는 단 한 점의 표본만으로 대표되었다. 실은, 내가 알아낸 바에 따르면 엘긴 트라이아스 후기에서 동정해낼 수 있는 여덟 가지 다른 동물의 표본 여든 일곱 점 중에서 히페로다페돈이 그 동물군의 40퍼센트를 차지했다. 정확한 주장을 하기에는 표본의 크기가 충분치 않았기 때문에 이 숫자들은 매우 잠정적이지만, 적어도 그것은 우리가 표본 단 한 개만 있었던 공룡 비슷한 작은 짐승 몇몇은 흔치 않았던 기간에 히페로다페돈은 흔했다고 말할 수 있게 해준다.

일개 학생으로서, 나는 마음을 졸이며 세계 곳곳의 고생물학자들에게 보내는 편지를 작문했다(이때는 이메일 이전 시절이었다). 서른 또는 마흔 명의 선배 동료들에게 내가 했던 특이한 요청은 그들이 가진 특정한 트라이아스기 파충류 군집의 표본 수를 세어달라는 것이었다. 이것은 전례가 없는 일이었다—규범은 화석을 채집하고 기재하라, 그리고 이따금 동물군을 재검토하는 논문을 쓰고 종명과 명명자의 목록을 첨부하라는 것이었지, 종마다 화석 수를 기재하라는 지시 같은 건 없었다. 굉장하게도, 나는 아르헨티나 동물상의 권위자 호세 보나파르트, 북아메리카 동물상의 권위자 에드윈 (네드) 콜버트, 인도 동물상의 권위자 상카르 차테르지, 남아프리카 동물상의 권위자 제임스 키칭과 아서 크뤽생크 같은 권위자들로부터 답장을 받았다.

나는 답장들을 통해 그 동물군들이 일부는 엘긴에서 복원된 것보다 훨씬 더 크다는 사실을 알게 되었다—남아프리카에서 복원된 동물군으로부터 목록에 오른 표본이 수천 점이었고, 그 밖의 장소에서 나온 표본도 수백 점이었다. 이 정도 표본 크기면 일부 종, 특히 아주 작은 동물의 더 가느다란 뼈가 아니라 육중한 뼈와 이빨을 가진 더 큰 동물은 암석 안에 더 자주 보존되고 수집가에게 더 명백하게 드러날지도 모른다는 우려를 무릅쓰고 통계적으로 분석하기에 훨씬 더 적절했다. 한편으로 화석 수집가는 새로운 종이나 희귀 표본의 발견을 겨냥해 더 드문 종, 특히 공룡과 포유류의 아주 작은 초기 예를 찾아내는 데에 특별한 노력을 투자하곤 한다. 하지만 내가 연구 대상으로 삼고 있던 화석 표본들은 불완전할 것이고 과거 트라이아스기에 실제로 살았던 종의 표본으로서는 불균형할 수도 있으리라는 점에는 의심할 여지가 없다. 우리가 학생들과 함께 더 최근의 출판물들을 점검하고 수십 명의 전 세계 동료와 (이제는 빠르게 이메일로) 교신하는 그 훈련을 반복한 2015년에, 약간의 위안을 얻기는 했다. 그들의 데이터는 30년의 작업 덕분에 모든 곳에서 표본의 크기가 커졌다는 점, 하지만 그들의 동물군에 있는 서로 다른 종의 백분율은 거의 똑같다는 점을 보여주었다.

대표하는 표본에 관한 경고는 다 했고, 결과들은 무엇을 보여주었을까? 엘긴에서 나온 40퍼센트라는 수치와 마찬가지로 그들이 모두 높은 비율—아르헨티나의 이치괄라스토에서 39퍼센트, 브라질의 산타마리아에서 68퍼센트, 인도의 말레리에서 57퍼센트—을 차지했다는 결과들은 동물군에 린코사우루스류가 있을 때 그들은 우점하는 경향이 있다는 것을 확증했다. 인정하건대, 북아메리카에는 린코사우루스류가 드물었고, 그들의 자리는 커다란 디키노돈트에게 빼앗겼다. 린코사우루스류와 디키노돈트, 이 둘은 어떤 식으로든 그들의 동물군 중 40~70퍼센트를 구성했다. 그들은 그 시절의 주요 초식동물—양, 사슴 또는 소—이었으므로, 이것이 예기치 못할 일은 아니다. 하지만 그런 다음 그들이 화석 기록에서 사라졌다. 카닉조의 끝 언저리 일정 지점 후에는 린코사우루스류가 전 세계 어디에도 없었고, 디키노돈트도 미국, 아르헨티나, 폴란드에서 늦게까지 살아남은 소수를 제외하고는 대부분 사라지고 없었다.

내가 맨 처음 한 생각은 어떤 심각한 위기가, 특히 린코사우루스류와 디키노돈트가 먹던 식물 사이에 있었음이 틀림없다는 것이었다. 서로 다른 파충류 동물상이 세계 곳곳에 수많은 종들이 있었던 양치종자류 디크로이디움의 풍부한 화석과 연관되곤 했다. 이 식물도 카닉조의 끝에서 사라진 것으로 보였고, 그래서 나는 이것이 린코사우루스류의 죽음을 설명할지도 모른다는 의견을 제시했다. 디크로이디움은 왜 사라졌을까? 혹시 기후가 다습에서 건조로 바뀌었을까?

나는 자료를 읽으며 돌아다니다가 많은 중앙유럽 해성 카닉조 암석 전문가들이, 특히 북부 이탈리아의 돌로미테 알프스 지역과 스위스, 오스트리아, 남부 독일의 관련 지역에서 카닉절 중기에 암모나이트와 기타 해양 생명체 사이에서 꽤 실질적인 교체가 이루어졌다는 것을 어느 정도 확인해온 터였음을 알게 되었다.

수치 처리

1980년대에는 시카고 대학의 데이비드 라우프(1933~2015)와 잭 셉코스키가 통계고생물학 분야의 선두주자였다. 특히 셉코스키는 해양 화석에 관해 거대한 데이터베이스를 구축해온 터였고(55~56쪽을 보라), 그와 라우프는 생명의 역사가 과거 5억 년을 통과하는 양상을 탐구하는 데에만이 아니라 대멸종 사건을 찾고 그것의 크기를 밝히는 데에도 이것을 이용했다. 그들은 처음으로, 지질학적 시간 전체에 걸쳐 시기별로 바다에 존재한 과별 또는 속별 동물의 수, 그리고 대멸종의 심각도 같은 이 현상들을 수량화할 수 있었다. 이전까지 고생물학자들은 대개 그들이 제일 좋아하는 일련의 암석층에서 나온 지역적 데이터 아니면 아마도 한 사건이 다른 한 사건보다 더 심각했었던 것 같다는 일반적 인상밖에 갖고 있지 않았다.

라우프와 셉코스키는 기대에 어긋나지 않게 페름기 말과 트라이아스기 말에서 대멸종들을 확인했을 뿐만 아니라, 카닉절에서도 멸종들의 정점을 발견했다. 그렇지만 그들은 이것을 인공물 또는 집계의 실수라고 주장했다.

특히 그들은 트라이아스기 말 대멸종이 아마도 순간적인 게 아니라 트라이아스기 후기의 수백만 년에 걸쳐 일어났던 것이거나, 암석 연대 측정의 질이 너무 형편없어서 멸종들이 실제보다 더 긴 기간 동안 발견되는 것이라고 믿었다. 하지만 나는 이 카닉절 멸종들의 정점이 진짜라고 느꼈고, 그래서 내가 데이터를 모아온 네발동물, 그리고 풍부한 화석 기록을 가진 암모나이트에 초점을 맞춰 기저 데이터를 점검해보기로 했다. 이 기록은 표본을 수천 점 갖고 있었고 연대 측정도 셉코스키가 시도했던 수준보다 훨씬 더 정밀한 수준으로, 500만~2000만 년이 아니라 매번 곧장 200~300만 년 시간 단위까지 해낼 수 있었다. 1985년에 나는 『네이처』에 실린 논문에서 카닉절 멸종은 실재했다고, 그리고 네발동물과 암모나이트에게 그것은 적어도 트라이아스기 말 대멸종만큼 심각했다고 주장했다. 카닉절 안의 어느 시점에는 히페로다페돈의 번성 그리고 그다음에 죽음과 일치하는 대멸종 사건이 있었다.

1980년대에 내가 했던 연구 이후로, 브라질의 막스 랑게르와 아르헨티나의 마르틴 에스쿠라 같은 남아메리카 고생물학자들은 히페로다페돈이 번성한 시기, 이른바 히페로다페돈 군집대Hyperodapedon Assemlage Zone를 전 세계적 현상으로 인식해왔다. 그 시기를, 이치괄라스토층과 산타마리아층의 붉은 사암에 들어 있는 광물 지르콘의 입자들을 통해 카닉절 후기에 해당하는 2억 2900만~2억 2800만 년 전의 범위에서 정확한 측정 연대로 제공할 수 있었다. 그러므로 인도, 스코틀랜드, 북아메리카에서 나오는 히페로다페돈의 다른 종들도 연대가 비슷할 가능성이 크다.

거부… 그리고 수용

그래서, 1989년 무렵, 심스, 러펠과 나는 우리 자신에 대해 사뭇 뿌듯해하고 있었다—우리가 땅 위와 바닷속에서 생명에 영향을 미친 대멸종 사건을 밝혀냈던 것이다. 그것은 규모가 전 지구적이었던, 그리고 수용된 지 오래인 트라이아스기 말 대멸종만큼이나 생명에 심각했던 차질로 보였다. 심스와 러펠이 현지와 실험실에서 병행한 세심한 작업 덕분에 우리는 심지어 그 위기의 동인이었을 수 있는 중대한 건조–다습–건조 기후 변동을 위한 모형까지 갖고 있었다. 만약 우리가 기존의 '5대' 대멸종과 대등한 여섯 번째 대멸종을 찾아냈다면? 건방진 젊은 기개로, 우리는 우리의 위대한 발견에 관한 강연을 했고 사람들에게 그것의 존재를 납득시키기 위해 논문과 리뷰도 추가로 더 썼다.

모두가 동의한 것은 아니었고, 1994년에는 심각한 비난이 날아왔다. 네덜란드 위트레흐트 대학의 건실한 교수이자 화석 식물과 고기후 전문가인 헹크 피스허가 우리 주장에 대한 반박으로 동료들과 함께 짧은 논문을 썼다. 그것은 「유럽 내 카닉절(트라이아스기 후기) '다우 사건'의 거부Rejection of a Carnian(Late Triassic) "pluvial event" in Europe」라는 유별나게 잔인한 제목을 갖고 있었다(일반적으로, 과학자들은 주장의 옳고 그름을 논하고 그들의 거부 의사는 더 완곡한 말로 표현할 것이다). 그는 독일의 카닉조를 통과하는 화석 식물들의 상세한 분석을 제시했고, 심스와 러펠이 주장했던 대로, 실프 사암의 식물들이 건조 조건에서 다습 조건으로, 그다음에 다시 건조 조건으로의 전환을 확증한다는 데에 동의했다. 하지만 피스허는 이것이 전반적으로 건조한 시기 안에서 일어나는 국지적 서식지 전환일 뿐이라고 믿었다. 특히 그는 독립적인 연대 측정 증거가 실프 사암은 그것이 장소에 따라 연대가 다르다는 의미로, 통시적임을 보여준다고 언급했다. 만약 그렇다면, 그것은 오로지 국지적으로 젖은 땅과 강이 생긴 표시에 지나지 않을 것이다. 심스가 나중에 서글프게 언급했듯이, "우리의 견해가 이름 없이 묻힐 운명으로 보이자, 우리는 각자 다른 일로 넘어갔다".

하지만 2016년에 심스와 러펠은 폴 위그놀과 함께 이제는 리즈 대학에서 데이터의 분포를 다시 살펴보았다. 세계의 많은 부분에서 이루어진 지질학자들의 작업 덕분에 그들은 북아메리카, 일본, 중동 그리고 유럽에서 '카닉절 다우 일화'(CPE)를 뒷받침하는 증거를 확인할 수 있었다. 이것은 심스와 러펠이 1989년에 주장했듯이, 실로 전 세계적인 사건이었다. 앞서 2015년에는 젊은 이탈리아 지구화학자 야코포 달 코르소가 CPE의 구동 요인, 다시 말해 지금은 캐나다에서 브리티시컬럼비아주의 서해안 부분을 형성하는 랭겔리아 육괴Wrangellia landmass 위에서의 대규모 화산 분화를 확인한 터였다. 달 코르소는 이 두꺼운 현무암들의 연대가 카닉절이며 다습 조건을 가리키는 사암이 막 내려놓이기 시작하는 동안에 분출되고 있었다는 것을 보여주었다. 그는 한편으로 많은 암석 단면의 지구화학을 분석해 페름기 말 사건 같은 다른 멸종 사건들을 표시하는 산소 동위원소 신호 및 탄소 동위원소 신호와 똑같은 신호들을 포착했다. 우리는 오르도비스기 후기 대멸종을 논의할 때 산소 동위원소 고온도계를 마주했다(3장을 보라). 산소 동위원소의 급격한 변화는 갑작스러운 온도 변동을 표시하고, 이것은 흔히 탄소 동위원소의 급속한 변화와도 일치한다. 이런 변화는 가벼운 탄소가 얼마만큼 살아 있는 식물과 동물에 갇혀 있고 얼마만큼 대기 중에 있는가를 기록하고, 따라서 큰 멸종 사건의 결과를 기록할 수도 있고 생산성이 높을 때—땅 위에 식물 먹이가 충분하고 대양에 플랑크톤이 풍부한 시기—를 기록할 수도 있다.

새로운 작업은 CPE가 2억 3300만 년 전부터 2억 3200만 년 전까지 약 100만 년 동안 계속되었다는 것, 그리고 증가한 화산 분화가 급격한 온난화로 이어진 시기를 뜻하는 동위원소 이상isotope anomaly이 네다섯 번 있었음을 보여주었다. 페름기 말 대멸종 동안과 꼭 마찬가지로, 랭겔리아 화산들이 분화하는 동안 이산화탄소와 기타 온실가스가 급속한 온도 상승을 구동했다(6장을 보라). 그때처럼, 온난화와 산성비가 대양 안은 물론 지상에서도 생명에 영향을 미쳤다. 이번에 추가된 결과는 역시 급격히 올라가고 있던 온도로 견인된, 강우량의 증가였다. 온도가 올라가는 동안, 억수 같은 열대형 폭풍우를 부르며 해안을 따라 휘몰아치는 거대한 증기구름을 형성하면서, 육지와 대양 표면으로부터 물이 증발했다. 추가적 강우와 함께 최소한 초대륙 판게아의 해안 영역에서는, 사암을 퇴적하고 축축한 장소를 좋아하는 식물의 성장을 촉진하면서, 강들이 흘렀다.

2020년에 야코포 달 코르소는 「카닉절(트라이아스기 후기) 멸종과 현대 세계의 여명Extinction and dawn of the modern world in the Carnian(Late Triassic)」이라는 제목으로 『사이언스 어드밴시스』에 실린 리뷰 논문을 쓰는 과정에서, 많은 더 젊은 연구자는 물론 러펠, 위그놀과 나까지 포함하는 대규모 저자 집단을 이끌었다. 30년 동안 숨겨져 있었음에도, CPE가 마침내 새로운 미지의 대멸종으로서 모습을 드러낸 것이었다. 그게 '5대' 대멸종에 필적하냐고? 아마 그렇지는 않을 것이다. 우리의 멸종률 계산에 따르면, 트라이아스기 말 대멸종은 해양 속屬의 45퍼센트, 그리고 백악기 말 위기는 약 50퍼센트의 손실을 낳았다. CPE에서는 대멸종mass extinction보다는 큰large 멸종 사건급과 좀더 비슷한 35퍼센트의 손실이 발생했다.

현대 세계의 여명

2020년 논문의 제목은 '현대 세계의 여명'을 언급했다. 우리가 이 주장을 내세운 까닭은 현대 세계의 일부 핵심 요소를 추적하면 CPE의 여파로 거슬러 올라갈 수 있기 때문이다. 우리는 이것을 공룡이 마침내 공룡으로 인정받은 시기라고 밝혔었다—그들은 트라이아스기 초기에 기원한 터였지만(136쪽을 보라), 몸이 작고 다양성이 매우 낮은 상태에 머물러 있었고, 카닉절 후반과 그 시기 이후에야 생태적으로 중요해졌다. 공룡을 이 현대 세계의 부분으로 취급하는 게 뜻밖일지도 모르지만, 파리, 딱정벌레, 나비를 포함한 현생 곤충 집단과 최초의 현대형 침엽수는 물론 최초의 거북, 도마뱀, 악어, 포유류도 이 급성장하는 초기 공룡 주위에서 살고 있었다. 그리고 새가 살아 있는 공룡이므로 우리는 이 초기 공룡이 현대 동물상의 부분이기도 하다고 말할 수 있을 것이다.

이 시점에 곤충 사이에서는 잎 씹기부터 수액 빨기에 이르는, 식물을 먹는 다수의 새로운 방식이 처음으로 나타나는 혁신의 대폭발이 있었다. 대양에서도 CPE의 끝은 석회질 껍데기를 가진 와편모충dinoflagellate 같은 현대형 플랑크톤의 기원, 그리고 대양 내 탄소 순환 시스템의 중대한 전환의 시작과 일치했다. CPE까지는 탄소 순환이 주로 대륙붕에 제한되어 있었다—탄소는 산호, 완족류, 연체동물, 절지동물의 석회질 골격 안에 붙잡혀 있었고, 구성 성분인 탄소와 칼슘 성분은 그들이 죽었을 때 해저면에 떨어진 그들의 골격에서 나와 재활용될 수 있었다. 이 대륙붕에 제한된 탄소 공장은 해수면이 올라가거나 내려가면 막대하게 지장을 받았다—예컨대 해수면이 떨어졌을 때는 대륙붕의 많은 부분이 육지가 되어 탄소 공장이 대폭 줄어들었다. 해수면이 올라가는 동안에는 그것이 증가했다. 트라이아스기 후기부터는 줄곧 탄소 대부분이 새로운 플랑크톤 유기체의 석회질 골격에서 나왔고 따라서 대륙붕 위뿐 아니라 깊은 대양에서도 해저면에 떨어졌기 때문에 탄소 공장이 현대 형태로 안정되었다. 이 시스템에는 변화하는 해수면이 지장을 주지 않는다—그리고 그 모두가 CPE 이후에 시작되었다.

우리는 대양 안에서 나타나는 그 밖의 중대한 동요에 주목했다. 암모나이트는 우리가 과거 1980년대부터 알고 있었다시피 오래된 종이 사라지고 새로운 종이 나타나면서 교체를 보여준다. 심스가 지적했듯이, 바다나리의 중대한 멸종도 있었다. 어쩌면 현대 세계에 더 중요하게도, 이것이 현대형 산호초가 처음으로 다양화한 시점이었다. 그때까지는 더 초기 트라이아스기에 속한 생물초 대부분을 미생물, 바다나리와 기타 생물초 건축업자가 지배했었다.

그렇다면, 현대 세계의 많은 부분이, 추적하면 기후가 건조에서 다습으로, 그리고 그다음에는 되돌아 다시 건조로 엎치락뒤치락한 이 카닉절 안의 특이한 시기로 거슬러 올라간다는 말이다. CPE는 생명의 중대한 재설정을 표시했고, 설사 지상의 기후 변화는 더 건조한 조건 쪽이었을지라도, 그런데도 이것이 현대식 식물, 곤충, 척추동물의 주목할 만한 번성을 자극했다. 그렇지만 일반적으로 트라이아스기는 동요의 시기였고, 공룡에 지배되는 이 새로운 생태계가 확립되어가고 있었던 그동안에 다가올 재난이 더 남아 있었다.

9
트라이아스기 말 대멸종

배 안의 세 남자

1819년은 윌리엄 버클랜드 신부(1784~1856)에게 일생일대의 해였다. 그는 옥스퍼드에서 지질학과 학과장으로 임명된 직후였고 트라이아스기 말 대멸종의 지질학적 증거를 아마도 처음으로 볼 것이었다. 이 사건은 그의 시대로부터 한참 후에 '5대' 대멸종 중 하나로 밝혀졌고 공룡의 기원과 연루되었으며, 아니면 적어도 그들을 생태적 우위로 가는 경로에 세운 계기로 밝혀졌다. 하지만 그 사건은 1819년 이후 수십 년 동안 미스터리였다—그것의 결과들은 무엇이었을까? 그것은 단 한 차례의 급격한 사건이었을까, 여러 차례의 더 작은 사건들이었을까, 아니면 심지어 오랫동안 진행된 일련의 과정이었을까? 그리고 그것을 초래한 그 무엇인가는 하나의 충격이었을까, 아니면 대량의 화산 분화였을까? 앞으로 보겠지만, 다양한 증거의 조각들은 최근의 수십 년 사이에야 한데 모였다.

하지만 인생이 기행인 사람 중 하나였던, 윌리엄 버클랜드에게로 돌아가자. 그의 가장 유명한 업적은 동물계 대부분을 먹으며 돌파한 것이었다. 그는 그가 맛보았던 고기 대부분을 즐겼다고, 하지만 그의 요리사가 최선의 노력을 다했음에도 그녀가 청파리나 두더지를 맛있게 만들 수는 없었다고 만년에 말했다. 데번주 액스민스터에서 태어난 그는 나중에 친구가 된 도싯주의 유명한 화석 수집가 메리 애닝(1799~1847)에게 화석을 샀다. 그는 옥스퍼드에서 신학자로 훈련받았지만 광물학과 화학 강의에 출석했고, 1813년에는 옥스퍼드에서 광물학과 부교수로 임명되었다. 그는 1818년에 지질학과 신임 학과장으로 올라갔고 그에게 교내에 방을 가질 자격을 주는, 크라이스트 처치 대성당 참사회 의원이 되었다(이처럼 일류 대학에서 교회 직무와 과학 직무를 섞는 것은 당시에 흔한 일이었고, 그는 나중에 영국 국교회에서 매우 높은 직책인 웨스트민스터의 주임 사제가 되었다). 그는 흥미로운 화석을 찾아 영국 전역을 널리, 그리고 실은 유럽 안을 더 광범위하게 여행하는 열렬한 지질학자이자 고생물학자였다. 1820년대 초에는 빙하시대 하이에나, 동굴곰, 소로 가득한 플라이스토세의 뼈 동굴을 기재했고, 옥스퍼드 주위의 쥐라기 암석 채석장으로부터 여러 해 동안 얻어온 뼈들에 기반해, 사상 최초로 명명된 공룡 메갈로사우루스*Megalosaurus*의 이름을 짓기도 했다.

1819년에 버클랜드는 트라이아스기-쥐라기 경계를 가로지르는 고전적 암석 단면을 제공하는, 브리스톨 근처 세번강 어귀 강둑 위의 오스트 절벽Aust Cliff 산지를 찾았다. 거기서 버클랜드가 조사한, 그리고 유럽 전역에 걸쳐서 폭넓게 보이는 특정 암석들이 결국 트라이아스기 대멸종 사건을 이해하는 데에 결정적인 단서로 드러났다. 버클랜드의 동행 중 한 사람은 당시에 사우스웨일스 설리의 교구 사제였고 앞서 그들이 만났던 옥스퍼드 크라이스트 처치에서는 학생이었던, 그의 친구 윌리엄 코니베어(1787~1857)였다. 그들은 나중에 대영제국 지질조사국의 초대 국장이 되는, 당시 20대 초반의 야심 찬 젊은 지질학자 헨리 드 라 베시(1796~1855)를 동반했다.

그 산지에 대한 그들의 상세한 묘사는 1824년에 훌륭한 전공논문에서 발표되었지만, 그 논문은 런던지질학회의 회원들에게 1819년 12월에서 1820년 3월까지 그들의 저녁 회합에서 열린 일련의 강연에서 먼저 읽혔었다. 드 라 베시는 뛰어난 화가여서, 논문에 실린 전망과 단면도를 직접 그렸다. 논문에서 오스트 절벽의 전망은 아랫부분이 짙은 붉은빛이고 위로 가면서 잿빛을 거쳐 검푸른빛이 되는 3킬로미터 너비 절벽의 길이 전체를 보여준다. 확대된 단면도 하나는 절벽 바닥 근처의 석고 침전물이 검은 코트와 실크해트 차림의 유쾌한 1820년대 신사에 의해 주의 깊게 조사되고 있는 장면을 묘사한다. 어느 시점엔가 세 사람은 다 같이, 아니면 적어도 드 라 베시만은 그 긴 전망을 포착하기 위해 위험을 무릅쓰고 세번강 어귀의 강물 위로 배를 타고 나갔을 게 틀림없다. 나는 그들이 아마도 제롬 K. 제롬의 소설 『보트 위의 세 남자』에 나오는 한 장면처럼, 그들이 메모를 하고 스케치를 하면서, 그리고 그들이 보는 지질에 관해 토론하면서, 그리고 누가 노를 잡아야 하나, 혹은 누가 배를 뒤집어엎을 공산이 가장 큰가를 놓고 갑론을박하고 티격태격하는 시끌벅적한 모험을 하고 있었으리라 상상해보기를 좋아한다.

오스트 절벽의 지질

오스트 절벽에서 핵심적인 특징은 바닥에 있는 붉은 이암, 그리고 위에 있는 검은빛과 잿빛의 이암과 석회암을 가르는 뚜렷한 선이다. 버클랜드와 그의 일행이 그들의 1824년 회고록에서 보고한 내용은 현대의 눈으로 보았을 때, 특히 1820년대에는 과학으로서의 지질학이 거의 존재하지 않았고 그들의 관찰사항을 집어넣어 비교할 틀도 없었기 때문에, 놀랄 만한 선견지명을 보여준다. 그들은 붉은빛 암석을 '뉴레드 사암New Red Sandstone'으로, 잿빛과 검은빛 암석을 '리아스Lias' 암석으로 구별했다. 우리는 지금 이 둘을 각각 트라이아스기와 쥐라기(지층으로는 트라이아스계, 쥐라계系—옮긴이)라고

라고 부른다('트라이아스기'라는 단어는 그들의 발표로부터 10년 후인 1834년까지 만들어지지도 않았다). 붉은 트라이아스기 퇴적물은 엄청난 두께의 이암을 형성할 때까지 수백만 년간 저지대 위로 바람에 날려 축적되었던 붉은 먼지로 형성되었다.

절벽 맨 밑의 붉은 암석에서 버클랜드는 그때도 지금도 종이와 치약에 새하얀 빛깔을 내는 데에 널리 쓰이는, 칼슘과 황을 함유한 유용한 광물인 석고를 발견했다. 오늘날 석고는 아프리카 북쪽 해안을 따라 혹은 중동에서처럼 뜨거운 기후에서 보이는 소금기 있는 수역, 사브카sabkha 안에 축적된다. 이글거리는 태양 아래 증발 속도가 빨라 바닷물이 지하로 끌려 들어오는 증발 유역에는 시간이 가면 거대한 소금 광상이 축적된다. 증발은 소금이 침출되어 울퉁불퉁한 혹 덩어리로 자라게 하면서, 퇴적물을 적시는 소금물을 농축한다. 버클랜드와 코니베어도 알았을 것이고 우리는 이제 그레이트브리튼섬이 당시에는 적도의 바로 북쪽에 있었다는 사실로 이해하는 것처럼, 석고의 존재는 매우 뜨거운 온도를 확증한다.

버클랜드와 동료들은 오스트 절벽 맨 위에 있는 잿빛, 검은빛, 푸른 잿빛 지층의 암석을 부분적으로는 그 암석들의 성격 때문에, 하지만 특히 그 암석들의 화석 내용물이 풍부한 이매패류(특히 굴), 복족류, 암모나이트, 바다나리, 극피동물 및 약간의 게와 바닷가재를 포함한 까닭에 모두 해성 퇴적물이라고 밝혔다. 대다수가 해양 종인 이 화석들은 모두 현생 예와 비교하기가 쉬웠다. 하지만 붉은빛 트라이아스기 암석 그리고 검은빛과 잿빛의 리아스 암석이 급격하게 만나는 데에는 무슨 사연이 있었던 걸까?

래티아절 해침

그 암석층들의 급격한 빛깔 변화는 육성 조건에서 해성 조건으로의 이동을 표시한다. 버클랜드와 코니베어는 그 암석들이 아주 오래된 줄은 알았지만,

잉글랜드 남서부 브리스톨 근처 오스트 절벽에서 아래에 트라이아스기 암석(검붉은빛)을 그리고 맨 위에 덤불 속 쥐라기 암석(잿빛)을 보여주고 있는 유명한 지질 단면.

정확한 연대에는 접근할 방법이 없었다. 그들은 그것들이 화석으로 가득한 줄도 알았지만, 이것이 대멸종의 시기를 대변하는 줄은 몰랐다. 그렇지만 그들도, 우리가 이제 해침海浸, marine transgression—바다가 육지 위로 범람하는 시기—이라고 부르는 굉장하고 급격한 환경 이동을 자신들이 보고 있다는 것은 인식했다.

이 급격한 환경 전환이 잉글랜드 남서부에서만이 아니라 독일을 건너 폴란드에 이르고, 남과 서로 스위스와 프랑스에까지 이르는 유럽의 많은 곳에서 일어났다는 것이 나중에 명백해졌다. 트라이아스기 말 대멸종을 촉발한 훨씬 더 커다란 일련의 지질 사건 중 하나, 적어도 유럽이 육지에서 얕은 바다로 바뀐 때인 이것은 분명 지구사에서 중요한 사건이었고, 웅장하게 래티아절 해침Rhaetian Transgression이라는 칭호가 붙어 있다. '래티아'라는 단어는 기묘한 용어다. 그것은 스위스, 오스트리아, 이탈리아의 경계에 있는 라에티아의 알프스Rhätisch Alpen에서 이름을 딴 독일어 Rhät(또는 Rhet)에서 유래했는데, 이 라에티아의 알프스는 예전 로마 제국의 라에티아 속주Raetia Province를 따서 명명되었다. 래티아절은 1861년에 공식 시간 구간으로 명명되었고, 2억 100만 년 전 대멸종에 대응되는 트라이아스기-쥐라기 경계의 바로 밑, 트라이아스기의 마지막 층서학적 조stage를 위해 사용되는 국제 용어다.

래티아절 해침은 외해로부터 남쪽과 서쪽으로 엄습하면서 전 풍경을 바꿔놓았다. 바닷물이 소용돌이쳐 다니는 동안 그것은 퇴적물을 뜯어올려 소프트볼처럼 함께 굴리며 밑에서 붉은 층을 쑤시고 침식시켰다. 가끔 있는 폭풍은 열대의 하늘 아래 해안으로 휩쓸고 들어와 남은 육지 사방에 바닷물을 채웠고, 그런 다음 그 물은 중력 아래 바닷가와 얕은 바다로부터 부스러기를 주워가며 바다 쪽으로 휩쓸고 돌아갔다. 진흙, 껍데기, 뼈, 이빨의 덩어리들이 격류에 끌려갔고, 유속이 느려져 부스러기가 바다 밑바닥으로 떨어질 때까지 비탈을 따라 수십 또는 수백 미터를 실려갔다.

오스트 절벽으로 학생들을 데려갈 때면, 우리는 그들에게 이 놀라운 곳에서 굉장한 기간의 타임캡슐이 만들어진 내력을 들려준다. 우리는 이제 석고를 가진 트라이아스기 적색층이 2억 2000만여 년 전에, 그리고 위에 가로놓인 쥐라기 하부 암석이 1억 9500만 년 전에 내려놓였다는 것을 알고, 따라서 그들은 '5대' 대멸종 중 하나가 일어난 지점, 트라이아스기-쥐라기 경계를 정확히 쳐다보고 있다. 이것은 쇄설물을 쏟아부으며, 기후를 변화시키며, 그리고 생명을 죽이며 근처에서 화산들이 분화한, 지각에서 구조적 활동이 엄청났고 북대서양이 열린 시기였다. 학생들은 무덤덤한 얼굴로 상어와 어룡의 이빨 화석을 찾아 싸돌아다닌다.

골층과 분석

이 무렵은 지질학의 역사에서 초창기였고, 버클랜드와 코니베어 같은 개척자들은 어떤 것을 최초로 한 사람인 경우가 많았다. 1824년의 논문에서 '골층骨層, bone bed'이라는 용어를 도입한 두 사람은 그것을 오늘날 우리가 그러듯이, 화석화된 동물의 뼈, 이빨, 비늘(그들의 경우에는 어류와 파충류 유해)이 풍부한 암석층이라는 의미로 사용하고 있었다. 래티아조 골층에서 중요한 것은 그게 일련의 해성 암석층 맨 밑에 있었다는 점이다. 버클랜드와 코니베어는 "브리스톨의 밀러 씨가 오스트길Aust Passage의 골층에서 나온 그의 소장품 안에 매우 큰 연골어류 일부의 입천장과 관계가 있었을 수 있는 극도로 치밀하고 새까만, 오톨도톨한 큰 물체를 많이 갖고 있다"는 점에 주목했다. 밀러 씨의 소장품 속 뼈들은 대략 생강 비스킷 크기의 까맣고 윤이 나는 둥근 표본이었고, 나중에 폐어 케라토두스*Ceratodus*의 분쇄용 치판으로 인정되었다. 그것의 빛깔은 나중에 멸종의 시기에 대양에서 일어난 파국적인 지구화학적 변화의 주요 지표로 인정될(71쪽을 보라) 인산염화 phosphatization, 즉 뼈에 인 원소가 극심하게 넘쳐나는 현상을 가리킨다. 버클랜드와 코니베어는 세번강을 따라 존재하는 다른 곳들의 골층을 언급하며 그것들의 특징이 "어류의 비늘, 이빨, 입천장과 뼈, 그리고 많은 거대 파충류의 뼈로 채워져 있으며… 그곳들은 황철석이 풍부하고 으깨진 뼈, 그리고 개중 더 어두운 종류는 빛깔이 뼈를 닮은 다른 빛깔의 점토암 파편들도 풍부하다"고 썼다.

일련의 해성층 바닥에 있는 래티아조 골층은 기저의 붉은 암석과 직접 맞닿아 있는 경우가 많다. 몇몇 곳에서 우리는 래티아절 해침 이후에 형성되었고 뼈와 이빨로 채워진, 붉은 이암 위로 파고 들어간 가재 굴들을 발견해왔다. 이 바닷가재같은 작은 생명체는 안전을 위해 진흙 속으로 굴을 파면서 해저면 위에 살고 있었고, 폭풍해일의 썰물이 밀어닥쳐 지나가는 동안 몸을 쭈그리고 앉아 있었다. 물결은 수송된 이빨과 뼈라는 밑짐을 위에 버렸고, 그러면 가재는 그 골층의 파편들을 그들 뒤에 있는 자기 굴속으로 다져넣으며, 부스러기를 헤집고 올라왔다.

버클랜드는 나중에 도싯의 리아스 암석으로부터, 대부분 그의 친구 메리 애닝의 놀랄 만한 화석 사냥 노력 덕분에 얻게 된 인산염화된 뼈와 화석 배설물을 기재했다. 1829년에 그는 그것들의 모양, 크기, 성분과 배출했을 가능성이 있는 후보들을 기술하면서, 그리고 화석 똥을 위해 '분석糞石, coprolite'이라는 새 이름을 지어내면서, 아주 꼼꼼한 해설문을 썼다. 버클랜드는 성직자였음에도 고대 생물의 소화 습성과 배설에 대한 논의를 즐겼고 분석에 관한 논문도 여러 편 썼다. 1830년에 드 라 베시는 연상의 친구를 놀려주려고 어룡, 수장룡, 상어와 경골어류가 신나게 서로 잡아먹고 있는, 그리고 암모나이트와 벨렘나이트를 덥석 물고 있는 장면을 예시하는, 〈더욱 예전의 도싯Duria Antiquior〉이라는 쥐라기 초기 도싯의 생물들을 담은 유쾌한 수채화를 그렸다. 위에서는 가죽질 날개를 가진 익룡들이 난다. 그 이미지(컬러도판 14를 보라)를 어쩌면 덜 목가적으로 만들지도 모르는 무엇은, 이 모든 생명체가 그에게 그토록 기쁨을 준 분석을 배출하면서 푸짐하게 똥을 싸고 있다는 점이다.

대멸종의 규모와 그 원인(후보)들

버클랜드와 코니베어는 트라이아스기 말의 지역적 결과들을 보았지만, 나중에 전 세계적인 작업이 더 분명한 그림을 굳혀왔다. 대양에서는 광범위하게 일어났던 손실로 종의 약 60퍼센트가 사라졌다. 트라이아스기의 주류 집단인 암모나이트 사이에서는 세라타이트류ceratitid가 트라이아스기 후기 내내 쇠퇴하다 사라졌다. 많은 종의 실종과 함께, 상당한 대양 산성화로 설명되는 대량의 생물초 붕괴도 있었다. 생물초는 쥐라기로 들어설 때까지 300만~400만 년 동안 회복되지 않았다.

해양 척추동물 사이에서는 코노돈트(132쪽을 보라)가 마침내 사라졌다. 생태적으로 더 중요한 것은 아마도 해양 파충류의 다양성이 무너진 일이었을 것이다. 우리가 7장에서 보았듯 어룡, 위룡류, 판치류 같은 해양 파충류는 광범위하게 분포하며 해양 생태계를 지배했지만, 그들은 트라이아스기 후반을 거치면서 쇠퇴해갔다. 소수의 어룡과 판치류만 래티아절까지 살아남았던 듯하다—판치류의 이빨은 물론 거구 일부를 포함한 어룡의 뼈도 맨 밑의 래티아조 골층에서 발견되어왔다. 이것은 트라이아스기-쥐라기 과도기에 걸친 해양 파충류 사이의 대규모 교체였고 중대한 진화적 병목이자, 다양성이 뽑혀나간 시기였다. 어룡과 장경룡은, 2011년에 브리스톨 대학

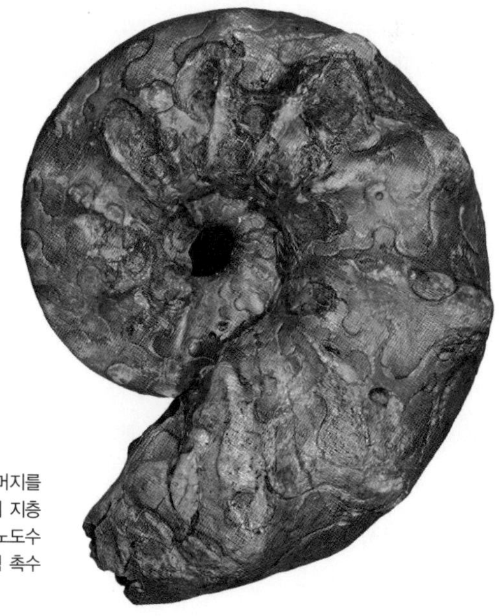

껍데기의 돌돌 말린 모양, 골과 나머지를 보여주는, 독일의 트라이아스기 중기 지층에서 나온 암모나이트 케라티테스 노도수스*Ceratites nodosus*. 작은 문어처럼 촉수를 가진 동물이 마지막 방에 살았다.

이학석사 과정 학생 필리파 손과 동료들이 보여주었듯, 비록 시조 계통들 중 숫자가 훨씬 줄어든 쪽에 해당하긴 했지만 살아남았고, 그런 다음 쥐라기 초기에 번성했다.

지상에서는, 식물 사이에서, 흔했던 트라이아스기 종 다수가 사라져감에 따라 상당한 교체가 이루어졌다. 곤충에 끼친 영향은 제한된 화석 증거 탓에 불확실하지만, 파충류 사이에서는 이것이 엄청나게 의미심장한 시기였다. 우리가 8장에서 보았듯 공룡은 카닉절 다우 일화 다음에 다양성이 상당히 확장되어 있었지만, 트라이아스기 후기에 핵심적인 포식자는 현생 악어류의 친척으로 살코기를 먹는 커다란 지배파충류, 라우이수쿠스류rauisuchian였다. 이들을 비롯해 물고기를 먹는 피토사우루스류phytosaur와 뿌리를 파내는 아이토사우루스류aetosaur 같은 기타 집단도 트라이아스기의 맨 끝에, 아니면 래티아절 중 어느 시점에 사라졌다. 이런 지배파충류의 죽음이 쥐라기 초기에 더 큰 포식성 공룡들 그리고 피부에 골질 장갑판이 장착된 곡룡류曲龍類, ankylosaur 및 등과 꼬리를 따라 판과 침이 곧추선 검룡류劍龍類, stegosaur 같은 일부로 대표되는 갑옷 입은 공룡들을 포함해, 새로운 공룡 집단을 다양화할 수 있게 해주었던 듯하다.

고생물학자들은 트라이아스기 말 사건의 급작스러움을 놓고 다년간 논쟁해왔고, 이것은 점진적 환경 변화든 소행성 충돌이든 화산 분화든, 원인에 관한 논쟁과 결부되어왔다. 최초의 상세한 조사 중 한 건은 전 세계를 누비며 발굴했고 많은 대중 과학 서적을 쓴 저명한 트라이아스기 파충류 전문가 에드윈 (네드) 콜버트(1905~2001)에 의해 이루어졌다. 콜버트는 트라이아스기에서 쥐라기로 가는 과도기에 환경이 느릿하게 변화했고 서식지 다양성이 전반적으로 감소했다고 주장했다. 과거 한때의 육지가 얕은 바다에 잠기는 것(래티아절 해침)과 서식지 종류의 종합적 감소를 포함해, 몇몇 물리적인 전 지구적 변화만으로도 멸종을 설명하기에 충분하다는 게 콜버트의 의견이었다.

그렇지만 다른 사람들은 이것이 충분치 않다고 믿었고, 나중에 제시된 의견들은 더 극적이었다. 소행성 열기가 절정에 달한(214쪽을 보라) 1980년대 이후로는 트라이아스기 말 대멸종을 외계의 충격으로 설명하려는 시도들이 끊임없이 이루어졌다. 퀘벡주의 마니쿠아강 크레이터crater는 크기도 맞고 연대도 맞는다…고 생각되었다. 지름이 100킬로미터이고 대략 백악기 말 크레이터(217쪽을 보라)의 크기인 그 크레이터는 지구의 표면을 뚫고 들어가 있었고 위성 사진에서 분명하게 볼 수 있었다. 그렇지만 이후의 연구들은 마니쿠아강 크레이터가 트라이아스기 말로부터 1300만 년 전에 형성되었고, 따라서 그것을 만들어낸 소행성 충돌은 원인일 수 없다는 것을 보여주었다.

CAMP 분화

1999년 이후, 초점이 대량의 화산 분화로 맞춰졌다. 그전에는 그 대멸종의 원인이 화산일 거라고 진지하게 고려된 적이 없었다. 비록 그것이 지질학자들의 코앞에 있었고 충분히 생각해봄 직했다고 하더라도, 결정적 증거가 인식되지 않았기 때문이다. 북대서양이 트라이아스기 최후기를 거치며 열리기 시작했다는 것은 오래전부터 알고 있었다. 한편에서 유럽과 아프리카가, 그리고 반대편에서 북아메리카가 늘 그렇듯 연간 약 2.5센티미터의 대륙이동 속도로 멀어지기 시작했다. 이것은 아프리카의 동쪽을 북쪽에 있는 에티오피아에서 남쪽에 있는 모잠비크까지 길게 가르며 내려오는, 오늘날의 대지구대大地溝帶, Great Rift Valley에서 우리가 볼 수 있는 광경처럼 보였을 게 틀림없다. 지각을 꿰뚫는 이 7000킬로미터의 칼자국을 따라 새로운 껍질이 끓어오르고, 유독한 가스가 분출되고, 긴 호수들이 때로는 높은 염도로 틈새를 메우는 동안, 화산 활동이 끊이지 않는다. 이것이 트라이아스기 후기에는 영국 브리스톨의 수백 마일 서쪽에 있었다. 열리고 있던 대서양은 처음에는 바닷물로 채워진 게 아니라 긴 단층, 혹은 찢겨 벌어진 틈으로 채워졌고, 마그마가 끓어올랐다. 북아메리카 쪽에는 긴 민물 열곡호裂谷湖들이 형성되었고, 이것들이 노바스코샤주에서 버지니아주까지 동해안에 평행을 이루는 것을 볼 수 있다. 유럽 쪽에는 북대서양 열개裂開가 브리스톨 전역에 단층을 퍼뜨렸고, 전반적으로 지반을 낮춰 바닷물이 넘쳐 들어오게 함으로써 래티아절 해침을 촉발했을 것이다.

그 대륙 분열을 구동하는 화산의 힘은 약 1100만 제곱킬로미터에 달하고 한편에서는 북아메리카의 동해안 띠, 카리브해, 브라질 중부를 따라, 그리고 반대편에서는 영국, 이베리아, 서아프리카를 따라 연장되는 거대한 용암 지대, 중앙 대서양 마그마 지대Central Atlantic Magmatic Province(CAMP)에서 볼 수 있다. 현무암질 용암의 거대한 석판들을 모로코에서도 볼 수 있고 북아메리카 동해안을 따라, 특히 뉴욕시 근처 팰리세이즈에서도 볼 수 있다. 용암의 부피는 페름기 말 대멸종을 구동한 시베리아 용암대지 분화(6장을 보라) 때의 약 절반, 다시 말해 400만 세제곱킬로미터에 비교했을 때 200만~300만 세제곱킬로미터였던 것으로 추산된다.

이 막대한 용암의 관입이 왜 인식되지 않아서 1999년까지 트라이아스기 후기 대멸종과 연관되지도 않았을까? 어쨌거나 이것은 지구사에서 가장 파괴적인 기후 변화의 시기 중 하나였고, 공룡의 시대 한복판에 있었고, 그 변화들은 분명 북아메리카와 유럽에서 명백했는데 말이다. 여기에는 두 가지 이유가 있다. 첫째, 그 분화들이 멸종과 동시에 발생했는지 그렇지 않았는지 확신할 만큼 연대 측정이 정밀한 적이 없었다. 1988년에 미국의 지구과학자 마이클 램피노와 리처드 스토서스가 아메리카 동부 현무암들에 대해 과학적으로 측정된 모든 연대를 비교했고, 그것들을 트라이아스기 말 대멸종으로 연결했다. 그리고 1999년에, 제네바 대학의 지질학자 안드레아 마르촐리와 동료들이 '중앙 대서양 마그마 지대'라는 이름을 붙이고 그것이 하나의 통일된 지대라고 강력하게 주장하면서, 북아메리카 동부로부터 모로코와 브라질로 지리적 도약을 감행했다. 그들은 이 영역 모두에서 용암 유형이 화학적으로 같다는 점, 그것들이 모두 비슷한 자화磁化의 방향을 가리킨다는 점, 그리고 무엇보다 중요하게도 약 2억 년 전이라는 같은 연대를 공유한다는 점을 지적했다.

CAMP와 트라이아스기 말 대멸종의 관련성은 2007년에 뉴욕 컬럼비아 대학의 지구화학자 제시카 화이트사이드와 동료들이 북아메리카에서 화산성 용암류와 같은 시기에 발생한 식물과 척추동물의 대량 교체 사이의 긴밀한 관련성에 대한 그들의 연구를 들고 나오면서 명명백백해졌다. 시베리아 용암대지가 페름기-트라이아스기 경계에서 그랬듯, 대규모 CAMP 분화들도 극심한 지구 온난화 일화와 산성비를 동시에 둘 다 발생시키면서 이산화탄소, 메탄, 수증기를 대기 중으로 내뿜었다.

CAMP 분화들은 트라이아스기 말 이전에 시작되고, 경계에서 절정에 달하고, 쥐라기 초기에 들어서서도 잠시 계속되면서, 약 60만 년 동안 계속되었다. 2013년에 당시 매사추세츠 공과대학에 있던 지질학자 테리 블랙번이 동료들과 함께 선구적인 우라늄-납 연대 측정 작업으로 보여주었듯, 이 시기 동안 더 조용한 기간들로 분리된 높은 분화율의 박동이 네 차례 있었다.

사건은 하나일까, 여럿일까?

우리는 트라이아스기 말에 정확히 집중된 단 한 건의 전 세계적 멸종 폭발을 보고 있을까, 아니면 여러 건의 종 손실 박동이 있었을까? 더 나아가 이 위기들이 래티아절에는 어떻게 대응될까? 래티아절 해침은 유럽에 제한되었지만 멸종들은 전 세계적이었다는 사실이 그 논쟁을 복잡하게 해왔다. 래티아절이라는 시간 단계에 관해서도 심각한 의문이 있다—그것은 장장 500만~800만 년이었을까, 아니면 지질학적으로는 눈 깜짝할 사이에 지나지 않았을까?

2012년에 스위스 로잔 대학에서 지질학자 기욤 수안과 동료들이 CAMP 화산 활동, 대멸종들과 래티아조 골층 사이에 강력한 연결고리를 만들었다. 그들은 그 지층이 단순히 폭풍, 폭풍해일 썰물, 중력에 의한 축적, 약해지는 유속 같은 물리적 과정의 결과로 우연히 생긴 뼈의 축적물이 아니라는 것을 보여주었다. 화학적 원인, 그중에서도 특히 탄소 동위원소 신호의 이동(155쪽을 보라) 및 고농도의 매장된 유기물 유래 인과 연관되는 대양 내 저산소 일화(무산소증)도 있었다.

뼈와 이빨은 광물질인 인회석(인산칼슘)으로 구성되어 있고, 우리가 보았다시피 래티아조 골층 안의 모든 것은 뼈, 이빨, 분석과 심지어 때로는 무작위 퇴적물 덩어리에도 인산염이 심하게 주입되었다는 뜻으로 까맣고 윤이 났다. 이런 종류의 집중적인 인산염화는 산소가 있는 조건에서만 일어날 수 있는데, 그 골층은 지금 무산소 조건을 가리키는 검은 이암에 들어 있다. 그러므로 인이 집중적으로 축적된 것은 뼈, 이빨, 분석과 퇴적물 덩어리가 더 깊은 수역으로 들어가는 앞바다 내리막길로 운반되기 전에 일어났다. 당시의 해안 주위 바닷물은 오늘날의 더 따뜻한 위도에서처럼, 산소가 풍부한 위의 수역과 산소가 희박한 아래의 수역이 거의 섞이지 않는 상태로 층이 져 있었다. 이 위아래 물층 사이의 구간은 물기둥 안에서 급격한 온도 변화를 표시하는 전이층인 수온약층水溫躍層, thermocline이다(119쪽도 보라).

수안과 동료들은 영국의 래티아조에 동위원소 스파이크가 여럿 있다는 데에 주목했다. 여기서 층서학 용어를 조금 소개해야 할 것 같다. 영국에서 래티아조는 아래의 웨스트베리층Westbury Formation과 위의 릴스톡층Lilstock Formation, 두 지층으로 이루어져 있다. 릴스톡층은 코담 층원Cotham Member과 랭포트 층원Langport Member으로 세분된다. 동위원소 스파이크들은 웨스트베리층의 기저부에, 웨스트베리층과 코담 층원의 접촉부에, 그리고 트라이아스기–쥐라기 경계부에 있다. 수안과 동료들은 탄소 동위원소와 산소 동위원소에서 세 번의 이동이 모두 CAMP 용암 분출의 박동을 표시한다는, 하나하나가 막대한 양의 이산화탄소를 대기 중으로 퍼부었다는 것이 탄소 동위원소 이동에서 암시되고, 온도를 섭씨 5도가량 밀어올리고 있었다는 것이 산소 동위원소의 이동으로 암시된다는 의견을 제시한다.

래티아조 기저부에서 암시되는 이 첫 번째 멸종 사건의 현실성은 논쟁이 되어왔다. 그렇지만 이탈리아 파두아 대학의 지질학자 마누엘 리고와 동료들은 2020년에, 전 세계의 암석 단면을 비교하면 상당한 멸종이 일어났음을 보여준다고 주장했다. 그들은 래티아조의 기저 또는 기저에 매우 가까운 층위에서 산소 동위원소와 탄소 동위원소 신호 안의 날카로운 스파이크들을 포함한 위기의 지구화학적 지표들에 주목했는데, 이것이 멸종들과 연관된다. 가장 현저한 손실은 암모나이트 사이에서 있었고, 이것은 모든 지배적 세라타이트류 암모나이트의 손실과 함께 쥐라기까지 낮은 생물다양성이 뒤따른, 그들의 다양성이 가장 심각하게 곤두박질친 때였다. 이매패류도 이 시기에 중대한 감소를, 즉 그들이 트라이아스기 말에 겪은 것보다 훨씬 더 큰 감소를 노릭절(래티아절 앞의 연대) 말에 보여주었다. 코노돈트, 생물초 산호, 어류와 해양 파충류에서 다양성이 낮아진 것은 물론이고, 플랑크톤 집단인 방산충에서도 급격한 멸종들이 보였다.

게다가 2020년에는, 중요한 대목인데, 리즈 대학의 고생물학자 폴 위그놀과 제드 앳킨슨이 훌륭한 영국의 래티아절 암석 단면들을 이용해 멸종의 두 번째와 세 번째 박동 기간에 무슨 일이 있었는지를 밝혀냈다. 그들은 두 번째 사건이 웨스트베리층에서 코담 층원으로 넘어가는 전이부에서 많은 이매패류와 패충류ostracods(한 쌍의 껍데기로 보호되는 새우처럼 생긴 작은 수생 생명체)의 멸종으로 표시되고, 세 번째 사건은 트라이아스기-쥐라기 경계부에서 이매패류 및 패충류의 추가적 손실과 코노돈트의 최후로 표시된다는 것을 보여주었다. 이 멸종의 박동들은 지상에서 나타나는 식물 기록의 중대한 변화들과 짝을 이루었다.

래티아절 해침 덕분에, 우리는 영국과 유럽의 많은 부분에서 이 시기 전체에 걸쳐 화석으로 가득하고 사건들을 세세하게 보여주는 얕은 바다의 훌륭한 기록들을 갖고 있다. 1819년의 그 옛날에, 버클랜드와 코니베어는 오스트 절벽에서 그들이 관찰한 것의 전 지구적 중요성을 거의 깨닫지 못했다. 암석 기록이 불완전하거나 연대 측정이 제대로 되어 있지 않은 곳이 많고, 이 세 일화가 시간상 얼마나 멀리 떨어져 있는가에 대해서도 아직 논쟁이 벌어지는 판이니, 영국과 유럽의 래티아절에서 이제야 구별되는 세 사건이 적당히 얼버무려졌다고 해도 놀랄 일은 아니다.

암석 연대 측정에 근거해서 이용할 수 있는 최상의 증거들을 놓고, 현재 연구자들은 래티아조 기간을 800만 년, 500만 년, 또는 심지어 100만 년 미만이라고 추정한다. 방사성 연대 측정에 근거한 다양한 기간 추정치는 두 번째 두 멸종 정점의 간격이 50만 년에 훨씬 못 미칠지도 모른다고 시사하지만, 우리가 모르는 것은 전체로서의 래티아절이 총 100만 년에 해당하는가, 아니면 500만 년에 해당하는가다. 래티아절의 시작을 가리키는 표준 연대는 2억 570만 년 전이지만, 2020년에는 그 출발 연대가 2억 170만 년 전이라는, 동위원소 스파이크들을 아마도 세 번의 CAMP 화산 작용의 박동으로 설명하면서 버클랜드가 오스트 절벽에서 본 일련의 래티아조 전체가 불과 20만 년에 형성되었다고 보는 의견이 나왔다.

연대 측정을 둘러싼 논쟁이 어떻게 돌아가든, 트라이아스기 말 사건은 지상의 공룡과 기타 파충류 사이에서는 물론 대양 안의 암모나이트와 해양 파충류 사이에서도 중대한 교체를 표시했다. 다음 장에서 쥐라기에 생명이 어떻게 딛고 일어났는가를 보는 동안, 우리는 페름기와 트라이아스기 사이의 대멸종 다수에 대해 근년에 떠오른 이상고온 위기들의 '공통 모형'을 더 자세히 고려한다. 이 사건들, 그리고 다른 많은 사건이 화산 분화로, 그리고 특히 지구 온난화와 산성비로 견인되었다. 우리가 오늘날 그런 사건 하나를 통과하며 살고 있으므로 이 모형은 중요하다.

10
보편적 이상고온 위기 모형

이상고온의 보편성에 대한 인식

'이상고온hyperthermal'은 비교적 새로운 단어다. '이례적으로 높은 온도'를 뜻하는 그것은 맥락상 환경 차원의 온도를 가리키며, 고온의 시기를, 때로는 온도 변화가 급속했다는 견해와 함께 나타낼 목적으로 생태학자와 지질학자에 의해 사용된다. 2017년 10월에는 런던 왕립협회의 학술회의에 지질학자, 지구화학자, 고생물학자, 기후 모형 개발자, 생태학자가 모여 특히 페름기 말 대멸종, 팔레오세-에오세 최고온기Palaeocene-Eocene Thermal Maximum(PETM, 5600만 년 전의 비교적 작은 멸종 위기, 240~242쪽을 보라), 그리고 오늘날에 공통된 이상고온 살생 모형이 있다는 점점 커져가는 합의에 대해 논의했다.

페름기 말 대멸종과 PETM의 경우는 화산이 위기의 동인으로 밝혀졌다. 오늘날 화산은 지구 온난화의 주원인이 아니겠지만, 대기 중 이산화탄소 과잉의 결과들은 우리가 아득히 먼 과거에 벌어졌다고 생각하는 결과들과 똑같이 벌어지고 있다. 우리는 현생 동식물 연구를 기반으로, 지구 온난화와 대양 산성화가 어떻게 생명을 죽일 수 있는지도 안다(5장을 보라).

얼마나 많은 이상고온 위기가 식별될 수 있을까? 지구상의 극한의 시기 8000만 년 동안에는 다섯 건이 있었다—캐피탄절 말 멸종(2억 5900만 년 전), 페름기 말 대멸종(2억 5200만 년 전), 카닉절 다우 일화(2억 3300만~2억 3200만 년 전), 트라이아스기 말 대멸종(2억 100만 년 전), 토아르시움절 초기 대양 무산소 사건(1억 8300만 년 전). 우리는 이 가운데 여럿을 자세히 탐구한 바 있고 물론 페름기 말, 카닉절, 트라이아스기 말 사건은 심각한 재난이었다.

더 작은 사건들은 어떨까? 규모가 더 작은 이상고온 위기의 예로 토아르시움절 초기 대양 무산소 사건을 조사함으로써 우리는 그 모형의 구성요소—화산 분화, 온실가스 배출, 지구 온난화, 산성비, (6장에서 논의된) 토양 유실, 대양 산성화, 해저면 무산소증—를 탐구하고 그런 위기에 관해 예측할 수 있는 뭔가가 있는지 판단할 수 있다. 우선 우리는 잉글랜드 남서부 서머싯에서 그 사건을 뒷받침하는 최초의 증거가 인식된 과거 1840년대로 향한다.

무어 씨, 스트로베리뱅크에서 아주 예외적인 화석들을 발견하다

초기에 과학에 공헌한 너무도 많은 사람이 그렇듯, 찰스 무어(1815~1881)도 대부분을 스스로 깨우쳤고, 물론 과학적 노력의 대가로 봉급을 받은 것도 결코 아니었다. 그는 서머싯 남쪽의 작은 마을 일민스터에서 태어났고 부친의 사업에 몸담고 일하는 인쇄업자 겸 서적상으로 성인기를 시작했다. 스물두 살 때 바스로 이주한 그는 제인 오스틴이 묘사했듯 천연 광천수를 찾아 바스로 오는 잉글랜드의 상류층 인사를 위한 명소인 그랜드 펌프 룸Grand Pump Room 가까이에 있는 서적상 메리 메일러 앤 선스와 거래를 이어갔다.

지질학과 화석에 대한 무어의 열정은 일민스터(일민스터 마을과 바스를 포함하는 동명의 지방 행정구—옮긴이)에서 그가 초기에 얻은 경험들로 자극되었다. 1840년대의 어느 날, 산책을 하던 그는 남학생 몇몇이 차대는 둥근 바윗돌을 보고 깜짝 놀랐다. 그 돌이 갈라지면서 벌어지는 순간, 무어는 안쪽에서 삼차원으로 보존된 완벽한 물고기를 발견했다. 그는 그 돌의 출처를 추적해 마을 위 채석장으로 거슬러 올라갔고, 단괴團塊 수백 개를 더 끄집어내어 그중 다수에서 화석—길이가 몇 센티미터에서 1미터에 이르는 어류, 그리고 이따금 벨렘나이트, 암모나이트와 기타 패류—을 찾아냈다. 그 화석들은 삼차원으로 보존되었다는 점이 특이했다. 메리 애닝이 도싯 해안을 따라, 특히 일민스터의 겨우 29킬로미터 남쪽인 라임 레지스에서 수집했던 사랑스러운 화석 다수는 납작해져 있었다—그 해양 파충류들도 완전했고 때로는 피부의 흔적과 몸의 윤곽까지 보여주기는 했지만, 그것들은 이암층과 석회암층 사이에서 납작하게 짓눌린 상태였다.

무어가 일민스터 단괴들을 갈라서 벌렸을 때 그는 삼차원일 뿐 아니라

삼차원 보존 상태를 보여주는, 스트로베리뱅크에서 나온 물고기 파키코르무스의 화석화된 머리.

빛깔도 있는 뼈와 껍데기를 자주 보았다. 가장 흔한 물고기 파키코르무스 *Pachycormus*는 꽤 우람했고 생전 길이가 최고 1미터였지만, 머리와 어깨만 보존되어 있곤 했다. 마치 물고기가 생선 가게 좌판에 누워 있는 것처럼, 단괴의 크림빛 석회암 안에 무어의 주먹만 한 완전한 물고기 머리, 꿀처럼 누르스름한 뼈, 매끄럽고 반짝이는 두개골 뼈가 들어 있었다. 입은 턱을 따라 촘촘하게 늘어선 이빨들을 보여주면서 살짝 벌어져 있었고, 아가미는 훌륭한 골판들로 덮여 있었다. 머리 뒤의 몸통은 단정하게 늘어선 직사각형 비늘들로 덮여 있었고, 지느러미는 그것의 강화되고 있는 뼈 막대를 보여주었다.

화석 일부는 피부, 근육, 창자의 흔적 같은 보존된 연조직을 갖고 있고, 벨렘나이트와 흡혈 오징어 화석 다수는 심지어 먹물의 흔적을 갖고 있다. 벨렘나이트는 현생 오징어의 친척이고(132쪽을 보라) 그들이 짜내서 포식자를 당황하게 할 수 있는 먹물의 주머니를 갖고 있다. 무어는 지질학자들이 이미 이 보존된 쥐라기 연대의 잉크를 이용해 쥐라기 화석에 관해 쓴 적이 있다는 것을 알고 있었다. 무엇보다도 놀라운 것은, 수많은 화석 파충류, 어룡, 주둥이가 긴 작은 악어였다. 무어는 아주 많은 초기 고생물학자와 마찬가지로 예리한 눈을 가져서, 심지어 단괴 주위 석회암에서 곤충 화석도 수백 점을 알아보았다. 당신은 깎아낸 이 작은 덩어리들을 당신 손에 쥐고도, 그것들을 불빛을 향해 돌리고 비틀지 않고는 그 화석들을 보기 어려울 수 있다.

무어는 그 모든 화석을 집에 보관했고, 그가 죽은 후에는 대다수가 결국 세계적으로 유명한 바스 왕립 문학 및 과학 연구소(BRLSI) 소장품의 바탕이 되었다. 그렇지만 그 곤충들은 2012년에 BRLSI의 학예사 맷 윌리엄스와 내가 그들을 그들이 싸여 있던 무어 시절에 나온 신문지 쪼가리와 이민 서류로부터 100여 년 만에 처음으로 꺼낼 수 있었던 곳, 톤턴의 서머싯 박물관에 잡혀 있다. 놀랍게도, 무어는 그가 화석들을 발견해온 것에 대단한 기쁨을 느끼며 그가 태어난 주county의 지질에 대한 상세한 해설문을 많이 쓰긴 했어도, 이 굉장한 발견들에 관해서는 결코 아무것도 발표하지 않았다. 그것들을 재발견하고 더 널리 알리는 과정에 기쁨을 준 한 가지는 스트로베리뱅크Strawberry Bank라는 화석지의 이름이었다. 우리는 그곳의 위치를 찾기 위해 초기 기록, 신문과 지도를 샅샅이 뒤졌다. 그 지도들은 일민스터 하이스트리트 북쪽의 주택가가 아마도 한때 비탈에서 산딸기가 자랐던지 '스트로베리뱅크'로 불린다는 것을 보여주었다. 언덕 위로 무어의 단괴들이 나왔을 법한 몇몇 오래된 채석장의 흔적들이 있었다. 스트로베리뱅크 대부분은 건물에 덮여왔고, 우리는 우리가 주인들에게 그들의 정원과 지하실을 파헤쳐달라고 부탁할 수 있으리라 생각지 않았다. 그렇지만 우리는 근처를 발굴하는 과정에서 단괴층의 정확한 위치를 그것의 도랑 안 맥락에서 다시 찾아냈고, 그래서 그것의 연대를 확신한다.

토아르시움절 대양 무산소 사건

이 모든 것은 무어가 발견해왔던 게 그저 볼 만한 화석들이 몇몇 있어서가 아니라 토아르시움절 대양 무산소 사건Toarcian Oceanic Anoxic Event(OAE)의 첫 번째 증거이기도 했기 때문에 중요하다. 그는 스트로베리뱅크에서 곤충 화석과 단괴가 정확히 어디에서 나왔는지를 가리키는 사랑스러운 암석 단면도를 그렸고, 우리는 그가 보여준 것의 정확성을 확증할 수 있다. 그가 유쾌하게 명명한 '도마뱀과 물고기 층saurian and fish bed'은 이른바 팔키페룸대falciferum Zone의 암모나이트와 연관된다.

팔키페룸대에 할당하는 과정은 약간 전문적인 세부사항이지만 그것은 연대 측정을 위해 중요하다. 이 대역의 독특한 암모나이트들은 전 세계에 걸쳐 식별되어왔고, 페루에서 그것이 나타나는 다른 곳 중 하나에는 1억 8300만 년 전이라는 정확히 측정된 연대를 제공해온 화산재층이 좀 있다.

따라서 비록 우리는 영국에서 나온 그런 증거를 갖고 있지 않더라도, 암모나이트를 이용하면 세계 반대편에서도 확인되는 그 상관관계가 모든 곳에서 연대를 고정해준다.

왜 남아메리카에 있는 재일까? 그 시기에는 남아메리카가 아직 아프리카의 서해안에 융합되어 있었다. 북대서양은 트라이아스기 말 대멸종을 구동한 중앙 대서양 마그마 지대(CAMP) 화산 작용과 연관되어 이미 열리고 있었어도(9장을 보라), 남대서양은 더 늦게 열렸다. 게다가 트라이아스기 말 대멸종으로부터 1800만 년 후인 토아르시움절 초기 동안 남아프리카에서 드라켄즈버그 화산암들이 널리 재를 뿌리면서, 1억 8300만 년 전에 절정에 달하는 분출을 시작했다. 오늘날은 이 토아르시움절 연대의 현무암이 남아프리카 동부에서 대략 남북 선을 따라 달리는 드라켄즈버그산맥을 형성한다(컬러도판 13을 보라).

토아르시움절 OAE는 이제 전 세계적으로, 영국에서만이 아니라 유럽 전역, 남아메리카, 남아프리카, 중국, 캐나다에서도 확인된다. 이런 곳들은 다수가, 해성 퇴적물의 규칙적인 퇴적이 해저면에 산소가 없는 조건을 암시하는 검은 이암으로 중단되고, 여기에 풍부한 화석이 담겨 있다. 토아르시움절 동안에는 유기체의 수많은 공동체가 심각한 절멸과 멸종을 겪었지만, 머지않아 생명이 회복되었다. 일련의 작은 멸종은 사실 토아르시움절 초기 정점 전에도 후에도 있었던 듯하다.

설령 그게 대양 무산소 사건으로 불리더라도, 전 대양이 정체되지는 않았음을 이해하는 게 중요하다. 무산소증은 해저면 위에서만 일어났다. 더 높은 수역에는 산소가 들어 있었고, 삶도 계속되었다. 해저면은 여름과 겨울 사이에서 엎치락뒤치락하며 계절 단위로 무산소 상태가 되곤 한다. 실은, 텍사스 대학의 지질학자 로언 마틴데일이 보여주었듯, 요인은 단순히 무산소증이라기보다 산소극소대역oxygen minimum zone(OMZ)의 팽창과 수축에 더 가깝다. OMZ는 위나 아래의 바닷물과 섞이지 않는 저산소 물층이고, 그것은 외부 조건에 따라 오르락내리락할 수 있다. 마틴데일은 모로코에서, 그곳의 퇴적물은 무산소증의 증거를 보여주지 않는데도 토아르시움절 OAE가 확인되어왔다는 점에 주목한다.

무산소증이 최대인 시기는 스트로베리뱅크를 포함한 여러 장소에서, 예외적인 화석 보존의 예들로 표시된다. 살생의 급증이 아름다운 화석 보존의 급증과 상응한다는 게 역설적으로 보이겠지만, 거기서는 두 과정이 진행되고 있었다. 무산소증은 물과 퇴적물에 들어 있는 인산염의 양을 늘렸고, 이 인산염은 산소가 공급되는 조건에서 뼈 및 연관된 연조직으로 들어가 그것들의 훌륭한 보존을 보장하고 있었다. 그것은 산소 공급이 잘 되는 얕은 수역에서 인산염화가 일어났고 그런 다음 그 화석들이 산소가 부족한 더 깊은 수역으로 휩쓸려 들어간, 래티아절 골층(9장을 보라)에서 일어난 일이다.

독일과 캐나다에서도 똑같은 예외적 해양 화석과 곤충의 혼합물이 보인다. 독일 남부의 홀츠마덴Holzmaden 화석층은 오래전부터 빼어난 어룡, 수장룡, 어류와 기타 바다짐승 표본의 원천이었다. 거기서 독일 고생물학자들은 흔히 검은빛 피부 윤곽을 가진, 표본 수백 점을 발견해왔다. 어룡 다수는 그들의 흉곽 안쪽에 수많은 배아를 가진, 임신한 어미였다(컬러도판 15를 보라). 어룡은 파충류였지만 돌고래처럼 생겼었고, 그들도 공기를 호흡했다. 그렇지만 그들은 그들의 어뢰형 몸통, 추진력을 제공하기 위해 옆면이 깊은 꼬리지느러미, 방향 조종을 위한 긴 지느러미발을 가지고, 바다에서 사는 데에 충분히 적응되어 있었다(컬러도판 16을 보라). 그 어미들은 배아 두셋을, 하지만 때로는 자그마치 열둘을 모두 통조림 안의 정어리처럼 정렬된 상태로 배고 있을 수 있다. 그렇게 많은 임신한 어룡이 발견되어왔고 그들이 일반적으로 임신의 진전된 단계에, 출산 직전에, 혹은 심지어 출산 과정에 있다는 점은 홀츠마덴의 불가사의 중 하나다. 아마도 무겁게 임신한 어미들은 출산에 근접해 그들의 배아가 그렇게 커져 있었던 동안에 가장 취약했겠지만, 그 점은 한편으로 연중 드라켄즈버그 화산이 분화하고 있었던 때에 관해 뭔가를 말해줄지도 모른다. 어쩌면 지구 온난화, 산성화와 얕은 바다에서의 무산소증 급증이 아마도 먹이 공급이 풍부해지고 배고픈 새끼들을 위해 이용할 수 있게 되었을 봄에, 어룡 어미들이 출산한 시기와 우연히 일치했을지도 모른다. 하지만 이 생명체들의 죽음이 오로지 정상보다 섭씨 7~13도나 높았던 고온, 그리고 대양 무산소증의 결과였을까?

폐쇄해증: 황화물 살수

추가 요인은 유별나게 높은 황의 농도였을지도 모른다. 황은 대양에 지대한 영향을 미칠 수 있다. 황 농도가 높을 때 대양은 오늘날에는 많이 보이지 않지만 과거에는 아마도 더 흔했을 조건인 폐쇄해성euxinic 상태로 바뀐다. '폐쇄해증閉鎖海症, euxinia'이라는 용어는 흑해 자체를 포함해 특히 깊은 곳에서 폐쇄해성 바다가 생명에 지극히 불친절함을 고려하면 아이러니인, 고기가 많이 잡히고 일반적으로 고요한 수역이라는 이유에서 '친절한 바다'를 뜻하는 흑해의 고대 그리스어 이름, 육시니오스 폰토스Euxinios Pontos에서 유래한다.

오늘날 깊은 폐쇄해성 수역은 흑해 안과 노르웨이 피오르 일부 안에만 알려져 있다. 다른 곳의 폐쇄해증은 계절적이고, 대양은 일반적으로 산소 공급이 잘 된다. 대서양과 태평양에서 심층수가 양극의 바다로부터 차가운 상태로 흘러들어오고, 그런 다음 적도를 향해 이동하고, 적도에서 그 물이 표면으로 올라오고, 위의 공기로부터 산소를 받아 싣고, 적도를 떠나 결국은 양극 수역에 도달하여 다시 내려감에 따라, 대양 안의 물층은 잘 섞인다. 이것은 세계의 대양들을 뚫고 흘러 대양들을 계속 섞이게 하는 거대한 흐름의 체계, 전 지구적 컨베이어 벨트의 수직 성분이다. 깊은 층–얕은 층–깊은 층으로의 이동은 양극 근처에서 해빙海氷이 어는 과정에서 생겨나는, 열염순환熱鹽循環을 통해 구동된다. 바닷물이 순수한 물로 부빙浮氷과 빙산을 형성하면서 어는 동안 그 물은 염도와 밀도가 더 커지고, 빙원을 떠나 흘러가면서 해저면으로 가라앉는다. 이것이 그 순환 전체를 곧장 적도로, 그리고 본디 있던 자리로 견인한다. 이 더 거대한 물흐름의 수평 측면은 대기와 표층수에 미치는 코리올리 효과를 통해 구동된다. 지구가 자전하는 동안 대기와 표면의 대양 물은 북반구에서는 시계 방향으로, 남반구에서는 반시계 방향으로 돈다. 카리브해에서부터 북아메리카 동해안으로 올라가고 대서양을 건너 유럽 북서부로 흐르는 멕시코 만류가 한 예다.

하지만 흑해에서는 강한 성층成層이 나타난다. 윗물과 아랫물이 잘 섞이지 않는다는 말이다. 표층수는 계절에 따라 온도가 변하고, 풍부한 산소와 풍부한 생물이 들어 있다. 그렇지만 수심 100미터 이상의 심층수는 차고 유기물이 풍부하다. 이것은 흑해를 튀르키예와 그리스 사이의 다르다넬스 해협을 거쳐 지중해로 연결하는 보스포루스 해협을 제외하면 사방이 육지로 막혀 있는, 흑해의 특이한 상황에서 기인한다. 민물은 흑해 주위 강들로부터 흘러든다. 보스포루스 해협의 좁은 수로는 흑해 남서쪽으로 열려 있고, 조수가 흐른다는 것은 표면에서 염분 섞인 물이 마르마라해를 통해 지중해까지 남쪽으로 흐른다는 뜻이다. 반대로 깊은 층에서 북쪽을 향하는 흐름은 염도가 매우 높은 물이고 표층수보다 더 차다. 이 염도 높은 흑해의 수역은 표층수와 전혀 섞이지 않으면서, 최장 300년 동안 심층에 머물러 있다.

물이 뒤섞이는 것이 제한된 예들에서 보이듯, 탄소가 풍부하면서 심층수에 갇힌 풍부한 유기물이 존재하는 상황에서는 산소 농도가 이미 낮을 것이다. 미생물 반응들이 그 탄소를 산소가 풍부한 황산이온과 결합해 탄산과 황화수소를 형성한다. 황화수소(H_2S)는 늪 가스swamp gas, 하수 가스sewer gas, 악취 광산가스stink damp 따위로도 불리는데, 대부분의 사람들이 추운 날씨에 부패하는 잎으로 가득한 웅덩이에서 나는 그 썩은 달걀 냄새를 맡아 보았을 것이다.

옥스퍼드 대학의 지질학자 휴 젠킨스는 중생대의 OAE들, 특히 토아르시움절 OAE, 그리고 그 사건들과 폐쇄해증의 연관성에 사람들이 주목하게 만든 최초의 사람들 가운데 한 명이었다. 그는 OAE들 동안 대양에 퇴적된 풍부한 검은 셰일, 그리고 이 검은 셰일들에 황이 풍부하다는 점에 주목했다. 높은 황 농도의 가시적 증거는 황철석(황화철, FeS_2)이다. 황철석은 갖가지 저산소, 고황 조건 아래에서 형성될 수 있지만, 폐쇄해성 조건에서 가라앉아 쌓인 진흙 속에는 황금빛 입방 결정이 크기는 훨씬 더 작아도 훨씬 더 흔하다.

폐쇄해증은 쥐라기와 백악기의 여러 OAE는 물론 오르도비스기 후기, 데본기 후기, 페름기 말 위기와 같은 대멸종에도 변함없는 동반자였다. 이것은 대양 또는 일부 대양이 단기간 급격히 폐쇄해성을 띠게 되었던 시기였다. 2005년에 펜실베이니아 주립대학의 지구화학자 리 컴프는 이 위기의 시기 동안 화학약층化學躍層(심층의 폐쇄해성 수역을 표면 수역과 분리하고 있는 층)이 급속히 표면으로 올라가 막대한 부피의 황화수소를 대기 중으로 배출할 수 있었다고 주장했다. 이 상향 이동을 위한 방아쇠는 정상보다 더 낮은 대기 중 산소 함량과 짝지어진, 아마도 대양 밑바닥 무산소증과 연관되었을, 심층수 내 황화수소 과잉 축적의 조합일 수 있다. 솟아오르고 있는 황화수소는 표면 수역에 있는 생물, 그리고 대양 위와 이웃한 육지에 사는 생물, 양쪽 모두에 치명적일 것이다. 이런 이유로, 스트로베리뱅크에서도 어쩌면 이것이 크고 작은 어류와 파충류, 곤충 그리고 필시 바닷속과 인근 지상 모든 것의 갑작스러운 죽음을 이끌었을지도 모른다.

토아르시움절 대양에서의 죽음

마찬가지로, 홀츠마덴에서도 토아르시움절 초기의 어룡들은 임박한 운명을 모르고 있었다. 그들은 봄철이 되어 따뜻해지는 표면 수역과, 플랑크톤과 그 플랑크톤을 먹는 작은 새우들이 성장해가는 모습을 즐기며 느긋하게 헤엄쳐다녔다. 그러다가 이빨이 덧대어진 그들의 길쭉한 턱 안에 작은 물고기를 게으르게 낚아챈 다음, 고개를 홱 젖혀 갈기갈기 찢긴 살을 꿀꺽 삼키곤 했다. 그때 뭔가 이상한 일이 일어났다. 멀리 지금의 남아프리카에서 발생한 대규모 화산 분화로 인해 하늘이 짙은 자줏빛과 주황빛으로 어두워져 있었다. 코를 찌르는 황화수소 거품이 깊은 곳에서부터 뿜어져 올라오기 시작했다. 검은 무생물 대양층의 불길한 상승으로 깊은 자리에서 쫓겨난 벨렘나이트, 암모나이트, 어류, 파충류가 올라오면서 표면 수역은 더 붐비게 되었다. 심지어 추방된 바닷가재와 이매패류 같은 해저면 유형들까지 표면에서 불편하게 떠다니고 있었다. 그러던 중에, 아래쪽에서 뭔가가 급습을 해오면서 따뜻한 수역이 충격적일 만큼 차가워졌고 악취 나는 황화물 가스가 모든 것을 몰살했다. 곤충들이 결혼식 후에 뿌려진 쌀알처럼 물속으로 퐁당퐁당 쏟아져내렸다.

죽은 어류, 파충류와 기타 동물이 표면에서 떠다니고 부패 가스로 부푸는 동안, 높은 황화물 농도가 내려갔다. 식물에 의한 광합성이 꾸준히 산소를 대기로 퍼부었고, 깊은 곳에서는 황화물의 축적이 해제된 터였다. 사체들 역시 내려가는 동안, 화학약층이 내려갔다. 쥐라기 초기의 태양 아래에서 며칠 후 어룡과 어류의 사체는 수면으로 올라와 폭발했고, 너덜거리는 살과 함께 뒤뚱거리던 해골은 서서히 깊은 곳으로 가라앉았고, 심층의 검고, 산소가 없고, 황이 풍부한 진흙 속에서 그것들은 청소동물의 방해도 받지 않았다. 일부는 단단한 조직과 무른 조직을 보존하면서 급속히 매장되었다. 스트로베리뱅크에서는 화석이 진흙으로 뒤덮였고, 더 나아간 화학 반응 덕분에 그것을 나중에 단괴가 되어 안목 없는 남학생들의 발길에 차이거나 고생물학자들에 의해 갈라져 벌어질 여러 겹의 단단한 돌 껍데기로 바꾸기 시작했지만, 홀츠마덴에서는 아니었다.

토아르시움절 OAE는 대개 대멸종으로 여겨지지 않는다. 많은 종의 멸종, 그리고 많은 신종의 출현과 함께 암모나이트, 이매패류, 벨렘나이트, 완족류 사이에서 교체들이 이루어졌다. 가장 극적으로는, 상당한 멸종들과 생물초 체계의 완전한 개조를 초래한 중대한 생물초 위기가 있었다. 그토록 극적으로 죽은 어룡이나 어류는 하나도 완전히 멸종되지 않았다. 아마도 화학약층 상승과 대기의 황화수소 범람은 대양의 깊이, 기후, 위도에 따라 일정 지점에서만 일어났을 것이다.

지상에서는 공룡이 진화하면서 변화하고 있었다. 초기 유형들이 새로운 집단—더 큰 포식성 수각류獸脚類, theropod, 긴 목을 달고 식물을 먹는 초대형 용각류龍脚類, sauropod, 그리고 전신 갑옷을 가진 곡룡류와 등을 따라 침과 판을 가진 검룡류 같은 새로운 종류의 갑옷 공룡—에 자리를 내주었다. 도마뱀, 악어, 포유류도 모두 존재했고 진화하고 있었지만, 중대하거나 갑작스러운 멸종의 징후는 전혀 없다.

만약 폐쇄해증이 토아르시움절 OAE에서 핵심적인 살수였다면, 그것은 이상고온 모형의 나머지 요소들과 어떻게 관련될까?

이상고온 모형

이제는 다양한 일련의 증거를 끌어다 모아볼 때다. 그것은 모두 화산 분화로 시작한다. 앞서 주목했듯이, 화산을 생각할 때 우리는 꼭대기가 뾰족한 이탈리아의 베수비오산과 에트나산 또는 북아메리카의 세인트헬렌스산을 떠올린다. 이 산들은 서기 79년에 그 유명한 베수비오 분화를 목격했고 무슨 일이 일어났는가에 대해 최초의 글로 된 설명을 남긴 소小플리니우스(61~113경)의 이름을 따서 플리니식 화산Plinian volcano이라고 불린다. 과학으로서의 화산학은 이렇게 해서 시작되었다. 그렇지만 거대한 대멸종의 경우, 연루되는 화산은 거의 언제나 지각에서 열극裂隙 또는 갈라진 틈을 통해 용암을 쏟아내는, 하지만 재와 용암의 산더미를 발생시키지는 않는 순상楯狀 화산shield volcano이었다. 그런 순상 화산은 대양 밑의 거대한 마그마방 안으로 연결되는 하와이와 아이슬란드에서 보일 것이다. 아이슬란드의 열극들은 북대서양이 한낱 꿈이던 트라이아스기 말 CAMP 분화의 현대적 표현, 대서양의 바닥을 형성하는 용암이 꾸준히 솟아나는 장소인 중앙해령을 가로지른다.

화산 유형이 뭐든, 분화는 용암만 발생시키는 게 아니라 대기로 높이 솟구쳐 들어가는 가스도 발생시킨다. 이런 가스는 종류가 많지만, 그중에서도 가장 풍부한 게 수증기고 그다음이 이산화탄소, 이산화황, 황화수소, 할로겐화수소다. 용암류가 나무와 같은 유기물을 태우고 지나갈 때는 메탄도 생겨날 수 있다.

수증기, 이산화탄소와 메탄은 모두 위로 올라가고 그런 다음 반사되는 태양광이 대기에서 빠져나가는 것을 막아 지구를 온난화하는 이른바 '온실가스'다. 이산화황은 마찬가지로 대기를 뚫고 올라가지만, 높은 곳에서는 태양광을 반사하고 따라서 한랭화를 초래할 수 있는 층을 형성하는, 온실가스에 반대되는 효과가 있다. 그렇지만 이 효과는 일시적이고, 온실 효과로 금세 압도된다. 불화수소와 같은 할로겐화수소는 대기 꼭대기에서 (태양의 해로운 자외선 대부분을 흡수하는) 오존층을 파괴함으로써 과도한 양의 자외선이 지표면에 도달해 식물과 동물에서 해로운 유전적 돌연변이를 유발할 가능성을 높인다. 대기 중의 물과 섞이면, 이 가스들이 모두 산으로 바뀐다. 예컨대 이산화황은 황산(자동차 배터리에 들어 있는 산)이 되고, 불화수소는 암석과 유리를 먹어치운다. 불화수소는 실험실 안전 면에서 가장 다루기 고약한 화학물질 중 하나로, 만약 시험관에 붓는다면 시험관이 그냥 녹아버릴 것이다. 우리가 보았다시피, 화산 분화로부터 나온 가스들은 대양 산성화와 결부되는 급격한 지구 온난화와 산성비를 둘 다 발생시킨다.

우리가 이것을 어떻게 알까? 물론 첫째, 방금 언급한 모든 화학 반응은 몇 세기 전부터 이해되어 있었고 기초 화학으로 가르친다. 둘째, 화산학자들이 현대 화산의 분화들을 열심히 연구한다. 이 분화들이 살수라는 것은 용암과 낙진 때문(서기 79년에 폼페이에서처럼)만이 아니라 가스 배출을 통해서도 알려진다—아프리카 열곡을 따라 사람과 농장 동물이 살수의 징후도 없이 불가사의하게 죽는 저지대들이 있다. 이런 죽음은 화산의 갈라진 틈에서 새어나와 저지대에 조용히 쌓이고 있는 이산화탄소에서 기인한다. 가스는 생물을 죽이고 그런 다음 흔적도 없이 날아갈 수 있다.

현대 화산에 대한 연구들은 과거의 대규모 화산 분화를 이해하는 데에 필요한 비례계수比例係數, scaling factor를 제공하기도 한다. 예컨대 1991년에 필리핀에서 있었던 피나투보산의 분화는 이산화탄소 2억 5000만 톤과 이산화황 1700만 톤을 대기로 주입했다. 분화로 인한 대기의 한랭화 효과가, 그런 다음 온난화 효과가 전 세계적으로 탐지되었다. 1883년에 인도네시아에서 분화한 크라카토아산도 비슷한 효과가 있었다. 폭발과 쇄설물 탓에 그 지역의 3만 6000명이 목숨을 잃었다. 공중으로 40킬로미터 밖까지 쇄설물이 날아갔고 4500킬로미터나 떨어진 오스트레일리아에까지 폭발음이 들렸다. 쇄설물과 먼지로 하늘이 440킬로미터 거리까지 어두워졌고, 6000킬로미터 밖에 있던 배의 갑판 위에 재가 떨어졌다. 유럽과 북아메리카 위 하늘의 빛깔 변화로 이산화황의 대기 효과가 전 세계적으로 탐지될 수 있었고, 그다음 5년 동안 온도들이 1.2도 더 차가웠다. 이런 종류의 연구를 통해 분화의 크기를 기반으로 용암의 부피와 가스의 부피를 예측할 수 있다는 것을 알 수 있다.

분출되는 화산가스는 인간이 오늘날 석탄과 기타 화석연료를 태움으로써 대기 중으로 방출하고 있는 공해 가스와 소름 끼치도록 닮은 점이 있다. 이산화황에서 비롯된 어둠과 한랭화는 일시적이겠지만, 그래도 심각하다. 우리는 지구 온난화, 산성비, 대양 산성화를 이미 보고 있다(15장을 보라). 이것은 이상고온 모형의 예측할 수 있는 결과들이다—이산화탄소가 휘발유를 잡아먹는 자동차에서 나오느냐 화산에서 나오느냐는 중요하지 않다. 열과 산성비로 지상의 생물을, 그리고 열, 산성화, 무산소증과 폐쇄해증으

천천히 현무암을 분출하는 화산이 어떻게 매우 넓은 영역에 영향을 미치는 막대한 양의 가스를 발생시킬 수 있는지를 보여주고 있는, 2010년에 있었던 에이야퍄들라이외퀴들산의 분화.

로 바닷속 생물을 죽이는 게 언제나 대량 분화의 귀결이었다(6장을 보라). 지난 20년 사이에 공통된 이상고온 모형이 나타난 것은 현대의 전 지구적 위기를, 하지만 특히 과거에 있었던 멸종 사건들의 비례를 이해하려던 집중적 노력의 심오한 성과였다.

토아르시움절 OAE가 쥐라기에서 있은 다음에, 뒤따르는 백악기에서 공룡이 사라진 유명한 백악기 말 위기(12장을 보라)라는 다음번 대멸종이 오기 전에도 그런 사건은 더 있었다. 하지만 백악기 중기에는 덤불 속에서 뭔가—새로운 종류의 식물, 곤충, 그리고 곤충을 먹는 동물—가 꿈틀거리고 있었다. 실은 백악기에, 그리고 공룡이 사라진 후에, 조용한 혁명이 육지의 표면을 탈바꿈시켰고, 이것이 현대의 생물다양성에는 그들의 실종보다 훨씬 더 의미심장했을 수 있다.

제 5 부

백악기부터 에오세 말까지

1억 4500만 년 전~3400만 년 전

. 백악기 후기의 목가적 장면. 노란 꽃과 키 큰 목련 나무가 장면을 현대적으로 보이게 하지만, 커다란 익룡은 우리에게 이곳이 사실은 7000만 전이었음을 상기시킨다. 그곳에는 현대 육상생태계의 틀을 형성하는 속씨식물(꽃식물)이 이미 있었다.

18. 백악기 말 충돌. 거대한 석질 운석이 멕시코 남동부에 거대한 크레이터를 형성하면서 우리의 행성을 때린 6600만 년 전, 지구상에서 가장 유명하고 가장 충격적인 위기가 일어났다.

19. 미국 애리조나주의 미티어 크레이터. 이름이 모든 걸 말해준다. 지름 1.2킬로미터의 이 크레이터는 핵심 특징들을 보여준다. 둥근 모양은 지
이 잔해를 공중에 높이 던져 가장자리에 테두리를 만들어내면서 충격에 반응하는 동안에 후폭풍으로 생겨난다.

20. 충격받은 석영. 석영은 암석에 가장 흔한 광물이고 보통은 줄이 없다. 높은 압력을 받으면 수많은 박판(층)의 묶음이, 여기서는 약간 다른 각도로 교차하는 최소 두 묶음이 형성된다. 이 예는 백악기 말 충격의 시기에서 나온다.

. 불운한 익룡들. 여기서는 일부 거대한 프테라노돈이 백악기 말 충격에서 비롯된 후폭풍의 용융된 잔해를 마주친다. 폭탄들은 가열된 충격파와 지어진 충격의 후폭풍으로 던져올려진 잔해다. 이 익룡들은 살아 있는 것들의 세계를 경험한 지 얼마 되지 않았다.

22. 유명한 도버의 백악 절벽. 백악기 후기에는 해수면이 오늘날보다 최고 200미터가 더 높았고, 따뜻한 해양은 엄청난 두께의 백악을 형성하면서 해저면 위로 쏟아져내리는 미시적 플랑크톤으로 가득했다.

23. 현미경으로 내려다본 인편모조류. 대양의 표면에서 광합성을 하는 식물인 인편모조류는 해저면 위의 백악을 형성한 백악기 후기의 핵심 플랑크톤이었다. 그들이 생전에는 절묘하게 아름다운 원형의 탄산칼슘 판들로 보호된다.

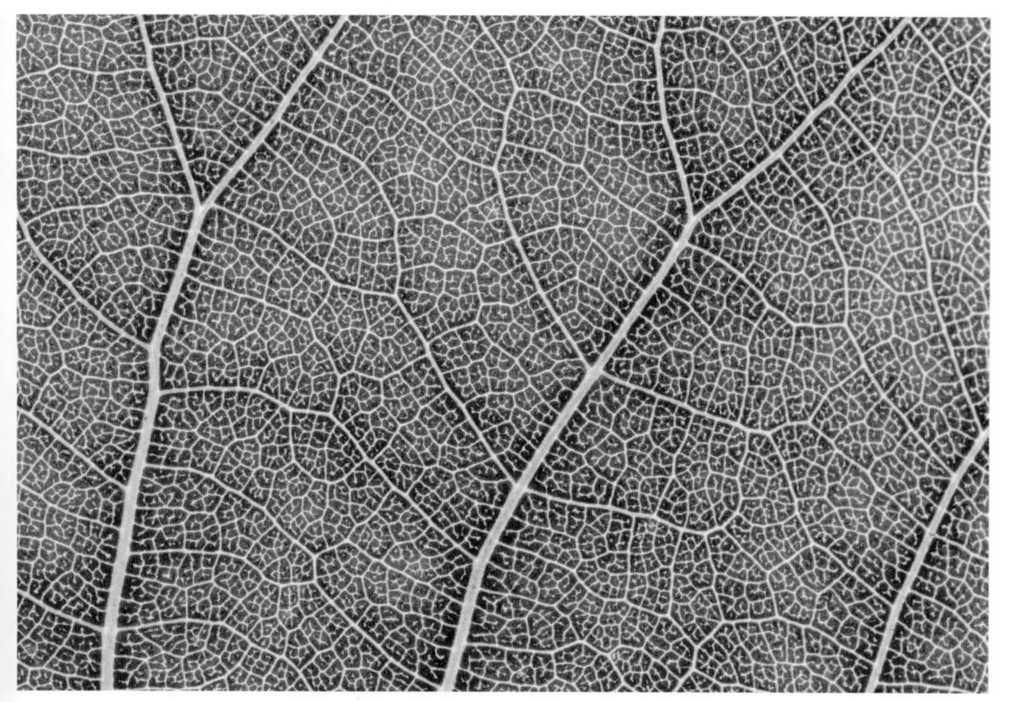

24. 꽃식물의 성공 비결. 속씨식물의 핵심 특징 중 하나는 그들이 다른 식물보다 더 빠르게 광합성을 할 수 있다는 것이다. 이것은 부분적으로는 식물 전체를 돌아다니며 유체流體를 수송하는 잎맥의 효율적 분포로 가능해진다.

25. 고진기의 이상한 세계. 꽃식물이 새로운 종류의 서식지인 우림으로서 열대 전역으로 확장되었다. 새가 유럽과 북아메리카에 살았던 이 가스토르니스*Gastornis*나 디아트리마*Diatryma*처럼 곳곳에서 날지 못하게 되었고, 곳곳에서 그 시절의 우세한 대형 동물이었다.

26. 빙하기 거수들. 여기서는 한 떼의 매머드가 봄에 툰드라 식생이 번성하기 시작하는 동안 녹고 있는 땅 위를 걷는다. 전경에서는 동굴사자 두 마리가 그들의 순록 먹잇감을 지키고, 오른쪽에서는 털코뿔소가 왼쪽에 멀리 있는 야생말 두 마리를 바라본다.

27. 오염된 세계, 1부. 이 북아메리카의 위성 사진은 한밤중에 빛 공해의 규모를 보여준다. 도시, 공공 도로, 공장이 화석 연료에서 나온 전력을 사용하면서 불을 켜고 있다. 밤마다 수천 톤의 석탄, 또는 그것의 등가물이 불빛에 전력을 공급한다.

28. 오염된 세계, 2부. 오른쪽 아래의 해파리는 있어야 마땅하지만, 대양에서 떠다니는 플라스틱 쓰레기는 거기에 있어선 안 된다. 물고기, 바닷거북, 물개 같은 다른 바다 거주자들은 플라스틱 폐기물을 큰 덩어리째 삼키는 데에 반해 해파리는 플라스틱을 작은 입자로 흡수한다.

11
속씨식물 육상 혁명

미얀마의 찌는 듯한 열대

1억 년 전, 한여름의 미얀마(옛 버마). 바다 곁에 키 큰 칠레소나무와 사이프러스 나무로 이루어진, 사이사이에 더 작은 꽃식물들—월계수, 층층나무와 장미를 닮은 꽃이 피는 목본성 관목들—이 자라는 숲이 있다. 땅 위의 축축한 공간은 양치류가 차지하고 있고, 나무의 가지들은 이끼와 우산이끼로 뒤덮여 있다. 침엽수 껍질의 갈라진 틈에서, 또는 부러진 가지에서 끈적거리는 수지가 줄줄 흘러나온다.

그곳에는 작은 전기톱들처럼 먼저 한 번, 그다음에 또 한 번, 잠시도 멈추지 않고 윙윙거리는 치열하고, 날카롭고, 높은 배경음이 있다. 이따금, 아롱진 햇빛 속에 무늬로 장식된 아름다운 까만 등딱지가 반짝거리는 육중한 풍뎅이가 작은 날개에 매달려 자신 없게 흔들거리며 날아간다. 엄청난 숫자의 아주 작은 파리들이 햇살 속에서 와글와글 몰려다니며 춤춘다. 작은 나방이 줄무늬 날개를 파닥거리며 지나간다. 노랑과 검정 줄무늬의 단단한 작은 말벌들이 꿀을 찾겠다는 목적의식을 갖고 이 꽃에서 저 꽃으로 쌩쌩 날아다닌다. 일부는 꽤 큰, 노래기들과 거미들이 가지 위에서 머뭇머뭇 이동하다 갈라진 나무껍질 틈으로 허둥지둥 달아난다.

도마뱀붙이가 나머지 몸을 미리 흔들어 발판 하나하나를 시험하면서 좁은 가지를 따라 나아가고, 그런 다음 여전히 살짝 떨면서도 목적의식을 갖고 발을 내딛고는 다른 발을 올린다. 거미들과 곤충들은 다가가고 있는 도마뱀붙이를 감지하지 못하는 듯하고, 도마뱀붙이는 잠시 멈추어 고개를 갸우뚱하고 생각에 잠긴 다음, 귀뚜라미를 그것의 노래가 크레셴도에 이르는 동안에 낚아채기 위해 끈끈한 혀를 날름 내민다.

한 나무에는 잔가지와 이끼의 조잡한 구조물인 둥지가 있고, 안에는 에난티오르니스류enantiornithine 새끼 세 마리가 있다. 이들은 어느 특정한 현생 새와 가까운 친척은 아니지만, 나무에 거주하는 모든 현생 새가 그렇듯, 솜털이 보송보송한 작은 병아리다. 그들은 겨우 사흘 전에 부화했고, 그들의 눈은 아직 감긴 상태다. 눈알이 눈꺼풀 밑에서 검은빛을 보여주고 있고, 내부 장기가 좁은 가슴 안에서 펄떡거리고 있고, 부드러운 솜털 같은 깃털이 머리와 어깨를 덮고 있는 그들은 거의 해부 준비를 마친 시체처럼 주로 맨몸이고, 분홍빛이고, 뼈가 다 드러난다. 그들이 꼼지락거리면서, 뼈가 앙상한 작은 날개를 뻗으면서, 그리고 동기들을 무자비하게 찌르면서 둥지 안에 앉아 있다.

성체 에난티오르니스*Enantiornis*가 비행에 살짝 제동을 걸며 신경질적으로 가지에 다가가면서, 둥지에 접근한다. 그것이 깃털을 흩뿌리고 쉰 목소리로 꽥꽥거리며 착지하고, 그런 다음 그의 입에 든 애벌레를 둥지 안에서 졸라대는 새끼들에게 내준다. 나머지보다 더 큰 하나가 기대감에 차서 먹음직스러운 애벌레를 잡아채려 들고, 그러다가 그의 형제와 누이를 밀치면서 앞으로 휘청한다. 그가 둥지 안에서 앞으로 흔들거리다 거대한 사이프러스 나무의 몸통을 따라 굴러떨어지며 균형을 잃는다. 작은 가지들 덕분에 그의 추락이 느려지고, 그의 작은 깃털들에 진득진득한 수지 방울이 묻으며 나무껍질의 옹이에 걸린다.

그 새는 둥지에서 15미터 아래, 그리고 숲 바닥에서 위로도 비슷한 높이에서 멈춘다. 그의 아비가 그를 보고 화가 나서 짹짹거리며 급히 내려오지만, 그는 아무것도 할 수 없다. 병아리가 들러붙었고, 그것의 발이 수지로 뒤덮였으니, 이제 그를 구할 수 있는 것은 자신뿐이다. 그가 날 수 있도록 준비된 상태와는 거리가 먼, 각각 우표만 한 크기에 아주 작은 깃털 10여 개가 고작인 그의 작은 날개를 퍼덕인다. 새끼는 용을 써보지만, 몸을 떼어내지 못한다. 어차피 너무 약해서 나무를 기어올라 둥지로 돌아갈 수가 없다. 해가 저물어 공기가 더 차가워지고 결국은 축축해진다. 그가 칭얼거리고 배고파하며 오들오들 떤다. 날이 새기 전에, 그는 죽었다.

몇 개월이 가는 동안 나무에서 수지가 더 흘러나와, 새끼 새의 몸을 부분적으로 둘러싸고 한쪽 날개는 완전히 뒤덮는다. 그런 다음 몇 년 뒤, 거대한 폭풍이 숲을 때리고 사이프러스를 포함한 나무들이 함정에 빠진 새끼 새와 함께 쓰러진다. 그다음 며칠과 몇 주 사이에 뒤이은 폭풍이 가지를 부러뜨리고 수지 방울을 거기 갇힌 곤충, 거미, 그리고 새끼 새와 함께 떼어내면서 나무 몸통들을 굴린다. 강물의 흐름이 이 파편들을 싣고 조금 떨어진 바다로 나가고, 거기서 그것들은 고운 입자의 사암층에 퇴적된다. 묻힌 수지가 경화되고, 마침내 안에 갇힌 모든 잔가지, 씨앗, 곤충이나 기타 유기물 조각을 포함한 채로 원래 수지의 흐름 패턴을 간직한 유리질의 준보석, 호박琥珀으로 바뀐다. 공기에 노출되지 않은 이것들은 부패하지 않는다.

1억 년 후, 북부 미얀마의 호박 매장층이 목걸이와 펜던트용 호박을 팔아 생계를 유지하는 현지 시민들에 의해 채광된다. 곤충이 들어 있는 잘생긴 호박 단품은 특히 귀하게 여겨져 더 비싼 값에 팔린다. 그런 다음, 지난 100년에 걸쳐 전 세계의 고생물학자들이 개구리, 도마뱀, 떨어진 깃털이나 심지어 이 경우처럼 아주 작은 새 날개의 유해 같은 특이한 화석이 딸린 일정한 단품들이 무엇보다 비싼 값에 팔리는 미얀마와 중국 국경의 호박 시장들로 직행해왔다. 베이징 출신의 고생물학자 싱리다邢立達가 이 호박을 샀고, 그는 엑스선 주사走査를 이용하여 호박 안쪽을 들여다보면서 이것을 자세히 연구했다. 나는 결국 2016년에 발표되는, 그 표본이 기재되는 논문의 공저자가 되어달라는 요청을 받았다.

버마 호박은 매우 특별하다—그리고 논란의 여지가 매우 많다. 북부 미얀마에서 진행 중인 내전이 긴 그림자를 드리워왔고, 채광과 판매의 일부 또는 대부분이 반半노예노동으로 이루어지고 무력 분쟁의 자금줄로 이용되지 않을까 하는 우려가 짙다. 많은 고생물학자가 2017년 이후로든 2021년 이후로든 그 시장에 나오는 호박에 관한 과학적 출판금지령을 실행에 옮겨왔다. 하지만 지금까지 이루어진 연구로 미루어 볼 때, 44과의 거미, 500과 이상의 곤충, 25과의 식물과 20여 종의 척추동물을 대변하는, 지금까지 명명된 곤충과 그 밖의 벌레가 1000종이 넘는 버마 호박에 화석 다양성이 어마어마하게 풍부한 것만은 명백하다. 그것이 그려내는 세계는 중생대의 생물에 대한 우리의 인상과 매우 다르다. 그것은 단지 고대 강모래 속 공룡의 거대한 골격이 아니라 호박 속에 붙잡힌 아주 작은 동물에 주안점이 있어서가 아니다. 우리는 한편으로 완전히 새로운 세계—늘 있는 진화의 정지-출발 단계들보다 대단한 뭔가, 즉 혁명—를 목격하고 있는 듯하다.

혁명의 암시

이 급성장하는 1억 년 전 장면은 내가 2022년의 논문에서 펜실베이니아주립대학의 고식물학자 피터 윌프 및 오스트레일리아 시드니 왕립식물원의 진화식물학자 에르베 소케와 함께 만들어낸 용어, 속씨식물 육상 혁명 Angiosperm Terrestrial Revolution(줄여서 ATR)의 시작을 그림으로 보여준다. 이 장에서 우리는 ATR의 역할을 탐구하고 그것이 백악기 말 대멸종과 어떻

오스트레일리아에서 나는 현생 쿠노니아과Cunoniaceae처럼 다섯 장의 펼쳐지는 꽃잎을 가진, 버마 호박 속에 예외적으로 잘 보존된 꽃들.

게 관련되는가도 탐구할 것이다.

얼마 전까지만 해도, 많은 생물학자가 현생 식물과 동물 집단의 기원을 6600만 년 전의 백악기 말 대멸종(13장을 보라)으로부터 생명이 회복한 때에서 찾았다. 예컨대 포유류는 흔히들, 공룡이 터벅터벅 석양 속으로 사라진 후에야 다양화할 기회를 얻은 것으로 생각한다. 공룡의 멸종이 틀림없이, 노래하는 새, 환한 꽃, 분주한 벌과 나비, 그리고 우리가 자연에 관해 감사하는 모든 것과 함께 현대 세계가 시작된다는 표시일까? 글쎄, 그건 아니다. 그 모든 '현생' 식물과 동물 집단을 추적하면 1억 년 전, 백악기 중기까지 거슬러 올라갈 수 있다.

어떤 의미에서 백악기 말 대멸종은 우리가 버마 호박에서 목격하는 지상에서의 다양화 과정의 중단이었다. 꽃식물(속씨식물)은 꽃가루받이의 현대 유형들 및 개미와 말벌 같은 사회적 곤충이 그들을 잡아먹는 도마뱀, 새, 포유류와 아울러 존재하는 동안에 이미 있었다. 그렇지만 우리의 2022년 논문에서 우리는 ATR에 두 국면이 있다는 사실을 밝혔다. 한 국면은 백악기 중기이고, 또 한 국면은 공룡들이 죽은 뒤의 회복기인 고진기古進紀, Palaeogene이다. 이 장에서 논의되는 첫 국면은 모든 주류 집단의 기원을 표시하고, 13장에서 논의되는 둘째 국면은 그들의 폭발적 팽창을 표시한다.

그 이야기는 덴마크의 젊은 고생물학자 엘세 마리 프리스가 런던에서 영국문화원 연구장학금을 차지한 1980년에서 출발한다. 그녀는 덴마크 중앙월란 지역의 갈탄(무른 갈색 석탄) 광산들에서 나오는 1500여 만 년밖에 안 된 화석 식물들에 공을 들이면서, 그해에 박사학위를 받은 터였다. 그 광산들은 물론 경제적으로 중요했지만, 거기서 그녀는 꽃식물로부터 아름답게 보존된 화석 잎, 꽃, 씨를 꺼내고 연구하는 법을 알게 되었다. 프리스 박사는 그녀와 스웨덴 과학자 안니에 스카르르뷔가 스카니아의 채석장에서 나오는 화석이 풍부한 퇴적물을 체로 거르다가 놀랄 만한 화석 꽃들을 발견했었던 남부 스웨덴의 백악기로 시간을 거슬러 가면서, 런던 장학금을 위한 주제들을 바꾸었다. 그들은 잎, 잔가지, 씨 사이에서 길이가 2밀리미터밖에 안 되는 아주 작은 꽃들을 찾아냈다. 나중에 베르틸란투스*Bertilanthus*로 불리는 그 새로운 백악기 꽃들은 꽃잎, 꽃받침, 꽃밥, 꽃가루, 암술머리와 기타 현생 꽃의 핵심 부분을 모두 보여주었다. 프리스와 스카르르뷔는 그들의 꽃을 풍년화, 까치밥나무와 작약 등 2500종의 현생 목인 범의귀목Saxifragale에 배정했다.

그때까지 백악기 속씨식물에 관해 알려진 것이라고는 화석 꽃가루와 잎과 몇몇 불완전한 꽃이 전부였으므로, 이것은 백악기 속씨식물이 이미 저마다 중심에 암수 생식기를 가진 것은 물론 대칭적으로 돌려난 꽃잎과 꽃받침을 가진, 꽃이라는 핵심 특징을 진화시킨 터였음을 확증하기 때문에 엄청나게 중요한 발견이었다. 모든 생물학도가 배우듯, 식물의 새로운 세대는 암

스웨덴의 백악기 지층에서 나온, 데이지를 닮은 베르틸란투스의 예외적으로 잘 보존된 화석 꽃들. 각 꽃의 길이는 약 2밀리미터다.

술이라 불리는 통통한 병 모양 구조의 안, 꽃의 중심에 들어 있는 밑씨로서 형성된다. 암술 주위에 저마다 꽃가루를 생산하는 꽃밥이 끝에 달린 날씬한 수컷 구조, 또는 수술이 배치된다. 정자가 들어 있는 꽃가루가 바람이나 동물의 개입을 통해 암술머리라 불리는 암술의 위쪽 끝으로 옮겨지면, 거기서 각각의 정자가 터널을 지어 밑씨로 내려가고, 거기서 수정이 일어난다. 밑씨는 그런 다음 씨로 발달한다.

속씨식물에서는 중복수정이라는 주목할 만한 특화가 그들의 성공에 필수적이라고 흔히들 말한다. 수컷 꽃가루 한 알이 암컷 밑씨 한 개와 결합하는 대신에, 정자 두 개가 수정에 관련된다. 정자 한 개는 난핵과 결합하고, 다른 한 개는 다른 핵과 융합해 앞으로 발생할 배아를 위해 배젖이라 불리는 식량을 이룬다. 그러므로 수정된 밑씨 하나하나가 배젖을 동반한 씨의 부분이 된다. 이렇게 자체에 식량을 가지고 있는 씨는 생존에 훨씬 유리한 조건을 확보한다. 씨는 축축한 종이 위에 심어져도 뿌리가 한 방향으로, 싹이 반대 방향으로 튀어나오고, 그 미숙한 식물이 배젖에서 먹이를 공급받으며 며칠 혹은 몇 주 동안 행복하게 자란다. 자연에서라면 그 씨는 토양에서 물과 무기질 보충 식품도 추출할 것이다.

하지만 영양가 높은 자체 식량을 가진—과일, 견과, 곡물의 형태를 띤—씨앗은 동물에게 몹시 매력적이기도 하다. 다람쥐는 견과를 먹고, 인간은 귀리와 밀 같은 풀씨는 물론 과일과 콩류까지 먹는다. 수많은 작은 생명체가 얼씨구나 홀짝거리는, 꽃에서 생산되는 모든 꿀(설탕물)도 마찬가지다. 생산에 그토록 많은 에너지를 소비했는데 동물에게 먹히고 만다면, 과일과 견과와 곡물은 틀림없이 속씨식물에게 나쁜 소식일까? 실은 정반대로 동물이 속씨식물의 노예라고 주장할 수도 있을 것이다.

꽃의 힘

꽃가루받이와 싹트기의 양면에서, 꽃은 동물 위에 서서 권력을 행사한다. 우리가 그토록 반가워하는 아름다운 꽃은 주로 꽃의 모양, 빛깔, 향기를 통해 꽃에 이끌리는 벌, 나방, 나비 같은 곤충들을 유인하기 위해 존재한다. 곤충들은 그들이 특화된 구기口器를 통해 후루룩 들이켜는, 식물에 의해 생산된 영양가 높은 꽃가루와 꿀을 찾아 뛰어든다. 그들이 들어올 때와 떠날 때 꽃의 꽃밥에 스쳐 꽃가루를 묻히고, 그런 다음 그다음 꽃으로 날아가 거기서 꽃가루를 떨어뜨리면, 수정이 시작될 수 있다. 어떤 꽃과 그들의 꽃가루 매개자 사이의 절묘한 상호적응은 놀랍기 그지없다—예컨대 어떤 벌새는 그들의 부리가 정확히 들어맞는 특정한 깊이의 대롱형 꽃에 적응된다. 공진화coevolution는 단순하게 '함께 진화'한다는 뜻으로, 그처럼 절묘한 사례는 꽃과 벌새가 수백만 년 동안 긴밀하게 공존해온 사이라는 것을 시사한다.

오늘날 속씨식물 30만 종 중 약 2만 4000종(8퍼센트)이 바람을 통해 꽃가루를 받고, 나머지 92퍼센트가 동물—대개 아주 특정한 곤충, 새 또는 박쥐의 집단—을 통해 꽃가루를 받는다. 예컨대 박쥐와 나방은 밤에 나오므로 이들을 통해 꽃가루를 받는 꽃은 밤에 피어 향기를 뿜는다. 공진화하는 꽃과 꽃가루 매개자는 역사와 지리적 분포가 일치하고, 일부 놀랄 만한 화석은 꽃가루에 뒤덮인 곤충—현행범의 진정한 일례!—을 보여준다.

그래서, 그다음에 과일, 견과, 곡물이 특정하게 먹히도록 진화해온 것은 놀랄 일이 아니다. 동물이 견과나 과일을 먹은 뒤 돌아다니고 그런 다음 그것이 언젠가 나중에 다른 지점에서 똥을 누면, 씨는 영양 만점의 거름 덩이와 함께 나와 그 안에서 행복하게 싹트고 자란다. 만약 이 일이 일어나지 않고 씨가 모두 곧장 땅으로 떨어졌다면, 그 일대는 같은 혈통의 새끼 식물들로 질식할 것이다. 과일을 생산하고자 한다면, 동물에게 그것을 먹여서 그것을 심고, 그런 다음 좀 떨어져서 그것에 퇴비를 주는 게 영리한 진화적 전략이다. 동물은 자동인형에 지나지 않고, 이 각본에서는 동물들이 공진화해온 식물의 노예다. 우리는 우리가 까다롭게 오렌지 씨와 사과 속을 파내거나 콩류와 곡물을 익힐 때 그 사슬을 끊고, 따라서 그것들은 싹트기로 나아가지 못하지만, 일반적으로 속씨식물은 진화라는 측면에서 딱 그들에게 필요한 것을 얻고 있다.

꽃의 공진화는 찰스 다윈을 매혹한 진화의 기본 특징 중 하나였다. 그는 꽃식물의 기원이 '지독한 수수께끼'라고 썼다. 그들의 적응 및 꽃가루 매개자와 씨 섭취자의 상호적응이 너무도 절묘해서 많은 경우 자신은 이 복잡성이 어떻게 진화해왔는지 이해할 수 없다는 의미에서였다. 이제는 놀랄 만

한 화석들이 발견된 덕분에, 우리는 비속씨식물로부터 속씨식물로의 전이를 백악기에 그것이 일어난 그대로 볼 수 있다. 사실 속씨식물은 훨씬 더 일찍 진화했다는 모든 증거가 진화 계통수의 형태로부터 나와 있다. 속씨식물의 트라이아스기와 쥐라기 조상이었을 가능성이 있는 것들에 대한 보고도 많은데, 다만 대개는 거부당해서 우리는 쉽지 않은 최초의 꽃 사냥을 계속해야 하는 형편이다. 꽃에 특화된 특징 다수는 친척 집단에서 더 일찍 생겼을 가능성도 크다. 어쨌든, 백악기 중기에 초기 속씨식물은 명백히, 생활의 발판을 탄탄하게 마련한 게 아니라 겨우 생태계를 넘겨받기 시작했을 뿐이었다.

오늘날 우리가 보는 그토록 미세하게 조정된 공진화의 일부는 백악기에는 조금 덜 그랬을지도 모른다—예컨대 특정한 속씨식물 종은 모든 꽃가루 매개자에 열려 있었을지도 모르고, 어쩌면 공진화된 그들의 긴밀한 제휴는 나중에 출현했을지도 모른다. 현생 속씨식물 종의 백악기 조상이 오늘날 그들이 선호하는 꽃가루 매개자와는 다른 꽃가루 매개자를 선호한 사례들도 있다. 유기체는 상황에 적응하고, 9000만 년 전 꽃가루 매개자로 훌륭하게 이바지한 한 딱정벌레 집단 혹은 다른 딱정벌레 집단이 멸종되었거나 이주했을지도, 혹은 다른 집단이 인계받고 그 식물은 새로운 동반자를 수용하도록 진화하는 방식으로 진화했을지도 모른다.

속씨식물의 초기 진화에 관한 최근의 이 발견들은 다윈의 지독한 수수께끼를 대대적으로 해명해왔다. 1981년에 최초의 잘 보존된 백악기 화석 꽃들을 보고한 프리스는 북아메리카의 산지들에서 나오는, 그리고 더 최근에는 중국에서 나오는 새로운 표본들을 기재하면서 그녀의 작업을 계속해왔다. 그녀는 그 주제에 관해 결정적인 책들을 써왔고 그녀의 고국 스웨덴에서만이 아니라 덴마크, 노르웨이, 중국, 영국과 미국에서도 널리 명예를 누려왔다.

새는 어떻게 새가 될까?

생물학자는 성공한 유기체 집단을 사랑하고, 그래서 그들은 속씨식물에 그토록 엄청난 관심을 퍼붓는다. 새도 같은 매력을 지녔다. 1만 종이 있고, 그들은 어디에나 있다. 성공은 진화생물학에서 훌륭한 연구 주제다. 왜 속씨식물과 새 같은 일부 집단은, 그리고 곤충은 더더욱, 그토록 종이 풍부할까? 그들은 저마다 얼마간 매우 특별한 일련의 적응 또는 혁신을 진화시켰다는 것, 그게 그들이 완전히 새로운 생활방식을 정복할 수 있게 해주었다는 게 통상적인 답이다. 새의 경우 그것은 비행을 가능케 한 모든 특징(작은 몸크기, 날개, 깃털, 강화된 감각)이고, 그 특징의 꾸러미를 진화시킨 새는 말하자면 날아올랐고, 현재의 높은 생물다양성 수준에 도달했다.

다윈에게, 그리고 실은 진화 비판자에게도 큰 의문으로 다가간 것은 이 성공의 수준이다. 애초에 새—또는 속씨식물—는 정확히 어떻게 진화할 수 있었을까? 저마다 그것의 다양성과 풍부함으로 입증되듯, 그것이 하는 일에 엄청나게 능하고, 저마다 그것의 독특한 생활방식에 대해 너무도 절묘한 적응의 꾸러미를 대변하기에, 그들이 정상적인 과정을 통해 어떻게 진화할 수 있었으리라고 상상하는 게 불가능해 보일 지경이다. 20세기에 일부 진화학자는 심지어 특수한 종류의 가속된 진화를 제안하면서, 답을 찾을 희망을 버렸다. 결국, 반쪽짜리 새를 어디에 쓴단 말인가? 우리는 이제 그들이 절망한 게 잘못이지 반쪽짜리 새는 사실 아무 문제도 없다는 것을 안다. 문제는 단순히 상상력의 실패였다.

공룡과 최초의 새, 그리고 최초의 새와 현생 새 사이에는 이제 심지어 속씨식물보다도 더 많은, 수많은 단계의 풍부한 화석 기록이 있다. 1억 년 전 미얀마 우림의 호박 안에 갇힌 에난티오르니스는 가장 오래된 새와 현생 새의 중간에서 한 묶음의 특징을 보여준다. 특히 중국에서 나온 그 밖의 화석들도 우리에게 새는 어떻게 조금씩 조금씩 새가 되었는가를 보여준다.

내가 학생이었을 때 우리는 많은 시간을 독일에서 나온 유명한 최고령 새, 아르카이옵테릭스*Archaeopteryx* 또는 우어포겔Urvogel('시조새')을 공부하며 보냈다. 그것의 골격과 깃털을 꽤 세세하게 보여주는, 이 놀랄 만한 짐승의 표본 10여 점이 약 1억 5000만 년 전의 쥐라기 최후기에서 나와 있다. 그것은 새이고, 그것은 날 수 있었지만, 그것은 긴 꼬리뼈, 보강되지 않은 골반, 턱 안의 이빨 같은 많은 파충류의 특징들을 간직하고 있었다. 우리는 뛰어난 시력을 위해 커진 눈과 뇌, 날개, 깃털, 날개를 뒤로 접도록 특화된 손목, 융합된 쇄골 또는 차골叉骨, 속이 빈 뼈와 그 밖의 다수를 포함해, 시조새에서 처음 나타난, 새에 특유한 듯한 특징 약 30가지를 차례로 헤아렸다. 문제는 이것이었다—시조새는 이런 비행 관련 특징들을 완전히 다 갖추고 무대 위로 튀어나왔을까, 아니면 완전한 한 벌 중에서 소수만 갖춘 긴 일련의 조상들을 우리가 상상해도 될까?

답은, 그래도 된다는 것이다. 1996년 이후로 중국 고생물학자들은 깃털이 달린 경이로운 작은 생명체 한 떼를 기대감에 들뜬 세계로 내놓아왔다(컬러도판 2를 보라). 많은 공룡에게 깃털이 있었다는 매우 뜻밖의 발견이 받아들여진 후, 다윈의 난제가 풀리기 시작했고, 합리적인 방식으로 재구성되기 시작했다. 중국에서 새로운 100여 종의 표본 수천 점이 발견된 덕분에, 이제는 시조새의 그 조류의 30가지 특징 가운데 첫 번째가 5000만 년 이상 더 일찍이 트라이아스기 후기에 출현해 있었다는 것, 나머지 특징은 쥐라기를 거치면서 조금씩 조금씩 획득되었다는 것, 그렇게 해서 진화 계통수에서 시조새가 나타날 무렵에는 새 특유의 특징이 모두 존재한다는 것이 알려져 있다.

깃털은 처음에는 비행이 아니라 단열과 과시를 위한 것이었다. 속이 빈 뼈는 무게를 줄여주지만, 그것은 폐로 연결되어 호흡의 효율을 개선하는 기낭을 수용하고 있는, 많은 공룡의 호흡계의 일부이기도 하다. 심지어 날개깃 자체도 처음에는 동력 비행(날갯짓)을 위해 사용되지 않았다. 오늘날, 새와 박쥐 외에도 많은 척추동물—날치, 날개구리, 날도마뱀과 날뱀, 그리고 수많은 날다람쥐와 그 밖의 포유류—이 날 수 있다. 물론 그들은 활강으로 날지만, 그것은 그들에게 훌륭하게 이바지한다. 마찬가지로, 쥐라기에는 한 조의 수각류 전체가 소형화했고 아마도 곤충, 도마뱀과 기타 작은 먹잇감을 찾아 나무를 점유하기 시작했을 것이다. 그들이 곤충 먹잇감을 뒤쫓아 도약할 때 원시 날개와 함께 확장된 팔은 이 작은 포식자들에게 훌륭한 보조물이었다—아무리 작은 날개도 높이뛰기를 몇 미터는 연장할 수 있을 것이다.

새로운 조사는 수각류 공룡 중 네다섯 계통이 쥐라기 후기와 백악기 초기에 속하는 서로 다른 시기에 활강과 날갯짓 사이의 문턱을 넘었음을 보여준다. 이 초기의 동력 비행 실험 일부가 새와 같은 두 날개를 도입했다. 다른 일부에 팔과 다리에 달린 네 날개가 있었고, 또 다른 일부에 박쥐와 같은 막 날개가 있었다. 궁극적으로는 시조새가 우리의 불운한 미얀마의 어린 새를 포함해, 나중의 모든 새로 이어지는 성공한 줄을 대표한다. 기타 활강자와 비행자는 결국 자식 없이 절멸했다. 그래도 그 화석들은, 반대되는 주장들에도 불구하고 반쪽짜리 새가 아무 문제도 없음을, 심지어 10분의 1쪽짜리 새도 완벽하게 잘 적응된 생명체일 수 있음을 보여주었다.

같은 주장이 속씨식물에도 적용된다. 예컨대 곤충 꽃가루받이는 거의 확실히 속씨식물의 기원 이전에 시작되었고, 그래서 속씨식물은 이미 있었던 공진화 모형을 인수했으며, 어쩌면 예비 속씨식물은 양성兩性이 아니었을지도(다시 말해, 암컷 생식구조와 수컷 생식구조를 둘 다 포함하지 않았을지도) 모른다. 속씨식물 꽃이 단계적 진화를 통해 어떻게 조립되었는가에 관해 다량의 증거가 많이 나와 있는 것은 아니지만, 반쪽짜리 속씨식물 또한 아마도 완벽하게 잘 기능했을 것이다.

온실 세계

백악기 후기는 속씨식물이 번성할 수 있게 해준, 꽤나 따뜻하고 해수면이 높은 시기였다. 1억 년 전 미얀마 우림의 시기쯤에는 전 세계적 위상의 판구조 활동이 일어났다. 중앙해령 밑에서 마그마가 솟아올라 새로운 지각이 형성되기 시작했다. 마그마가 밀고 올라오는 동안 대양의 바닥이 올라오고 물이 흘러넘친 결과로 해수면이 200미터나 상승했고, 모든 육지가 이 높이까지 침수되는 동안 해안선이 줄어들었다. 거대한 바닷길이 아프리카와 북아메리카를 둘로 갈랐다. 동시에 모든 활발한 마그마 분출이 긴 온난화의 국면을 낳으며 이산화탄소를 대기 중으로 뿜어냈다.

약간의 소규모 멸종이 있었지만, 이 멸종들이 속씨식물에 크게 영향을 미치지는 않은 듯하다. 이것들은 서머싯 스트로베리뱅크에서의 토아르시움절 사건(10장을 보라)과 같은 대양 무산소 사건(OAE)이었다. 첫 번째(전통적으로 OAE_1이라 불리는)는 1억 1700만 년 전~1억 1600만 년 전에, 그리고 두 번째(OAE_2)는 9400만 년 전에 일어났다. 둘 다 어쩌면 각각 인도양 남부와 카리브해에서의 분화로 견인되었을지도 모르는, 그리고 그 결과로서 가스 분출, 온난화, 산성화를 동반한 이상고온 사건이었던 것처럼 보인다. 둘 다 거대 규모가 아니라 부분적으로 지역적인 멸종을 유발했다. OAE_2가 쥐라기와 백악기 바다에서 그토록 중요했던 돌고래 체형의 해양 파충류, 어룡(10장을 보라)의 종말을 보기는 했다. 이 사건들이 식물 진화에 미친 영향은 덜 확실하지만, OAE_2의 부분을 형성한 한파가 숲의 일시적 후퇴와 개방된, 속씨식물에 유리한 사바나형 식생의 확대로 표시되었다. 그렇지만 고온과 고해수면 국면이 계속된 것은 아니어서, 백악기의 마지막 2000만 년에 걸쳐서는 온도가 떨어지기 시작했다. 이것은 판구조 활동이 줄어들고 해수면이 떨어지기 시작하는 동안의 대양 밑바닥의 침강을 표시했다. 중앙해령 화산암에서 나오는 온실가스가 다시 줄어들어 온도가 한랭화하기 시작했다.

백악기 후기 동안, 전반적으로, 속씨식물은 뚜벅뚜벅 나아가고 있었다. 그들이 급속히 세계를 인수하지는 않았지만, 식물상의 연쇄 비교는 그들이 어떻게 꾸준히 종 총계의 점점 더 큰 부분이 되었는가를 보여준다. 백악기 초에 전형적 식물상의 0퍼센트에서 출발한 그들은 1000만 년 만에 5퍼센트로, 그런 다음 3000만 년 후에 20퍼센트로, OAE 시기에 50퍼센트로, 그리고 백악기 말 무렵에는 75퍼센트로 올라갔다. 이 상승은 부분적으로는 침엽수와 양치류 같은 기존 집단의 희생으로, 하지만 많은 부분은 직접적인 추가로 이루어졌다. 다시 말해 속씨식물이 백악기 최후기 식물상의 75퍼센트를 구성하기는 했지만, 나머지 식물 집단은 다양성이 절반밖에 줄어들지 않았다. 속씨식물은 분명 다른 식물을 능가할 역량이 있었지만, 새로운 생태적 유형을 추가할 역량도 있었다. 백악기 최후기 식물상에는 백악기 초기 식물상보다 평균적으로 두 배로 많은 종이 들어 있었다.

속씨식물의 성공을 강력하게 뒷받침한 무기는 그들의 기공과 잎맥에서 찾아볼 수 있다. 잎에 주된 기능이 하나 있다면, 그것은 햇빛을 붙잡는 것이다. 알다시피, 전형적으로 식물은 대기에서 이산화탄소를 가져다 아래의 땅과 대기에서 가져온 물하고 합쳐서 산소와 함께 탄소가 풍부한 당을 생산하는 과정, 즉 광합성을 한다. 광합성은 태양의 에너지로 구동되고, 그런 까닭에 식물 대부분이 맑은 날에 더 잘 자란다. 기공('입'을 뜻하는 'stoma')이라 불리는 잎 아래의 주목할 만한 작은 구멍들을 통해 이산화탄소가 잎으로 들어가고 산소가 밖으로 나간다. 속씨식물에는 다른 식물보다 두 배에서 네 배 많은 기공이 있다. 속씨식물은 게다가 그들의 잎에 최고 다섯 배 많은 잎맥을 가졌다(컬러도판 24를 보라). 잎맥이 땅에서 빨아올린 물을 잎 전체로 운반하고 기체 교환이 기공을 통해 일어난다는 사실은 속씨식물 잎이 다른 식물의 잎보다 최고 다섯 배 더 효율적이라는 것을 의미한다. 그 결과는 속씨식물 숲이 단위 면적당 붙잡을 수 있는 태양의 에너지가 다른 식물보다 많다는 것이다.

우리는 속씨식물이 중복수정으로 그들의 훨씬 더 훌륭한 적응력과 다양한 생태적 역할을 떠맡는 능력을 반영하면서, 단위 면적 안에서 종의 수를 간단히 배가할 수 있었다는 점도 살펴본 바 있다. 백악기의 끝 무렵에는 모든 종류의 꽃을 갖춘 다양한 속씨식물이 있었지만, 그 식물들은 일반적으로 키가 관목 수준이었고 교목으로서는 대부분 아직 우세하지 못해서, 풍경은 여전히 침엽수와 기타 겉씨식물로 채워져 있었다. 그래서 속씨식물 육상 혁명은 시작되었을 뿐 끝난 게 결코 아니었다. 현대 생태계를 완전히 변형시키고 현대 생물다양성을 그토록 높게 만든 두 번째 훨씬 더 인상적인 국면을 보려면 극적인 대멸종과 어떤 기후 변화가 필요할 것이었다.

지상에서 백악기 최후기는 낯익기도 하고 낯설기도 한 세계였다(컬러도판 17을 보라). 개구리, 도마뱀, 뱀, 작은 새, 포유류와 장미, 백합, 월계수, 층층나무 같은 꽃식물로 가득한 숲을 주위에서 윙윙거리는 딱정벌레, 파리, 나비, 벌과 함께 갖춘 그곳은 어떤 면에서 현대적으로 보였다. 그렇지만 티라노사우루스 렉스, 트리케라톱스, 안킬로사우루스 같은, 고전적 짐승이지 결코 현대 세계의 짐승이 아닌 공룡이 이들 모두를 지배하고 있었다. 이 백악기 최후기 세계는 엄청나게 자세히, 심지어 재난 중 가장 뜻밖의 재난에 의해 모든 대멸종 중 가장 유명한 대멸종이 견인된 백악기의 사실상 마지막 날 당일의 세계까지 알려져 있다.

12
공룡이 죽은 날

노스다코타주, 타니스

타니스 화석지는 미국 노스다코타주의 남쪽 경계 바로 안, 뜨겁고 탁 트인 대초원을 수백 마일 동안 구불구불 가로지르는 12번 고속도로에 접한 인구 1700명의 지역사회, 보먼 시내 근처에 있다. 그 장소는 2008년에 발견되었지만, 당시 캔자스 대학 대학원생이던 고생물학자 로버트 드팔마가 몇 가지 주목할 만한 주장을 시작한 2019년 이후에 유명해졌다. 그는 타니스 화석지가 암석에서 소행성이 지구를 때린 정확한 날에 해당하는 층을 노출한다는 증거를 자신이 찾아냈다고 말했다. 그곳에 있는 어류, 민물 거북, 공룡, 익룡과 포유류를 포함한 화석들이 그 소행성 공습의 충격파와 낙진으로 죽었다는 것이었다. 더 나아가 2021년에는, 충돌의 연도가 알려진 것도 아닌데, 그 충돌이 늦봄에 일어났다고 주장했다.

드팔마가 타니스에서 해낸 발견들은 2019년에 『뉴요커』와 『사이언스』가 주요 뉴스로 다룬 것을 포함해, 언론에 널리 보도되었다. 뒤이어 2022년 초에 BBC가 영국에서 〈데이비드 애튼버러와 함께 보는 공룡, 그 최후의 날Dinosaurs: The Final Day with David Attenborough〉을, 북아메리카에서 제목만 바꾼 〈공룡의 종말Dinosaur Apocalypse〉을 방영한 뒤로 관심이 한층 고조되었다. 그 다큐멘터리에는 타니스 화석지에서 촬영된 장면들이 많이 보인다. 고생물학자들이 그들의 목적지에 도달하기 위해 거친 도로 위에서 끝없이 펼쳐진 악지를 내다보며 차를 몬다. 여름에는 풀이 다시 죽어 풍경이 반쯤 사막처럼 보인다. 발굴자들은 타는 듯한 태양 광선으로부터 자신들과 화석을 보호하기 위해 장대와 캔버스 천으로 차양을 설치해야 한다. 때때로 폭우가 맨땅을 때리고, 말라버린 깊은 강바닥(구곡溝谷, gully)이 요동치는 급류로 침식된다. 이 물줄기는 여름 사이에 마르지만, 그게 땅을 난도질해서 이런 종류의 풍경이—농사에도 나쁘고, 말타기에도 나쁘고, 방울뱀과 공룡을 제외한 모든 것에 나쁜—'악지惡地, badland'로 불려오게 한 주원인이다.

나는 내가 그 다큐멘터리의 과학 자문위원이었고 영화 제작자들과 함께 일한 2021년과 2022년 초 동안, 그들이 보여주려고 계획한 것을 자세히 의논하면서 논쟁의 공방을 얼마간 체험했다. 그 프로그램이 전 세계에 방영되었을 때, 그것은 노스다코타주에 있는 이 매우 특별한 곳으로 이목을 집중시켰다. 그래서, 그 주장들과 증거란 정확히 무엇일까?

헬크리크층에 담긴 최후의 날들

타니스에 관한 첫 번째 주장은 아마도 가장 덜 논쟁적일 주장, 다시 말해 그곳이 충돌까지 곧장 이어지는 충돌 전 몇 년 혹은 몇 달, 백악기의 맨 끝을 기록한다는 것이다. 타니스는 몬태나주, 노스다코타주, 사우스다코타주, 와이오밍주의 수천 제곱마일을 뒤덮고 가로누워 있는 50~100미터 두께의 암석 꾸러미, 헬크리크층Hell Creek Formation 안에 있다. 그 암석들은 백악기 후기 중 전 지구 해수면이 오늘날보다 최고 200미터가 더 높았던 시기(206쪽을 보라)에 전 면적에 걸쳐 펼쳐진 고대 강계江界에 의해 내려쌓인 이암과 사암이다. 실은, 카리브해에서 출발해 북극해에 도달할 때까지, 텍사스주, 콜로라도주, 와이오밍주, 다코타주, 앨버타주와 캐나다의 노스웨스트준주를 뚫고 북으로 달리는 970킬로미터 너비의 대양의 혓바닥을 형성한 서부내륙해Western Interior Seaway에 의해 북아메리카라는 대륙이 둘로 나뉘었다. 헬크리크의 강들은 주로 이 대양을 향해 동쪽으로 흘렀다.

헬크리크층에서는 150여 년 동안 화석이 수집되어왔다. 그것들은 풍부한 곤충과 달팽이, 그리고 티라노사우루스 렉스, 트리케라톱스, 에드몬토사우루스*Edmontosaurus*, 에우오플로케팔루스*Euoplocephalus* 같은 공룡이 사는 다양한 열대 기후 식물의 풍부한 식물상을 포함한다. 각양각색의 어류, 개구리, 도롱뇽, 악어, 거북이 호수와 강을 차지했다. 덤불 속에서 초기 포유류가 종종걸음을 쳤고 공중에서 익룡과 새가 날았다. 미술품과 영화에서 티렉스와 그의 많은 적과 희생물 사이에 설정되는 고전적인 공룡 관련 교착상태 다수가 이 영역에서 나온 화석들에 근거를 두어왔다.

1980년대와 1990년대 동안 고생물학자들은 화석 하나하나의 정확한 층위를 기록하면서, 헬크리크층에 있는 화석들의 상세한 전수조사 연구를 수행했다. 발상은 공룡이 흐느낌과 함께 절멸했는지 아니면 폭발음과 함께 절멸했는지를 결정하자는 것이었다(엘리엇의 시 〈공허한 인간들The hollow men〉에 "세상은 이렇게 끝난다. 폭발음이 아닌 흐느낌과 함께"라는 구절이 나온다―옮긴이). 다시 말해 그들은 백악기 맨 끝까지 온 힘을 다해 살아남았을까, 아니면 멸종층 아래에 있는 여러 미터의 암석층에 걸쳐 쇠퇴했을까? 합의는 그들이 거의 끝까지 꽤 잘 살아남았다는, 하지만 그런 다음 백악기 최후기 암석의 맨 위 3미터에서는 누가 봐도 공룡 뼈가 나오지 않는다는 것이었다. 이 '공룡 공백'은 공룡이 소행성 충돌 몇 달 혹은 몇 년 전에 절멸했다는 의미로도, 아니면 어떤 이유로 그들의 뼈가 발견되지 않고 있다는 의미로도 구구하게 해석되었다.

우리는 이런 헬크리크층의 퇴적물에서 백악기의 끝을 어떻게 알아볼까? 지질학자들에게는 오랫동안 정확한 도구가 없었고, 그래서 그들은 'Z(지) 석탄'이라 불리는 광범위한 석탄층을 백악기의 끝과 뒤이은 고진기의 시작을 가리키는 지표로 사용했다. 석탄이 현장에서 쉽게 확인되는 덕에 이 편법은 충분히 잘 먹혔는데, 그게 공룡의 끝을 표시하기는 했다—공룡 뼈가 석탄 밑에서는 발견되었지만, 위에서는 절대 발견되지 않았다. 그 층위가 백악기–고진기 경계에 가깝다는 것은 Z 석탄 바로 밑에서 퇴적물의 꽃가루 유형이 변하고 광범위한 전형적 백악기 식물이 멸종하는 것으로 확증되었다.

그렇다 해도 이것은 엄청나게 정확한 게 아니고, 그게 어디서나 먹히지도 않는다. 예컨대 타니스에는 Z 석탄의 징후가 없고, 백악기의 끝을 뒷받침하는 현장 지표라고는 마지막 공룡의 실종뿐이다. 하지만 우리의 관심사가 공룡의 끝이라면, 백악기의 끝을 표시할 수단으로 공룡 뼈의 부재를 사용하는 것은 암석의 연대를 측정하는 훌륭한 방법이 아니다. 이것은 전형적인 순환론이다—"여기에 암석에서 마지막 공룡 뼈로 표시되는 백악기의 끝이 있습니다. 오, 그렇다면 이것은 우리에게 백악기의 마지막 날들에 공룡이 어떻게 쇠퇴했는지를 보여주는군요".

지금은 백악기의 끝을 뒷받침하는 독립적인 연대 지표가 있고, 이것은 높은 비율의 이리듐이 들어 있는 얇은 점토층이다. 이리듐은 화학적으로 백금과 금의 친척이고, 지각에는 심지어 백금과 금보다 더 드문 금속 원소다. 사실, 이리듐은 일반적으로 지구의 표면에 있는 암석에서 자연히 나는 게 아니라 외계에서 배달된다고 가정된다. 본질이 우주에서 온 돌덩이인 운석은 쉴 새 없이 지구를 때리고, 이것이 미량의 이리듐을 가져온다. 이 운석들 대부분은 절대 들키지 않지만, 가끔 하나가 자동차나 집을 때리고 기겁한 주민은 그것을 그들의 지역 박물관이나 언론사로 가져갈 것이다.

더 큰 운석은 훨씬 덜 자주 지구를 때리지만, 그런 공습 후에는 운석이

몬태나주 마코시카주립공원의 헬크리크층. 이 거대한 지질층이 공룡이 죽은 날인 백악기의 마지막 날을 기록하는 노스다코타주 안의 타니스 화석지를 포함한다.

지구 표면을 깊이 뚫고 들어가는 동안 크레이터가 형성된다. 일반적으로 운석 자체는 증발하고, 함유된 이리듐은 대기 중에서 매우 높이 던져질 수 있는 먼지의 부분이므로 결국은 다시 지구로, 아마도 폭우가 쏟아지는 동안에 떨어지기 전에 옆으로 어느 정도의 거리를 여행할 것이다. 이 먼지에는, 또는 그것이 정착한 후 점토층에는 이리듐이 십억분의 몇 정도의 미량뿐이겠지만, 그래도 그것을 검출할 수 있다. 실제로 육지와 바다 양쪽의 전 세계 200곳이 넘는 산지에서 이른바 이리듐 스파이크spike 또는 이상anomaly이 백악기의 끝을 표시하는 암석 층위에서 식별되어왔다. 이것은 공룡을 끝장낸 대대적 충돌의 굉장히 신뢰할 만한 지표인 듯하다. 드팔마는 타니스에서 이리듐층을 화석층 바로 위에서 확인한 바 있고, 따라서 타니스 화석들은 정말로 연대가 백악기의 맨 끝부터로 측정되기는 한다. 하지만 그들은 정말로 마지막 날에… 그리고 늦봄에 살해되었을까?

우리는 곧 그리로 갈 테지만, 먼저 백악기 말의 소행성 충돌에 관해 알려진 것을 명확히 짚어두는 게 중요하다.

소행성 공습: 증거

6600만 년 전 지구를 때린 운석은 지름이 10킬로미터에 달해 소행성으로 분류될 만큼 컸다(컬러도판 18을 보라). 어떻게 불리건 그것은 커다란 돌이었고 그게 황폐를 불렀다. 그것은 지금껏 그런 소행성 충돌이 대멸종을 초래한 유일한 때였던 듯하다. 그 발상은 1980년에 처음 제안되었고, 비록, 아마도 지질학자들이 지구가 큰 운석에 얻어맞은 적이 있다는 걸 부인했던 1950년대와 1960년대의 유물로서, 모든 지질학자와 고생물학자가 처음부터 그 제안을 환영하지는 않았지만, 그때 이후로 1990년과 2020년의 핵심적 발견과 함께 소행성을 뒷받침하는 증거는 늘어왔다.

운석 충돌은 1970년대에는 내가 공부하는 지질학 교과과정의 부분이 아니었다. 우리는 사실, 그런 발상은 위험하거나 터무니없다는 경고를 받았고 교과서에도 외계 지질에 관한 내용은 거의 없었다. 지질학자들은 20세기 초반 내내 심지어 명백한 크레이터를 화산 관련 붕괴 구조로 설명해보려고도 했었다. 예컨대 크레이터처럼 생겼을 뿐 아니라 심지어 지도상에서 크레이터라고 불리는 애리조나주의 미티어 크레이터Meteor Crater(컬러도판 19를 보라)가 1940년대에는 여전히 논쟁의 대상이었다. 일부는 그 크레이터가 화산 증기 폭발로 생겼다고 1891년에 말한, 미국 지질조사국(USGS)의 최고 지질학자 그로버 칼 길버트의 견해를 인용했다. 인정하건대, 1950년 무렵에는 지질학자 대부분이 미티어 크레이터는 운석 충돌로 형성되었음을 받아들이기는 했지만, 그것을 증명하는 데에는 USGS 과학자 두 사람의 연구물이 필요했다.

에드워드 C. T. 차오(1919~2008)와 유진 M. 슈메이커(1928~1997)는 둘 다 암석의 화학적 조성과 현미경 조사가 전문인 암석학자였다. 그들은 그 크레이터 바닥을 돌아다니다가 용융 암석(어떻게든 고온 또는 고압에 의해 달라진 암석)의 표본들을 주웠다. 차오와 슈메이커는 현미경 아래에서 코자이트coesite와 스티쇼바이트stishovite라고 불리는 이산화규소의 두 가지 특이한 형태를 알아보았다. 이것들은 압력이 극도로 높은 조건에서 자연히 생긴다고 알려져 있었다. 코자이트는 1953년에 실험실에서 합성된 바 있었다(그리고 스티쇼바이트는 1961년에 합성되었다). 실험실 합성은 요구되는 압력이 대기압의 약 1만 배임을 보여주었다. 그런 압력은 자연에서 화산 폭발로부터가 아니라 운석 충돌로부터만 생겨날 수 있다.

이 실증, 그리고 나중에 차오, 슈메이커와 그 밖의 사람들이 내놓은 연구물에도 불구하고 지구상의 운석 크레이터의 증거가 받아들여지는 데에는 수십 년이 걸렸다. 1972년 이후로는 랜드샛 위성에서 보내오는 이미지들이 크레이터의 증거를 늘려주었다—멀리서 보았을 때는 덩어리와 구멍의 이상한 조합 같았던 것들이 사진 속에서 갑자기 명백한 크레이터로 나타났고, 2015년 무렵 지구상에 있는 더 큰(지름이 6킬로미터 이상인) 크레이터의 총수는 128개로 집계되었다. 이것은 초기 지질학자들을 경악시켰을 숫자이지만, 화성과 달을 비롯한 다른 모든 행성이 크레이터로 뒤덮여 있음을 고려하면 그리 뜻밖의 숫자도 아니다. 지구상의 것은 더 젊은 암석으로 덮였거나 침식되어 없어져서, 혹은 식생과 인간의 개발 뒤에 숨어서 보기가 더 어렵다.

그래서 1980년에 노벨상 수상자인 물리학자 루이스 앨버레즈(1911~1988)와 그의 지질학자 아들 월터 앨버레즈와 동료들이 지구를 때렸던 10킬로미터짜리 소행성이 공룡을 죽였다고 주장했을 때, 지질학자와 고생물학자 대부분은 믿으려 하지 않았고… 화를 냈다. 그들은 그 발상이 너무 허무맹랑해 보여서 믿으려 하지 않았고, 물리학자한테서 그들의 볼일에 대한 말을 듣는 게 분해서 화를 냈다(역대 최고의 책 제목 중 하나가 틀림없는 『티렉스와 파멸의 크레이터T. rex and the Crater of Doom』에서 월터 앨버레즈가 자초지종을 들려준다). 이런 저항에도 불구하고 증거는 1980년 이후로 계속 쌓여왔고 공룡 살해범으로서 소행성 충돌은 이제 가장 널리 인정되는 모형이다. 탄탄한 증거 중 가장 설득력이 컸던 핵심적 증거가 두 건이—1990년에 크레이터의 발견이, 그리고 2020년에 원인 후보였던 데칸 용암대지의 배제가—있었다.

우리가 보았다시피 전 세계적 이리듐 스파이크가 백악기와 고진기의 경계를 표시한다고 여겨지기 때문에, 심지어 크레이터 없이도 소행성 충돌의 사실성은 인정된다. 거대한 소행성의 충돌 말고는 해성 암석과 육성 암석 양쪽에서 발견되는, 이렇게 전 세계적으로 이리듐 함유층을 발생시킬 수 있었을 알려진 과정이 없다. 그것은 먼지구름이 지구를 에워쌌고 그 먼지(더하기 이리듐)가 지구를 감싸는 몇 밀리미터 두께의 담요를 형성하면서 비와 함께 떨어졌다는 것을 확증한다. 몇몇 곳에서는 지질학자들이 충돌층에서 코자이트와 스티쇼바이트 및 충격받은 석영(컬러도판 20을 보라)도 확인해왔다. 더 나아가 카리브해의 원형인 고대 카리브해 주위의 암석 퇴적물에 풍부한 아주 작은 유리 소구체小球體가 주목을 받아왔다.

사실, 지질학자들은 1980년대 내내, 충돌 영역을 찾을 장소로서 원시 카리브해로 직행하고 있었다. 앞서 언급했듯이 당시에는 해수면이 오늘날보다 훨씬 더 높았기 때문에, 바다의 경계가 남미와 멕시코 위 내륙으로 얼마간 들어가 있었다. 유리 소구체의 축적은 지질학자들에게 그들이 충돌 지점에 가까워지고 있다는 걸 알려주었다. 그런 유리구슬은 충돌의 에너지가 흩어지는 동안의 충격으로 공중으로 던져지고, 그래서 그것은 소행성이 때린 암석, 이 경우 석회암과 같은 해성 퇴적암과 심지어 소금층이 보유한 화학적 성질의 측면들을 보여준다. 그것은 공기를 통과하는 유리구슬이 처음에는 뜨거운 용융 상태로, 그런 다음 날아가는 동안에는 식으면서 빙글빙글 도는 구형으로서 그리는 궤적 때문에 충돌 지점의 약 3000킬로미터 안에서만 발견된다.

크레이터는 1990년에 당시 애리조나 대학 대학원생이었고 멕시코와 미국 출신의 동료들과 함께였던, 캐나다 지질학자 앨런 힐데브란트에 의해 확인되었다. 그는 멕시코의 석유 탐사 회사 페멕스에서 나온 오래된 지하 유정 데이터를 살펴보고 있다가, 멕시코 남동부 유카탄반도에 있는 칙술루브 마을을 중심으로 크레이터가 파묻혀 있음을 뒷받침하는 증거를 발견했다. 뒤이은 지구물리학적 조사들을 통해, 칙술루브 크레이터로 재빨리 명명된 그것이 1980년에 앨버레즈와 동료들이 예측했던 크기인 지름 180킬로미터라는 사실이 드러났다. 그것은 충돌 이후로 6600만 년 동안 퇴적된 더 젊은 퇴적물 아래 숨겨져 있었던 것이었다. 시추 계획을 짜서 크레이터의 중심에서 꺼낸 용융 암석이 정확히 백악기-고진기 경계의 연대인 6604만 3000년 전이라는 방사성 측정 연대를 내놓았다.

소행성 공습을 뒷받침하는 증거는 이제 일반적으로 받아들여졌지만, 일부는 과연 그것이, 혹은 그것이 단독으로, 대멸종을 초래했을지 의문을 품었다—그 충돌이 공룡을 죽였을 수가 있을까? 다른 가설은 백악기 말 대멸종을 같은 시기에 분출된 엄청난 두께의 현무암질 용암인 인도 서부와 북서부의 데칸 용암대지와 연관지었다. 만약 우리가 페름기 말, 트라이아스기 말과 기타 거대한 대멸종에서 화산 모형을 죽음의 동인으로 인정한다면, 백악기 말 재난에 대해서도 그러지 않을 이유가 무엇인가? 데칸 분출도 틀림없이 기후를 바꾸고 생명에 스트레스를 주었지만, 그 둘은 예일 대학에서 고생물학자 핀셀리 헐과 그녀의 동료들에 의해 2020년에 수행된 훌륭한 연구 덕분에 구별되었다. 그들은 전 세계적인 대양 온도 변화의 기록을 이용해, 데칸 분출이 백악기 말 이전에 급격한 온도 상승을 일으키면서 절정에 달했다는 것을 보여주었다. 그렇지만 멸종들은 온도가 끌려 내려간 20만 년 뒤에, 소행성 충돌과 정확히 같은 시기에 일어났다. 충돌은 태양을 가리는 먼지를 던져올리므로 어둠과 추위를 유발하며, 이것이 살해범이었다고 헐은 주장했다.

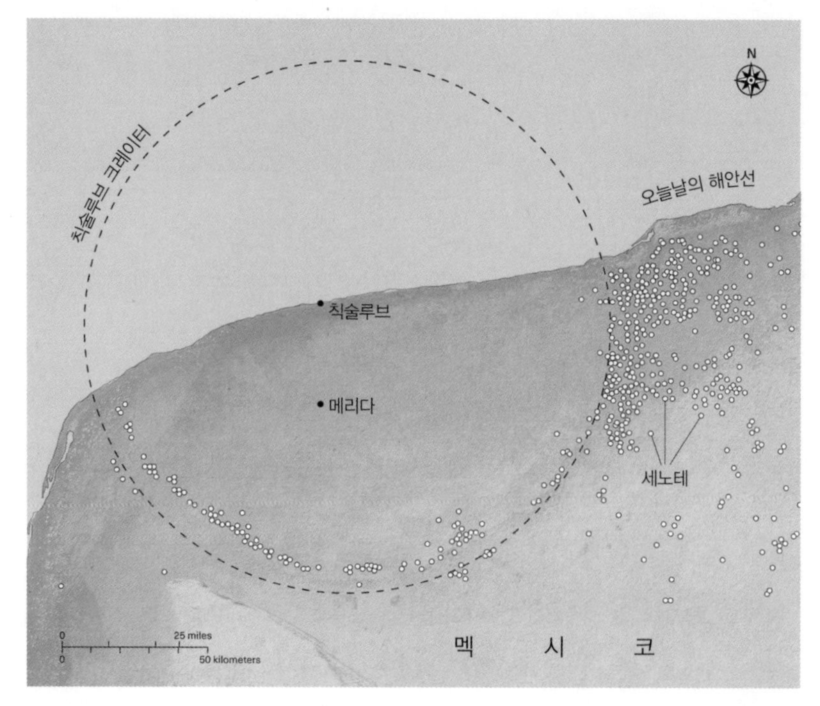

북쪽 부분은 현대의 바다 밑에, 남쪽 절반은 멕시코 유카탄반도의 육지 밑에 파묻혀 있는 거대한 칙술루브 크레이터의 지구물리학적 이미지.

타니스로 돌아가

그래서, 타니스가 공룡이 죽은 날을 기록한다는 증거는 무엇일까? 첫째, 드 팔마와 동료들은 그 시기에 서부내륙해의 해안 가까이에 위치했던 타니스에서, 보존된 강의 수로에서 보이는 몇 가지 기이한 특징에 주목했다. 마치 강의 수로가 깊이 침식되고 나서 물이 양방향으로 흐르고 있는 것처럼 보였던 것이다. 기이한 뭔가가 물이 정상적인 흐름을 거슬러 급속히 상류로 흐르면서, 그리고 그런 다음 급속히 얕은 바다로 떠나면서 시소를 타게끔, 이 강들에 영향을 미친 터였다(이것은 쓰나미나 지진의 부작용 중 특수한 종류인 부진동파副振動波, seiche wave로 알려져 있다). 그들은 소행성이 공습하는 동안 칙술루브 충돌 지점에서 출발한 지진 같은 떨림이 지각을 통해 3000킬로미터 떨어진 타니스에 도달해 해안선을 위아래로 마구 흔들면서, 따라서 강이 뒤로 흐르고 앞으로 흐르기를 여러 주기에 걸쳐 반복하게 하면서 바깥쪽으로 퍼져나갔다고 주장했다.

두 번째 증거는 화석층 일부에 충돌 지점 주위에서 발견되는 것과 꼭 닮은 유리 소구체들이 들어 있었다는 점, 그리고 그것들이 공중을 통해 타니스—그것들의 궤적 중 아마도 바깥쪽 한계에 가까울—에 도달했었다는 점이다. 유리 소구체 일부는 당시 강에 살고 있던 물고기의 아가미구멍 안쪽에서 발견되었고, 드팔마는 소구체들이 수면 위로 후두두 떨어져내리는 동안 물고기들이 시소를 타고 있는 강에서 헤엄쳐 돌아다니며 그 유리구슬들을 들이마시고 있었다는 의견을 제시한 바 있었다. 이것이 사실이라면, 이것은 소구체가 퇴적되고 물고기가 몸부림치다가 죽은 시점을 충돌 후 한 시간여 이내로 못박는다.

타니스에서 발굴된 다른 화석들에는 소형 포유류, 새끼 익룡, 테스켈로사우루스*Thescelosaurus*라 불리는 초식 공룡의 다리, 꼬챙이가 골격을 뚫고 지나가는 민물 거북이 포함된다. 이들도 충돌 당일에 죽었을까? 어쩌면. 아마도 거북은 평화롭게 헤엄치고 있었고, 그때 부진동파에 그것의 물로 된 집이 뒤집혔고, 물과 잔해의 급류 속에서 이 가엾은 동물이 꼬챙이에 찔리게 되었을 것이다.

우리에게 살해 현장이 있다면, 드팔마와 동료들은 어떻게 그 위기가 늦봄에 있었다고 말할 수 있었을까? 이것은 웁살라 대학에서 지질학 박사과정 학생 멜라니 두링이 물고기 일부의 뼈 안에 보존된 나이테를 연구했기 때문이다. 오늘날 북아메리카, 유럽, 아시아의 강과 호수에서처럼, 타니스의 강에서도 철갑상어와 주걱철갑상어가 헤엄쳤다. 러시아의 철갑상어는 그들의 알로 유명하고, 어부들은 그들이 바이칼호에서 잡곤 했던 참으

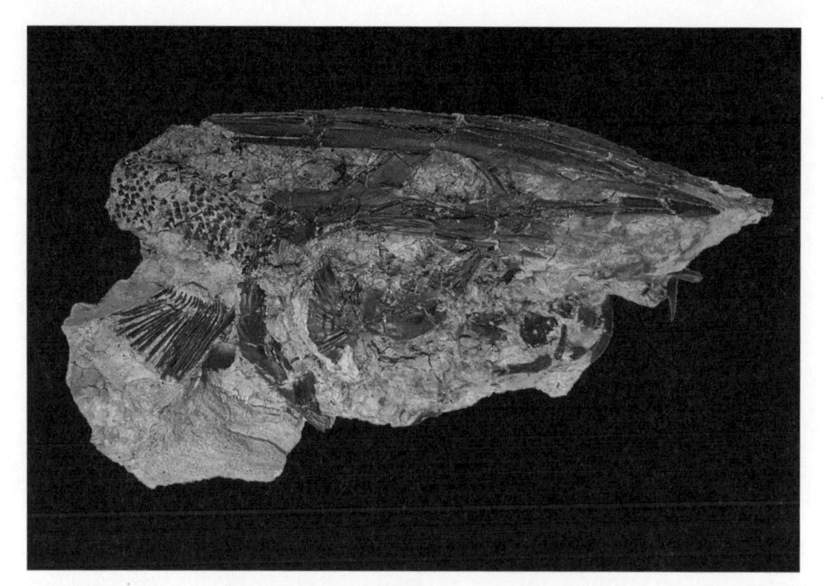

타니스 화석지에서 나온 주걱철갑상어 표본의 두개골. 물고기는 오른쪽을 보고 있다.

로 거대한 2미터 길이 표본을 귀중히 여긴다. 타니스 철갑상어는 더 작았지만, 그들의 등뼈는 1밀리미터 미만의 단위에서 일부 줄에는 큰 골세포가 들어 있고 좁은 줄에는 골세포가 매우 드문 줄의 패턴을 보여준다. 우리는 현생 물고기를 근거로 골세포층은 먹이가 풍부한 급성장의 시기를 대변하고, 골세포가 모자라는 가는 층은 성장이 느린 겨울이나 굶주림의 시기를 표시한다는 것을 안다. 두링과 동료들은 철갑상어와 주걱철갑상어에서 나온 뼈들을 연구했다. 주걱철갑상어에서 나온 핵심적인 한 예는 그것이 죽었을 때 여섯 살이었고, 마지막 나이테의 크기로 표시되듯 늦봄(아마도 5월, 하지만 늦은 4월이나 6월일 수도 있는)에 성장을 멈추었음을 보여주었다. 그것의 성장은 소행성 충돌로 종결되었다고, 두링과 동료들은 말한다.

타니스에 대해서는 이만하면 됐지만, 우리는 백악기 말 멸종에 관해 일반적으로 무엇을 알까?

대양에서의 죽음

대양에서 본 그 위기의 주된 희생자는 암모나이트, 벨렘나이트와 루디스트 이매패류rudist bivalve였다. 이들은 모두 연체동물 집단이고 우리가 보아왔듯 모두 중생대 해양 생태계의 주요한 부분을 차지했었다. 암모나이트와 벨렘나이트는 그들의 넘쳐나는 화석으로 입증되듯 둘 다 엄청나게 풍부했다(암모나이트는 수백 또는 수천 종으로 구성되었다). 그들이 쥐라기와 백악기의 어류와 해양 파충류 다수의 식사 대부분을 제공했는데, 하지만 그들은 또 나름으로 먹물 구름을 뿜어 혼동을 일으키는 동시에, 깔때기(누두)로 물을 뿜어서 제트 추진된 폭발적인 후진 속도를 발생시킴으로써 그들의 포식자한테서 도망칠 길을 찾았다.

이 헤엄치는 연체동물들이 사라졌듯, 백악기 후기의 거대한 해양 파충류, 특히 수장룡과 모사사우루스류도 사라졌다. 7장에서 우리는 페름기 말 대멸종 다음에 이 전적으로 새로운 범주의 포식자들이 어떻게 트라이아스기 초기와 중기에 대양에 들어왔는지를 보았다. 핵심 집단은 어룡과 수장룡이었고, 쥐라기 바다뿐 아니라 부분적으로는 백악기의 바다도 그들이 지배했다. 돌고래 체형의 포식성 파충류인 어룡은 백악기 말이 되기 2800만 년 전에 이미 절멸해 있었다(206쪽을 보라). 수장룡은 작은 머리와 긴 목을 가진 전통적으로 수장룡plesiosaur으로 불리는 생태적 유형, 그리고 묵직한 두개골과 짧은 목을 가진 플리오사우루스류pliosaur로 양분되어 있었다. 백악기 후기의 초반에는 플리오사우루스류도 절멸해 있었지만, 최고 길이가 12미터이고 뱀처럼 구불거리는 목이 그 길이의 절반을 차지할 만큼 긴 목을 가진 엘라스모사우루스과elasmosaurid는 백악기 말까지 살아남았다.

먹이그물에서 전에 어룡과 플리오사우루스류가 차지했던 생태적 자리는 대양에서의 삶에 무척 많이 적응된 주목할 만한 도마뱀 집단, 모사사우루스류가 인수했다. 유럽과 북아메리카의 백악기 최후기 석회암에서 길이가 4미터에 이르는 녀석들이 허다한 모사사우루스류 화석이 풍부하게 발견된다. 모사사우루스류는 어뢰형 몸통, 헤엄칠 때 옆으로 휘젓는 꼬리지느러미가 끝에 달린 옆면이 평평한 긴 꼬리, 조향을 위한 네 개의 훌륭한 지느러미발을 갖고 있었다. 백악기의 맨 마지막 날까지 이들은 암모나이트와 벨렘나이트뿐 아니라 어류와 더 작은 해양 파충류까지 먹고 사는, 범고래와도 같은 지배적 포식자였다.

루디스트 이매패류는 때로는 수백만 개체로 구성되는 거대한 생물초를 형성하면서, 해저면 위에 살았다. 루디스트 하나하나는 크기와 모양이 아이스크림콘과 비슷했지만, 마치 그 콘이 어린아이에 의해 찰흙 무더기로 만들어진 것처럼, 볼품없고 불규칙했다. 루디스트는 주위의 얕은 물에서 작은 먹이 입자를 걸러내어 연명하면서 아마도 대단히 장수했을 것이다. 산호와 해면 같은 다른 생물초 건축업자들은 대멸종 동안 역시 손실을 겪었지만, 많은 종이 살아남았다. 아마도 루디스트와 그 밖의 생물초를 건축하는 멸종 희생자들은 그 시기에 일어난 대양 산성화에 취약했을 것이다.

백악기 후기 대양 안의 이 복잡한 먹이사슬은 모두 그들의 일차 식량원인 플랑크톤에 달려 있었다. 오늘날과 마찬가지로 미시적 동물(동물성 플랑크톤)은, 광합성으로 공기에서 이산화탄소를 가져다 탄소로 바꾸면서 에너지를 붙잡아 그들의 몸을 짓고 산소를 대양의 물과 대기로 다시 내뿜는 미시적 식물(식물성 플랑크톤)을 먹고 살았다. 화석 증거는 백악기의 맨 끝에서 플랑크톤 개체수의 급격한 감소를, 그리고 유공충foraminifer과 인편모조류coccolithophore(방해석 껍데기를 가진 미시적 유기체들) 종의 엄청난 손실을 보여준다.

이런 플랑크톤의 손실이 얼마나 심각했는가의 척도로 인편모조류의 사례를 살펴보자. 현미경으로 들여다보는 이들의 화석은 아름답다(컬러도판 23을 보라). 그들은 생전에 하나하나가 방사상 바큇살을 가진 다수의 원판으로 구성된 공 모양이다. 사후에는 그 판들이 해저면 위에 엄청난 두께의 석

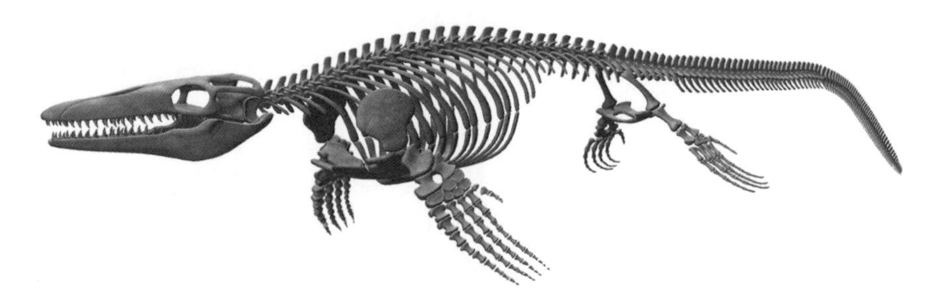

백악기 후기 바다의 최상위 포식자 중 하나였던 모사사우루스류의 골격. 모사사우루스류는 실은 거대한 도마뱀이었지만, 그들도 백악기 말에 절멸했다.

회암을 형성하면서 다 허물어진다. 실은 영국 도버의 화이트 클리프스White Cliffs of Dover(컬러도판 22를 보라)도 다른 곳에 있는 비슷한 백악기 후기 석회암과 백악白堊, chalk도, 거의 전부 이 미시적 조류藻類의 골격으로 지어진다. 그런데 이 성공한 집단이 거의 전멸되었으니, 그 위기가 얼마나 심각했는지 알 수 있다.

대양 산성화

광합성을 위한 빛의 부족과 대양 산성화가 그 위기의 핵심 요인이었던 듯하다. 빛이 부족해진 것은 소행성이 충돌하고 해가 어둑해지면서 생기는 결과로 잘 알려져 있다. 그러나 산성화는 다른 뭔가여서, 지금껏 탐지하기가 무척 어려웠다. 우리는 오늘날, 지구 온도가 올라가는 동안 대양 산성화도 걱정거리라는 것을 안다. 대기 중에 있는 과도한 양의 이산화탄소는 대양의 표층수를 더 산성으로 만든다. 반드시 동물의 석회질 껍데기를 녹이기에 충분할 만큼은 아닐지라도, 확실히 그들이 껍데기를 만들고 유지해야 한다는 생리적 과제를 수행하기가 훨씬 더 어렵게 만들 만큼은. 더 산성화된 물에서는 연체동물과 산호가 칼슘 이온을 붙잡고 그들의 골격을 짓기까지 평소보다 더 많은 에너지를 소비해야 한다. 우리는 암석 기록에서 석회암의 부재로 산성화 일화를 알아볼 수 있지만, 또 다른 독립적 척도가 있는 것으로 보인다. 그것은 붕소 동위원소다.

붕소는 고동빛 분말을 형성하고 잘 부서지는 검은빛의 반짝이는 금속같은 물질로 결정화하는 자연산 원소다. 그것은 바닷물에서 난다. 바닷물이 증발할 때 그것은 유리, 도자기, 유리섬유 산업용으로 채광되는 천연산 소금을 형성할 수 있다. 바닷물에서 붕소는 자연히 붕산과 붕산염 이온이라는 두 형태로 나고, 이 둘의 비가 그 물이 산성부터 알칼리성에 이르는 잣대 위에서 어디에 놓이는가를 의미하는, 그 물의 pH의 척도다.

2019년에, 이 비를 이용해서, 포츠담 독일지구과학연구소의 미하엘 헤네한은 백악기 후기를 통과하고 경계를 넘어 고진기로 들어가는 해양 플랑크톤 껍데기 표본들에서 두 붕소 동위원소의 비율을 측정했다. 수치들은 약 7.8의 pH를 반영하는 상당히 안정적인 붕소 동위원소비들을 나타냈고, 소행성 충돌의 즉각적 여파로 정확히 백악기-고진기 경계에서 7.5로 가는 (산의 축적을 표시하는) 날카로운 스파이크를 동반했다. 수치들은 그런 다음 8.0으로 다시 튀어올랐고, 10만여 년 뒤에 충돌 전의 정상 수치인 7.8로 회복되었다. 헤네한과 동료들은 그들이 독립적인 방법을 써서, 소행성 충돌로 유발된 급격한 대양 산성화 국면이 있었음을 확인했다고 주장했다.

그 충돌이 정확히 어떻게 대양으로 산을 주입했는가는 논쟁의 대상이 되지만, 그 소행성이 해성 석회암과 석고 소금 퇴적층을 때렸다는 것은 알려져 있다. 한 가지 결과는 비와 섞이면 얕은 바다로 빠졌을 때 분명한 산성화 효과를 제공할 황산을 형성하는, 막대한 부피의 황산염을 대기 속으로 보내는 것이었을 테다. 게다가 석회암의 증발로, 그리고 들불과 그 밖의 충돌의 결과로 막대한 부피의 이산화탄소가 생성되었을지도 모른다. 이산화탄소는 대기 중에서 빗물과 섞여 탄산을 생성하고, 이것이 대양을 더욱 산성화했을 것이다.

산도가 올라가면서, 암모나이트와 벨렘나이트와 루디스트를 포함해, 탄산칼슘 껍데기를 가진 해양성 플랑크톤과 동물이 절멸했다. pH가 더 낮은 조건에서는 그들이 골격을 지을 수 없었거나, 생존하기에는 골격이 너무 얇아졌다. 벌레, 해면, 물고기처럼 탄산칼슘 골격이 없는 다른 바다 거주자들은 거의 영향을 받지 않았다. 우리에게는 아마도 덜 친숙할 테지만 해양 생태학에서는 엄청나게 중요한, 부유성 유기체 사이에서도 똑같은 대비가 보인다. 앞에서 언급했듯이, 석회질 껍데기를 가진 유공충과 인편모조류는 상당한 멸종을 겪은 데에 반해 이산화규소 골격을 가진 유형인 와편모충과 방산충은 영향을 받지 않았다.

헤네한과 동료들에게 탐지된 대양 산성화 사건은 탄산칼슘 껍데기를 가진 플랑크톤 사이에서의 광범위한 종 손실 탓에 결과적으로 대양에서 탄소 순환 체계를 무너뜨렸다. 그 멸종 후 첫 번째 수만 년 사이에 유공충과 인편모조류의 약 90퍼센트가 사라졌고, 대양에서 광합성과 생산성이 충돌 사건 이전의 약 절반으로 떨어졌다.

뒤이어 플랑크톤 개체수와 생산성이 회복을 시작한 순간에도, 멸종 후 대양을 다시 채운 새로운 개척자 플랑크톤 종은 작았고 가볍게 석회화되었기 때문에, 탄소 순환(필수 원소인 탄소가 유기체의 몸을 통해 해저면 위의 암석 안으로, 그리고 다시 먹이사슬 안으로 순환하게 하는 시스템. 59쪽을 보라)이 충돌 전 조건으로 돌아가기까지는 훨씬 더 긴 시간이 걸렸다. 이것은 썩고 있는 플랑크톤의 유해를 한데 모으고 그것을 바다 밑바닥 쪽으로 빠르게 수송하도록 돕는 일에서 무거운 껍데기를 가진 플랑크톤이 결정적인 역할을 하기 때문이다. 이 더 무거운 플랑크톤이 사라지자 유기물이 물기둥 안에 더 오래 머물렀다. 이것은 작고 가볍게 석회화된 플랑크톤의 지배가 계속되도록 조장함으로써, 멸종의 여파로 이 '새로운 일상'이 강화되는 결과를 낳았다. 따라서 충돌 후 탄소 순환이 100만 년이 넘도록 지장을 받았다.

대멸종에 관한 생각

백악기 말 대멸종은 지금껏 해마다 아마도 1000편이 넘을 과학 논문을 생산해내면서 모든 위기 중 가장 많이 연구되는 위기였다. 이는 준비된 자료의 가용성, 그리고 말할 것도 없이 주제의 매력을 반영한다. 공룡과 운석 충돌을 포함하는 모든 것은 확실한 승자다(컬러도판 21을 보라). 하지만 6600만 년 전 사건은 한 번으로 끝나는 아주 이례적인 뭔가였고, 거기서는 더 일찍이 화산이 주도한 이상고온 대멸종들에서보다 배울 게 적다고 주장될지도 모른다.

그렇지만 과학자들이 백악기 말 사건은 더 광범위한 한 종류의 현상을 대표한다고 생각한 시기가 있었다. 1980년에 앨버레즈가 충돌 이론을 발표하고 얼마 지나지 않아, 천문학자를 비롯한 다른 사람들이 외계 원인, 심지어 그 자체가 반복될지도 모르는 외계 원인의 규명을 모색하는 출판물이 빗발쳤다. 한동안 사람들은 운석이 주기적으로 지구에 충돌한다고 이야기했고, 이 발상은 아직도 지지자들이 있다. 그들의 주장은 장기적인 태양계 요동의 주기에 의해, 또는 제2의 태양인 이른바 죽음의 별 네메시스의 영향에 의해 2600만 년마다 태양계의 외곽으로부터 운석우가 방출된다는 것이다. 무서울 것이다. 만약 지금껏 소행성이 주도한 대멸종이 6600만 년 전에 한 번, 그다음에는 4000만 년 전에 또 한 번, 그다음에는 1400만 년 전에 있었다는 것을 우리가 안다면, 우리는 엄청난 규모의 다음번 충돌이 언제 일어날지 예측할 수 있을 것이다. 우리는 어떻게 준비할 것인가—안전모를 구매하고, 지하 벙커를 짓고, 식료품을 사재야 할까? 앞으로 1200만 년 뒤, 지구상에 인간이 돌아다니기는 할까? 그렇지만 규칙적 리듬을 따르는 그런 대규모 충돌을 뒷받침하는 증거는 실재하지 않는다. 물리학자들은 계속 멸종 합계표를 가지고 놀면서 흥미로운 패턴들을 찾아내지만, 그런 연구들은 우리의 운명을 신비한 공식과 관련지으며 아무것도 존재하지 않는 곳에서 패턴을 찾고자 하는 일종의 수비학數秘學이 되어왔다. 다음번 소행성은 아무 날에든 도착할 수 있을 테지만, 그날이 언제일지를 우리가 예측할 수는 없다.

10킬로미터짜리 소행성 충돌은 언제나 대멸종을 유발할까? 답은 '아니오'인 것 같다. 사실 지구상에 칙술루브와 비슷한 크기의 크레이터를 남긴 소행성 공습은 그동안에도 여러 번 있었지만, 이것들은 멸종으로 이어지지 않았다. 그것은 전부 그 소행성이 때리는 암석에 달렸다. 다른 거대한 크레이터는 대부분, 공습당하고 증발해도 특별히 유독한 원소를 배출하지 않는 불활성 화성암이나 변성암 위에 있다. 칙술루브에 충돌한 놈이 석회암과 황이 풍부한 소금을 들이받아, 결과적으로 막대한 부피의 탄소와 황이 대기로 들어가게 하고 대양과 육지 위로 산을 쏟아붓게 한 것은, 그냥 우연이었다.

이 백악기 말 재난은 가장 최근의 대멸종이었다. 포유류—우리—는 수혜자였다. 공룡이 사라진 터였고, 혹시나 하는 약간 투기적인 전망도 있지만 공룡이 언젠가 살아 돌아올 가능성은 크지 않은 듯하다. 충돌의 여파가 잦아든 팔레오세에는 세계가 어떤 모습이었을까? 생명은 어떻게 회복했으며, 새로운 생태계는 현대 생태계와 어떻게 관련되었을까? 우리는 다음 장에서 이것을 탐구한다.

13
회복과 현대 생태계의 건설

심슨 교수, 당황하다

때는 1937년, 가장 위대한 화석 포유류 전문가 중 한 사람인 미국 고생물학자 조지 게일로드 심슨(1902~1984)은 당황스러웠다. 그는 미국 몬태나 중부 크레이지산맥의 포트유니언층Fort Union Formation에서 수집된 화석들에 대한 자세한 해설을 막 출판한 터였다. 그를 당황하게 한 것은 북아메리카 전역의 신문사 사주들의 멍청함이었다.

심슨은 뉴욕에 있는 미국 자연사박물관(AMNH)에 고용되어 있었고, 포유류 진화에 관해 그가 이해하고 기록할 수 있는 모든 것을 이해하고 기록하기를 열망하는, 잠시도 가만히 있지 못하는 탐구적인 사람이었다. 그는 1940년까지 알려진 쥐라기와 백악기 출신의 모든 포유류를 연구한 후, 그들은 죄다 그의 모자 안에 쏙 들어갈 거라고(만약 박물관 학예사들이 이 아주 작은 희귀 화석의 그런 험한 취급을 용납하겠다면) 평한 적도 있었다. 요지는 분명했다—백악기 말 대멸종 이전에는 포유류가 중요하지 않았지만, 그 위기

후에는 그들이 어디에나 있었다. AMNH는 1869년에 민자 박물관으로 설립되어, 처음부터 다른 공공 박물관과는 다른 접근법을 취했다. 1908년부터 1933년까지 관장을 역임한 헨리 페어필드 오스본 교수는 그곳을 대중 교육의 명소로 만들려고 마음먹었다. 대학과 학구적인 박물관의 학예사들은 대개 훨씬 더 보수적이었지만, 오스본은 공룡과 초기 포유류의 천연색 복원도를 사용하는 것을 강력히 지지했다.

심슨도 이 교육적 기능을 지지했다. 그렇지만 겉으로 보기에, 1901년 이후로 다른 연구자들에 의해 수집된 소장품들을 세심하게 연구하며 돌파한, 포트유니언층의 팔레오세 포유류에 관한 그의 (287쪽에 걸쳐서 포유류 57종을 기재하고 있는데, 그중 37종이 학계에 처음으로 보고된 것이었던) 1937년 논문은 매우 건조한 학술적 저작이었다. 하지만 오늘날 우리의 관점에서 보면, 그는 백악기 말 대멸종 직후, 우리가 그 위기 후에 생명이 어떻게 회복되었는가를 이해하도록 돕는 면에서 중요한 첫 단계였던 시기, 팔레오세의 첫 번째 포유류 가운데 놀랄 만큼 완전하고 잘 기록된 일부 군집을 기재하고 있었다.

심슨은 공룡의 죽음, 그리고 포유류를 중심으로 집중된 육상생태계의 재건과 함께, 생태계에 상당한 변화가 있었다는 것을 알고 있었다. 그는 한편으로 위대한 진화 사상가, 1930년대에서 1950년대 사이에 이른바 현대종합이론의 원조가 된 유명 인사 중 한 명이기도 했다. 이때는 확고하게 다윈에 기반을 두고 유전학이라는 새로운 실험실 기반 과학을, 그리고 1953년에 이루어진 DNA 구조 발견 후에는 분자생물학이라는 새로운 과학을 통합하면서 현대적인 진화 이론이 확립된 때였다. 심슨은 현대에 진화 분야에서 화석이 차지할 역할을 분명히 내다보고 있었던 얼마 안 되는 고생물학자 중 한 명으로서, 박물관 상사를 포함한 그의 선배들이 내놓았던 많은 기괴한 이론을 분쇄해버렸다.

1937년 논문의 언론 보도에 관한 그의 당황으로 말하자면, 심슨은 나중에 그 저작물에 관한 AMNH의 대언론 요약문이 도중에 수정되면서 이 종이에서 저 종이로, 이 기자에서 저 기자로 어떻게 건네졌는지를 추적하는 유쾌한 짧은 글을 썼다. 아마도 조금 젠체하며, 그는 "그 [대언론] 보도자료는 승인을 받기 위해 나에게 제출되었고 수정 사항에 잘못된 인상을 줄 여지가 없다는 걸 확인한 뒤에야 발표되었다. 그것은 어떤 선정적 주장이나 허위진술도 주의 깊게 방지하고 있는 엄격하게 정확하면서도 쉽게 이해할 수 있는 요약문이었다"라고 언급했다. 신문들은 대체로 심슨이 포트유니언 동물군에서 나온, 현생 원숭이, 유인원과 인간의 먼 친척인 초기 영장류 일부를 기재했다는 사실에 초점을 맞췄었다. AMNH의 기사 스크랩 서비스는 아흔세 개 신문에서 언론 보도를 모았다. 이 가운데 일부는 심슨도 좋다고 느꼈지만, 대다수가 그의 메시지를 "아주 작은 쥐가 인간의 최근 조상", "4인치 나무 동물이 인간의 조상으로 보여", "700만 년 전의 생쥐가 공룡보다 오래 버텨"라고 왜곡했다. 좋은 교수는 절망했다.

6600만 년 전부터 오늘날에 이르는 시기는 신생대로 불리고, 그것은 기후가 일반적으로 따뜻하거나 매우 따뜻했던, 3400만 년 전까지 달리는 전반기와 뚜렷하게 싸늘한 후반기로 깔끔하게 양분된다—우리는 따뜻한 공룡 이후 기간을 이번 장에서, 그리고 추위의 세계를 다음 장에서 살펴볼 것이다. 사건들의 매듭을 푸는 사이에 우리가 발견하게 될 한 가지는, 오늘날의 과학자들은 만약 그것을 볼 만큼 심슨이 오래 살았더라면 그가 사랑했을 수준의 정밀함을 제공할 수 있다는 것이다.

따뜻하고 습한 몬태나

포트유니언 포유류의 시기에는 기후가 따뜻하고 습했다. 기후는 사실 타니스에서(12장을 보라) 보인 것처럼, 공룡과 포유류가 연안의 강둑을 돌아다닌 백악기 말에 그랬던 만큼 따뜻하고 습했다. 백악기 말에 지구에 충돌한 소행성이 급격한 한랭화 일화를 유발하긴 했지만, 앞으로 보게 되듯 그 위기로부터 수백만 년 후에는 풍경이 회복되어 있어서 포트유니언 포유류는 활엽 속씨식물 교목들로 이루어진 온난한 기후의 우림을 경험했다. 실은, 백악기 말 위기의 중대 결과 중 하나가 바로 속씨식물(11장을 보라)이 지닌 진화적 잠재력의 많은 부분을 해방해 그들이 특히 열대에서 엄청나게 다양화하고 새로운 세계를 창출할 수 있게 해준 것이었다.

우리가 들어온 이 포트유니언 숲에는 생명이 와글거린다. 곤충이 이 꽃에서 저 꽃으로 날아다니고, 땅 위와 나무에서는 도마뱀과 뱀이 이 곤충과 종종거리고 돌아다니는 작은 포유류를 잡아먹는다. 빈터의 따뜻한 연못에서는 개구리, 도롱뇽, 작은 거북, 악어 몇 마리와 함께 50센티미터 길이의 개복치가 게으르게 움직인다. 가장자리 주위에서는 거위를 닮은 섭금류涉禽類, wading bird(다리, 목, 부리가 모두 길어서 물속에 있는 물고기나 벌레 따위를 잡아먹는 새—옮긴이)가 연체동물을 찾아 진흙 속을 뒤진다. 이 동물들은 모두 백악기 말 대멸종을 잘 넘기고 살아남았다.

깜짝 놀랄 만한 포유류가 갑자기 빈터를 가로질러 돌진한다. 몸을 앞으로 숙이고 팔에 버둥거리는 탐스러운 바퀴벌레를 움켜쥔 채 뒷다리로 달리고 있는 그것은 작은 사람처럼 보인다. 그것은 긴 주둥이, 턱에 박혀 있는 작고 날카로운 이빨, 좌우를 경계하며 유심히 살피는 큰 눈을 가졌다. 이것은 현생 포유류를 남기지 않은 팔레오세의 특이한 포유류 집단 중 하나인 렙틱티스과leptictid의 프로디아코돈*Prodiacodon*이다. 길고 가느다란 꼬리를 가진 그것은 물건을 나르는 데나 몸을 흔들어 나무 위로 올라가는 데에 팔을 쓰면서, 뒷다리로 종종걸음치며 상당한 거리를 돌아다닐 수 있다. 그것은 두려워할 이유가 있다. 비베라부스과viverravid라 불리는 날씬한 고양이를 닮은 포식자, 디디믹티스*Didymictis*에게 쫓기고 있기 때문이다. 전 세계적으로 팔레오세를 대표하는 비베라부스과는 성공한 중간 크기 포식자로, 고양이, 개, 곰 같은 현생 육식동물의 먼 친척이다. 디디믹티스는 먹잇감이 뒤를 돌아보는 동안에는 멈추었다가, 그런 다음 숨통을 노리고 뛰어들면서 큰 보폭으로 느긋하게 프로디아코돈을 뒤쫓는다. 프로디아코돈이 그것의 짐을 떨어뜨리고 쏜살같이 나무로 올라간다. 디디믹티스가 아직도 다리를 꿈틀거리고 있는 짓이겨진 바퀴벌레를 쳐다보고 킁킁거리다 떠나서는, 다시 돌아와서 꾸물꾸물 그것을 집어올린다. 바퀴벌레 외골격을 으스러뜨리며 우적우적 씹더니 역겨워하는 신음과 함께 그것을 뱉어낸다.

그 위의 나무에서는 영장류인 파로모미스*Paromomys* 한 쌍이 꼼짝도 하지 않고 그 장면을 바라본다. 원숭이와 인간의 먼 친척인 그들은 짧은 주둥이, 강한 사지, 길고 북슬북슬한 꼬리로 보면 다람쥐에 더 가까워 보인다. 그들은 큰 머리와 지능적으로 보이는 큰 눈을 가졌다. 그 눈은 일반적으로 앞쪽을 향해 있고, 두 눈의 시야가 겹쳐서 3차원으로 단 한 장면을 볼 수 있게 해주는 이른바 양안시兩眼視다. 그들이 한 나무에서 다른 나무로 건너뛰기 전에 거리를 정확하게 판단할 수 있어야 하므로, 이것은 이 나무 거주자들에게 중요하다. 주둥이가 개를 닮은 이전의 영장류는 장면을 해석하기 위해 고개를 좌우로 휙휙 돌려야 했다. 그들은 거리를 잘못 판단하는 바람에 저만치 아래 땅 위의 부러진 뼈 무더기로 끝장날지도 몰라서 감히 먼 가지를 향해 도약하려 들지 않았다.

근처의 빈터에는 더 큰 포유류가 둘이 있다. 테트라클라이노돈*Tetraclaenodon*은 나뭇잎을 먹고 사는 고양이 크기의 말 모양 포유류다. 그것은 현생 말과 코뿔소의 친척들을 포함하는 다소 수수께끼 같은 집단인 페나코두스류phenacodont로 분류된다. 약간 더 큰 쪽은 다섯 발가락이 넓게 펼쳐진 발로 천천히 발걸음을 옮기며 숲 바닥 위를 소리나지 않게 걸어다니는, 양 크기의 판토람다*Pantolambda*다. 그것은 질긴 초목을 씹기 위해 적응된 큰 머리와 깊은 턱을 가진, 직계 현생 친척이 없는 또 다른 초기 포유류 집단인 범치목汎齒目, pantodont이다.

두 초식동물은 모두 일부는 현생 집단에 속하고, 다른 일부는 한동안 성

포트유니언층에서 나온 프로디아코돈과 가까운 친척인, 독일의 에오세 지층에서 나온 깡충깡충 뛰어다니는 작은 렙틱티스과 렙틱티디움*Leptictidium*의 골격.

공했지만 그런 다음 사라진 집단에 속한, 팔레오세 포유류 실험의 다양성을 상기시킨다. 심슨에 의해 동정同定된 포트유니언층 안의 포유류 쉰일곱 종은 크기 범위가 당신의 손바닥 위에 깔끔하게 올라앉을 아주 작은 땃쥐같은 생명체로부터 양만 한 판토람다에 이른다. 지상에서 백악기 말 소행성이 생명의 엄청난 파멸을 초래한 이후로 고작 500만 년이 흐른 터였음을 떠올리면 포유류의 이 큰 다양성은 더욱더 주목할 만하다. 이 사건은 현대 세계의 기초를 창출한 공로를 인정받곤 한다. 공룡을 내보내고 포유류를 들여보냈다는 것이다. 이것은 사실일까? 그리고 공룡이 지배한 타니스 같은 생태계의 붕괴와 포트유니언에서처럼 포유류가 지배한 새로운 생태계 사이에서 정확히 무슨 일이 일어났는지를 어디에서든 기록할 수도 있을까?

공룡은 덴버 분지에서 포유류로 대체된다

덴버 자연과학박물관의 미국인 고생물학자 타일러 라이슨이 2019년에 발표된 주목할 만한 연구를 주도했다. 그와 그의 동료들은 코랄블러프스Corral Bluffs라 불리는, 콜로라도주 덴버 분지에 있는 27제곱킬로미터의 암석 노두에 그들의 관심을 집중시켰다. 거기서 그들은 299곳에서 화석 포유류와 기타 척추동물을, 그리고 65곳에서 화석 식물을 찾아냈다. 무엇보다 중요하게도, 그들은 강둑 위, 연못 속, 주변 경치 속 생태계로부터 죽은 동물들을 치우며 그 풍경 위로 넓게 흘렀던 강에 의해 퇴적된 이암과 사암으로 이루어지는, 240미터 두께 암석 단면이 백악기-팔레오세 경계에 걸친다는 것을 보여줄 수 있었다.

그 지질연대 측정법이 놀랍도록 좋다. 라이슨과 동료들은 연대를 몇만 년 안에서 확실히 알아내기 위해 지자기층서학과 정확한 방사성동위원소 연대의 조합을 이용할 수 있었다. 지자기층서학은 지구 자기의 북극이 가끔 남으로 뒤집힌다는 사실을 기반으로 하는데, 그것이 이 특정한 구간 동안 세 번 뒤집혔다. 자기 역전의 시기는 암석에 들어 있는 철 광물의 자화로 기록되어 특정한 좁은 시간 구간의 신뢰할 만한 지표를 제공한다. 이에 더해, 용융된 광물이 식고 있는 순간을 기록하는 화산재층 안의 광물로부터 방사성동위원소 연대가 측정된다. 방사성 붕괴 순서에 따라 달라지는 방사성 원소 비율의 균형이 수백만 년 사이에서 연대의 척도를 줄 수 있다.

라이슨의 첫 번째 관측은 충돌 직후의 추위 스냅사진이 약 10만 년간, 지질학적으로 매우 짧은 시간 동안 계속된다는 것이었다. 잎 데이터로부터 추정되듯, 이 시기 동안에는 온도가 섭씨 5도 떨어졌고, 이것은 지상과 바닷속을 모두 포함한 다른 곳에서 발견되는 결과와도 일치한다. 소행성 충돌에 뒤따른 이 추위 일화는 충돌의 먼지로 인한 짧은 한랭화가 아니라, 더 오래가는 온도 하강이었다. 12장에서 우리는 이 한파가 지상에서 식물과 일반 생물을 죽인, 그리고 얕은 대양의 산성화도 초래해 해저면의 많은 생물을 죽인 파국적 산성비와 연관된다는 것을 보았다.

코랄블러프스 단면들은 여기에 뒤따른 팔레오세가 온도가 섭씨 5도 올라가 충돌 전 수준을 회복한 10만 년간의 온난화 일화로 시작되었음을 보여준다. 온도는 위기를 기준으로 30만 년 후 3도가 더, 70만 년 후 3도가 다시 더 오르면서, 결과적으로 충돌 직후보다 약 10도 더 따뜻해졌다. 이렇게 높아진 온도는 생명이 다양화할 훌륭한 기회를 제공했다.

백악기 말에는 나무 종의 다양성이 반으로 줄고, 많은 생태적 유형이 완전히 사라진 상태였다. 그렇지만 팔레오세 들어 30만 년 후, 두 번째 온난화 일화 무렵에는 꽃식물 다양성이 멸종 전 수준의 거의 두 배까지 회복되어 있었다. 지금은 2만 종으로 대표되는 콩과Fabaceae(때로는 Leguminosae로 불리는)의 가장 오래된 예를 포함해, 새로운 속씨식물 집단들이 출현한 터였다. 앞으로 보겠지만 이 온난하고 다습한 숲의 급속한 회복이 현대 세계의 건설로 가는 열쇠였다.

포유류도 빠른 회복을 보여주었고, 예외적으로 잘 보존된 3차원 두개골과 암석 응결 과정에서 보존된 그 밖의 뼈들을 갖춘 화석 증거가 두드러진다. 일련의 코랄블러프스 암석층을 통해 라이슨과 동료들이 주목한 바에 따르면, 백악기 말에는 더 큰 포유류가 절멸하고 더 작은 유형만 살아남았다. 하지만 10만 년 안에 생존자들은 최고 10킬로그램의 멸종 전 크기와 어깨를 겨루며 다시 더 커져 있었다. 그런 다음, 위기로부터 70만 년 후에는 포유류가 독일 셰퍼드 개의 크기인 40킬로그램에 이르렀다. 이 같은 시기에, 포유류는 소행성 충돌 직후 주로 곤충을 먹는 종류였던 양상을 떠나 곤충을 먹는 종류와 식물을 먹는 종류가 혼합된 양상으로 다양화하고 있었다. 식물을 먹는 더 큰 포유류는 콩 같은 맛있는 새 먹이를 제공한 속씨식물의 다양화로부터 혜택을 보았고, 식물군과 동물군의 장거리에 걸친 이주와 혼합을 뒷받침하는 증거도 있다.

어떤 크기든 이상고온 사건 후에 생명이 회복하는 데에 걸리는 시간에 비해, 팔레오세 회복은 빨랐다. 이것은 아마도 소행성 충돌이 지구 한랭화와 산성비 같은 짧게 가는 황폐 효과를 유발할 수는 있지만, 길게 가는 결과를 초래하지 못해서 지구가 금세 회복하기 때문일 것이다. 반대로 이상고온 사건은 때때로 후속 분화와 온난화 박동 같은 일련의 '여진'을 보여주거나, 탄소 주기와 기타 주기가 균형을 너무 벗어나 거기서 회복되는 데에 더 긴 시간이 걸린다. 코랄블러프스 단면들은 겨우 10만 년 안에 생명이 놀랄 만큼 빨리 딛고 일어서기 전, 양치류, 침엽수와 작은 식충 포유류가 겪은 단명한 추위 일화를 보여준다. 500만 년 나중에, 심슨의 포트유니언 동물상의 시기 무렵에는 일부 육상생태계가 이미 어떤 현대 열대우림에 비해도 약 절반만큼은 풍요로웠다.

엄청난 가치의 거대한 콩

콩은 씨앗이고, 이 새로운 식물 집단은 모두 팔레오세에 진화해 아주 빠른 속도로 1000배나 커졌다. 실은, 백악기 후기에 1세제곱밀리미터로 고수 coriander 씨만 했던 속씨식물 씨앗의 평균 크기가 팔레오세에 10세제곱센티미터로 자두만 하게 커졌다. 왜 이렇듯 굉장한 변화가? 시카고 필드 박물관의 고식물학자 파비아니 헤레라가 남아메리카 콜롬비아의 팔레오세 지층에서 나온 세계에서 가장 오래된 거대한 화석 콩을 보고했을 때, 그는 고생물학자에게는 『잭과 콩나무』의 요술 콩보다 훨씬 더 가치가 큰 표본을 갖고 있었다. 그 큰 꼬투리는 누에콩만 한 탐스러운 표본 여섯 알이 들어 있었고, 500만 년 앞서 백악기 최후기에 존재했던 그 어떤 것과도 사뭇 달랐다. 열대우림에서 엄청난 변화가 일어난 터였고, 열대우림에서 식물과 동물 모두의 진화를 자극하는, 새로이 풍부해진 콩과의 영양가 높은 콩이 팔레오세 붐의 중요한 부분이었다.

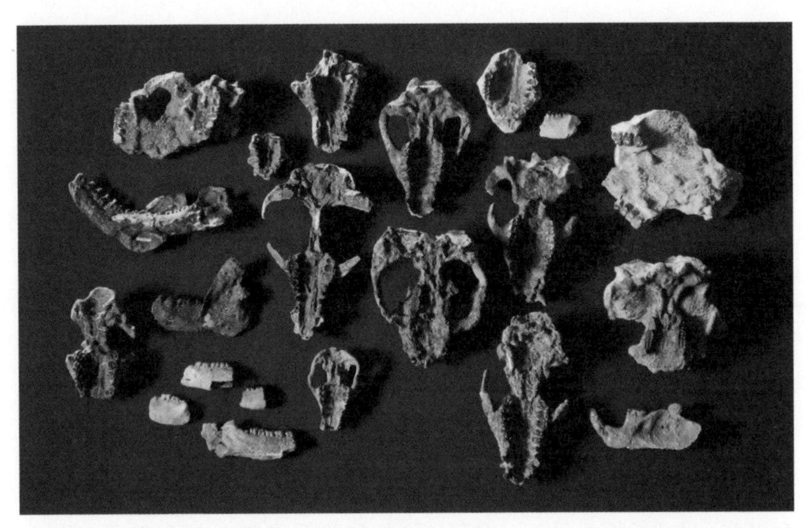

콜로라도주의 코랄블러프스 단면에서 나온 초기 팔레오세 포유류 가운데 그들의 목덜미로 숨결을 내리뿜는 공룡이 없는 삶을 처음 경험한 일부의 선별된 두개골과 턱.

11장에서 논의되었듯, 콩은 발생하는 식물 씨앗을 위한 먹이이면서 동물을 위한 먹이였다. 속씨식물은 동물을 운반자로 이용하도록 진화해온 터였다. 아주 작은 백악기 씨앗은 단순히 피막이나 꼬투리에서 터져나와 부모 식물 가까이에 떨어졌다. 콩과식물legume은 영양가 높은 콩과 더불어, 크고 작은 동물에게 매력적인 먹이로서 그들이 그다음에 널리 운반하고 마침내 씨에 약간의 자체 퇴비를 공급하면서 그들의 똥에 묻어둘 씨앗을 갖고 있었다. 이 씨앗 살포 방식은 꽃식물과 동물 사이의 많은 공진화 관계 중 하나였고, 아마도 팔레오세에는 콩을 먹는 동물의 식성이 까다로워지고 있었고, 콩을 먹을 자를 유인하는 면에서 실제적인 콩 크기가 중요했을 것이다.

속씨식물은 발생하는 씨가 딴꽃가루받이를 할 수 있게끔 꽃가루를 퍼뜨리기 위해 백악기에 그들이 생겨났을 때부터 다양한 곤충 집단과 보조를 맞춰 진화해온 터였다. 백악기 주제를 이어간 씨앗과 씨앗 살포자의 팔레오세 공진화는 식물과 동물을 잇는 또 하나의 강력한 고리였고, 이번에는 그 동물이 주로 포유류와 새였다. 속씨식물의 엄청난 생태적 성공은 딴꽃가루받이와 씨앗 살포를 개선하기 위한 이런 조치로 가능해졌다. 식물–동물의 공진화 관계는 그 자체가 특화와 종 분화를 주도했다. 아마도, 팔레오세에도 꽃가루와 씨앗 퍼뜨리기는 이 먹이의 출처인 단일 속씨식물 종에 접근할 수 있었던 수많은 곤충과 포유류 종에 의해 이루어졌지만, 그런 다음 한 곤충 또는 포유류 종이 특정한 꽃 종으로부터 먹이를 확보하는 것(그리고 이로써 꽃가루 또는 씨앗을 뿌리는 것)에 집중하는 데에 점점 더 잘 적응하게 되었으므로, 특화가 일어나는 것이 필연이 되곤 했다. 이 특화의 과정이 종 분리를 더욱 재촉했다. 열대우림은 이 두 가지 이유로, 다시 말해 그들의 잎이 햇빛을 더 훌륭하게 포착할 수 있었던 결과로 에너지와 먹이가 더 많아서(207쪽을 보라), 하지만 한편으로는 식물–동물 공진화를 연마한 덕분에 종 분리의 수준이 높아서, 매우 높은 생물다양성을 가진다.

이 놀랄 만한 현대 열대우림의 기원에서 공룡이 사라진 것이 어떤 역할을 했다면, 그것은 무엇이었을까?

공룡 대 우림

오늘날 육상 생물다양성의 많은 부분은 우림, 특히 중앙아메리카와 남아메리카의 거대한 우림에서 찾아볼 수 있다. 그곳에는 수천 가지 열대 활엽수 종이 저마다 자체의 특화된 곤충, 거미, 진드기, 지네로 이루어진 주목할 만한 집합체를 거느리고 있다. 이들은 개구리, 도마뱀, 뱀, 포유류와 새로 이루어진 눈부신 한 조의 먹잇감이 된다. 현생 생물의 풍요도 중 많은 부분은 우리가 11장에서 탐구한 속씨식물 육상 혁명에 기원이 있었지만, 최종 국면은 공룡의 죽음을 기다려야 했다. 이 혁명에서 두 번째 단계의 핵심 주제는 위에서 논의되었듯 우림 붐의 지표로서 씨앗 크기의 극적인 증가, 그리고 이전에는 공룡이 이 변화를 어떻게 억눌러왔는가였다.

현대식 열대우림의 기원을 표시하는 최초의 큰 속씨식물 씨앗 중 일부로서 콜롬비아의 세레혼층Cerrejón Formation에서 나온 화석 콩.

당시에는 파나마에 있는 스미스소니언 열대연구소의 고식물학자였고 지금은 미시간 대학에 있는 모니카 카르바요와 동료들은 2021년에, 열대우림 붐이 백악기 말 대멸종의 결과였음을 보여주었다. 그들은 거대한 팔레오세 콩의 발굴지인 컬럼비아에서 수행한 그들의 연구를 바탕으로, 식물이 멸종 전 다양성의 거의 절반까지 줄어들었고 회복에 약 600만 년이 걸렸다는 것을 알아냈다. 그렇지만 생물다양성의 반등은 백악기 최후기의 수준에서 멈추지 않고 상승을 계속했다. 오늘날의 생물다양성은 백악기 때보다 열 배에서 백 배 더 높을 것이다. 새로운 열대우림은 땅바닥에서부터 가장 키 큰 나무의 꼭대기에 이르기까지 다른 수직 층을 다른 종이 차지하는 다층 구조를 가지고 있었다. 놀랍게도, 우리가 오늘날 보는 똑같은 식물 과들이, 그리고 비슷한 비율로, 이미 거기에 있었다. 게다가 나무우듬지tree canopy도 오늘날 그것이 그렇듯, 뚫린 공간이 많지 않게 닫혀 있었다. 열대의 나무가 쓰러지면, 그것의 이웃들이 햇빛을 향해 자라 금세 공백을 메운다.

카르바요와 동료들은 "백악기 말이 현대의 신新열대우림을 형성했다"고, 그것도 멸종 위기가 이것을 세 가지 방법으로 했다고 명시했다. 첫째, 칠레소나무(아라우카리아과Araucariaceae) 등 남북 아메리카의 백악기 후기 식물상에서 중요한 부분을 차지해왔던 침엽수가 절멸했거나 다양성이 크게 줄어들었고, 그래서 살아남은 속씨식물에게 가장 키 큰 나무가 될 기회를 줌으로써 새로운 숲우듬지forest canopy의 건축구조와 생태적 비율을 구성하고 있었다. 둘째, 그들의 주장에 따르면 이 백악기 후기 숲의 많은 부분에서는 토양이 척박했지만, 칙술루브 충돌에서 비롯된 낙진이 토양을 기름지게 하는 인산염과 기타 화학물질을 퍼뜨렸고, 이것이 더 척박한 토양에서 사는 침엽수를 희생하는 대가로 속씨식물의 성장을 편들었다. 그렇지만 이 소행성 재 비료 효과의 규모는 확실치 않다. 콩과와 같은 새로운 속씨식물이 그들의 콩과 함께 토양에 비료를 더 끼얹어 그것을 더욱 기름지게 만들었다. 셋째, 공룡이 한몫했다. 그들의 전성기에 그들은 오늘날 코끼리가 그러듯이 관목과 교목을 쓰러뜨리고 짓밟으며 돌아다녔고, 그래서 육상 풍경이 계속 구멍 나고 쓰러져 있도록 만들었다. 그들은 게다가 어떤 나무든 그것이 너무 커지기 전에 먹어치웠다. 공룡이 사라지자 숲이 틈새를 메우며 구멍을 채웠고, 풍경을 인수했다.

PETM: 다양성을 키우는 이상고온?

신생대의 6600만 년을 통과하는 동안, 소규모 이상고온 사건과 연관되는 일부를 포함해 중대한 기후 변화가 몇 건 있었다. 이상고온 사건은 우리가 보아왔듯 일반적으로 살해범이었지만, 긴 연쇄 살해에서 마지막 건은 어째선지 그리 오래가는 멸종을 초래하지 않았고 사실상 생물다양성을 키워온 듯하다. 이것은 5600만 년 전 팔레오세 말에 기후가 급격히 변화한 시기인 팔레오세-에오세 최고온기Palaeocene-Eocene Thermal Maximum(PETM)였다. 온도가 섭씨 6도나 올라갔고 심해 플랑크톤, 심해 거주자와 특히 육상 포유류 사이에서 멸종들이 있었다. 그렇지만 플랑크톤은 타격이 컸다 해도 어쨌거나 빠르게 회복했고, 포유류는 다양성이 증가하도록 자극받은 것처럼 보인다.

이것은 아마도 화산 분화로 견인되어온 지구 온난화와 대양 산성화의 마지막 실질적 국면이었을 것이다. 이번에는 문제의 분화가, 막대한 부피의 용암과 화산가스를 내보내는, 아이슬란드에 중심을 둔 북대서양 화성암 지대North Atlantic Igneous Province(NAIP)에서 일어나고 있었다. 그것의 효과는 용암이 자이언츠 코즈웨이Giant's Causeway의 용암을 포함하고 있는 북아일랜드에서, 그리고 용암이 스태퍼섬 핑갈의 동굴Fingal's Cave에서 보이는 유명한 현무암 기둥을 형성하고 있는 스코틀랜드 서해안에서 특히 잘 연구되어 있다.

PETM 동안 열팽창—물이 데워지는 동안 더 많은 공간을 차지하는

핑갈의 동굴이 5600만 년 전 북대서양의 넓은 영역에 걸쳐 분출된 현무암질 용암의 기둥들을 보여준다.

것—때문에 해수면이 올라갔다. 대양에서 심층수의 온난화와 플랑크톤의 증식이 물 순환 방식의 동요로 이어졌고, 일부 대양 밑바닥이 해저면 동물의 죽음으로 이어지는 무산소 상태가 되었다. 대양 산성화가 석회질 골격을 가진 산호와 그 밖의 동물을 죽였지만, 플랑크톤과 헤엄치는 생명체 사이에서는 멸종 수준이 예상됨 직한 선보다 훨씬 더 낮았다.

지상에서는, 와이오밍주 빅혼 분지Bighorn Basin에서의 상세한 연구로 밝혀졌듯, PETM 온난화가 더 건조한 기후로 이어졌다. 북아메리카에서는 포유류 동물상이, 주로 새로운 포유류 집단이 아시아와 유럽에서 침입한 까닭에, 뚜렷하게 달라졌다. 그 시기에는 대서양이 오늘날보다 훨씬 더 좁았고, 어쨌든 더 따뜻한 기후가 동물들이 전에는 너무 차가웠던 베링 해협을 건너 러시아에서 북아메리카로, 그리고 그린란드를 통해 유럽에서 북아메리카로 이주할 수 있게 해주었다. 하지만 이런 포유류의 이동이 동물상을 상당히 변화시켰음에도, 침입자 대부분이 기존 집단들의 광범위한 멸종을 불러오지 않은 채 생태계 안으로 수용된 듯하다. 이것은 침입자가 많은 충돌 없이 자신을 정착시킬 수 있을 만큼 많은 생태적 선택지를 새로운 서식지가 제공했기 때문이었다.

PETM은 어떤 면에서 비非멸종 사건이었다. 지구 온난화와 기후 변화가 지상에서는, 특히 포유류 사이에서는, 사실상 생물다양성 증가로 이어졌다. 바다에서는 종의 교체들이 틀림없이 일어났지만, 많은 집단이 상당히 빨리 회복했고 에오세에 온도 상승이 계속되는 동안 다양성이 더 올라갔다. 그렇지만 이 사건의 이상고온 메커니즘은 어떻게 작동했는지, 그리고 그 분화가 어떻게 그런 수준의 온난화를 초래했는지에 관한 의문이 아직 남아 있다.

메탄 총: 진실인가, 거짓인가?

NAIP 분화가 섭씨 6도의 지구 온난화를 견인하기에 충분한 이산화탄소를 제공하지는 않았을 터임을 지질학자들은 일찍부터 알고 있었고, 그렇다면 또 다른 출처가 필요했다. 아마 다른 이상고온에서도 그렇겠지만(6장과 10장을 보라), 이 경우는 그것이 메탄이었다. 팔레오세 후기에는 엄청난 부피의 메탄가스가 주요 대륙 주변부 깊은 대양 안의 얼어붙은 저수지 안에 감금되어온 터였다. 500미터 이상의 깊이에서 고압하에 존재하는 이 얼어붙은 물 구조는 메탄 포접화합물clathrate이라고 불린다. 대양이 조금 따뜻해지면 포접화합물이 녹아서 올라가기 시작하고, 그러는 동안 그것은 막대한 양의 메탄가스를 대기 중으로 석방하면서 160배로 팽창할 수 있다. 메탄은 그것이 대기로 들어갔을 때 상당한 온난화를 초래하는 강력한 온실가스다(187쪽을 보라).

메탄 포접화합물 모형에는 정적正的 강화positive reinforcement의 위험이 있다. 메탄이 깊은 곳에서 석방되고 위로 폭발해서 대기로 들어가면, 기온이 올라간다. 이것은 대양을 더 온난화하고 결과적으로 메탄을 깊은 곳에서 더 석방해 온난화가 더 진전되게 할 수 있을 것이다. 심해 메탄의 석방은 그 과정이 시작되면 막을 수 없을지도 모른다는 사실을 강조하면서, 이것은 '폭주 온실 효과runaway greenhouse effect' 또는 '메탄 총methane gun'이라고 불려왔다. 그런 과정을 일반적으로 늦추거나 반전시키는 자연계의 통상적인 부적否的 되먹임negative feedback 통제와는 딴판으로, 여기서는 되먹임이 정적이다. 온난화는 점점 더 심한 온난화로 이어진다.

이 메탄 현상의 발견에 대해 일부 기후 논평가들은 PETM 동안 일어난 일이 지금도 일어나고 있으며, 일단 메탄 석방이 시작되면 그것은 지구가 자신을 완전히 불태워버릴 때까지 결코 멈추지 않으리라는 의견을 내놓은 바 있다. 하지만 PETM 동안에 지구가 그처럼 통제를 벗어난 시스템에 직면했을까? 그리고 이것이 우리가 예상할 수 있는 앞날일까? 답은 두 질문 모두에 대해 '아니오'일 것 같다. 미국 지질조사국에서 일하는 심해와 메탄 전문가 캐럴린 러펠은 매장된 메탄 포접화합물의 부피가 때로는 추정되는 수준보다 낮을 것이고, 깊은 곳에서 석방된 메탄이 전부 표면까지 특급 열차의 속력으로 돌진하지는 않는다고 지적한다. 메탄가스의 많은 부분은 올라가는 동안 물로 흡수되어 해수면까지 도달하지 않는다. 게다가 메탄을 그것의 얼음 감옥에서 석방하는 반응은 주위의 바닷물로부터 열을 흡수함으로써 반응 속도를 꺾는다. 러펠 박사가 지적하듯이, "이것은 우리가 수화물 hydrate로 메탄을 생산하려 할 때 겪는 문제입니다—그것은 끊임없이 저절로 꺼집니다".

고진기의 이야기는 지금껏 온난화의 이야기였지만, 에오세의 끝에는 모든 게 변했다. 기후가 더 추워졌고, 추운 기후가 대부분의 대륙 위에서 초지의 확장을 자극함으로써 포유류 진화에 잎 먹기로부터 풀 먹기로의 극적 전환을 불러일으켰다. 이것은 한편으로 특정 계통의 영장류를 숲속에서 아프리카의 훤히 트인 평원 위로 쫓아내어 인간의 진화를 위한 계기가 되었을지도 모른다. 다음 장에서 우리는 최근의 3400만 년 사이에 있었던 이 중요한 멸종과 다양화의 일화들을 탐구한다.

제 6 부

올리고세에서 현재까지

3400만 년 전~

14
식어가는 지구

포트 터난 사바나

포트 터난Fort Ternan은 20세기 초부터 고생물학계의 관심의 초점이 되어 왔다. 오늘날 그곳은 빅토리아호의 호안으로부터 60킬로미터 거리에 있는, 우간다와의 국경에 가까운 케냐 서쪽에 펼쳐져 있는 아주 작은 마을이다. 학교, 교회와 지방 병원을 갖춘 그곳은 그 지역의 교역 중심지다. 마을은 농부들이 주식 작물인 옥수수, 콩, 고구마, 수수, 카사바를 모두 키울 만큼 강우량이 충분한 기름진 농지로 에워싸여 있다.

우리가 1400만 년 전으로 쌩 돌아가면, 옥수수와 사탕옥수수 밭은 무성한 초지가 된다. 이 마이오세 중기 세계는 육상생태계 대부분이 모종의 숲이었던 팔레오세와는 매우 다르다. 기후가 더 서늘하고, 초지가 널리 퍼져 있고 장면 안에는 새로운 포유류들이 보인다. 포트 터난 평원 위를 내다보고 있는 우리는 우간다 영양들인 코브kob, 워터벅waterbuck, 토피topi가 풀을 뜯고, 다이커duiker와 부시벅bushbuck이 관목에서 잎을 뜯고, 작은 호수

안과 주위에서 코끼리, 물소, 하마, 혹멧돼지, 나일악어가 발견되고, 주된 포식자는 사자, 표범, 하이에나인 오늘날 우간다의 퀸엘리자베스 국립공원을 닮은, 크고 작은 키의 풀들이 여기저기 흩어진 관목 및 작은 교목과 함께하는 풍요로운 사바나를 본다.

눈부시게 빛나는 태양 아래 사방에서 안개가 아른거리고, 보이지 않는 귀뚜라미들이 끊임없는 소리의 벽을 만들며 귀뚤귀뚤 재잘거린다. 전경에는 뿔이 나선형인 오이오케로스*Oioceros* 종과 뿔이 곧은 킵시기케루스 *Kipsigicerus* 종을 포함해, 현대적으로 보이는 영양들이 있다. 한데 뒤섞인 수십 또는 수백 개체들의 떼 안에서, 그것들은 고개를 수그려 풀을 싹둑 자른 다음, 혀로 그 풀들을 휘감아 풀줄기를 입안 깊숙이 넣고 철저하게 씹는다. 현생 영양과 소의 친척인 이 반추동물들은 먹이를 첫 번째 위로 넘겨 거기서 한동안 머물도록 한 후에 다시 게워내어 더 씹어가면서, 여러 주기에 걸쳐 풀을 가공할 수 있다. 소처럼, 그것들은 되새김질을 했다. 반추동물은 방이 네 개(혹위, 벌집위, 겹주름위, 주름위—옮긴이)인 위를 가졌고, 이빨로 씹은 식물 먹이가 네 개의 방을 모두 거치도록 하면서 양분을 최대한 뽑아낸다. 이들이 풀을 먹고 살려면 또 한 가지 적응이 꼭 필요하다. 풀에는 그 (그것 자체가 짐작건대 자신들을 뜯어먹는 초식동물에 대한 진화적 방어인) 구조 안에 이산화규소가 들어 있고, 아마 더 중요하게도, 땅에서 나는 먼지와 모래가 들어 있기 때문이다. 여기에 특별히 적응된 이빨을 갖지 못한 동물은 머지않아 이빨을 못 쓰게 될 것이다—소, 기린, 영양, 사슴 같은 반추동물, 그리고 낙타와 돼지를 포함한 그들의 더 광범위한 친척들은 이산화규소와 모래의 이 끊임없는 줄질에 대처하기 위해 치관齒冠이 높은 이빨을 가졌다.

평원의 맨 끝에서는 멀리 있는 교목들 사이에서 또 다른 반추동물인 사모테리움*Samotherium*의 소집단이 활보한다. 그들의 날씬한 몸통과 긴 다리는 현생 기린의 것만큼 크지만, 목이 약 1미터로 절반 길이다. 현생 기린이 키가 6미터까지 자랄 수 있는 데에 반해 사모테리움은 키가 4미터이지만, 그것은 머리 꼭대기에 얹힌 약간의 크고 곧은 뿔로 더 작은 키를 벌충한다. 그것은 땅 근처 관목에서 잎을 뜯어 먹고 살지만, 다른 초식동물이 미치지 못하는 교목을 먹고 살아보려고 위로 몸을 늘이는 일에 주력한다. 이 시기에는 아프리카와 유럽이 아직 사하라 사막으로 분리되지 않아서, 무성한 초지가 지중해 바닷가까지 이어지고 이 초기 기린과 영양이 아프리카 전역에서, 그리고 북으로 멀리 그리스와 이탈리아까지 어슬렁거린다.

갑자기 영양들이 고개를 확 쳐들고 우왕좌왕한다. 사모테리움이 나무 속으로 자취를 감춘다. 긴 풀이 멀리서 바스락거리지만, 처음에는 위험이 보이지 않는다. 떼의 가장자리에서 영양 일부가 흩어지기 시작한다. 그때, 거대한 머리 하나가 어린 영양을 뚫어질 듯 바라보며 풀 밖으로 나온다. 그것은 생소한 뭔가, 오늘날 살아 있는 어떤 것과도 완전히 다른 선사시대의 뭔가다. 수염을 갖춘 긴 주둥이와 꿰뚫어 보는 눈을 가진 그것의 머리는 길이가 66센티미터다. 턱 안에는 그것의 이름—'뼈를 으스러뜨리는 매우 큰 짐승'을 뜻하는 메기스토테리움 오스테오틀라스테스*Megistotherium osteothlastes*—을 정당화하는 거대한 이빨들이 덧대어져 있다. 이빨이 누렇고, 입가에서는 군침이 줄줄 흐른다. 그것은 팔레오세 출신의 생존자이고 어떤 현생 포식자와도 가까운 친척이 아닌, 거대한 포식성 히아이노돈목hyaenodont이다. 그것이 소리 없이 가볍게 걸으며 더 전진해 0.5톤에 달하는 전신을 드러낸다. 그것은 현생 수사자의 두 배 크기이고, 그 평원 위의 모든 동물에게 위협적인 존재다. 거대한 포식자가 계속 영양들을 향해 천천히 걸어가지만, 영양들은 민첩하게 그것이 다가가는 길 옆으로 껑충껑충 뛰어나간다. 그것은 점찍었던 어린 동물에 눈을 고정한 채 달리기 시작하지만, 영양은 이내 벗어난다. 히아이노돈은 속력과 민첩성이 부족해서 상처 입은 동물 말고는 어떤 동물도 잡지 못한다. 좌절의 포효가 그것의 깊은 뱃속에서 우르릉 터져나오고 그 메아리가 평원에 생동감을 불어넣는다.

멧돼지 몇 마리가 달려 지나가고, 다리가 짧은 코뿔소인데 그것의 현생 친척들보다는 더 작은 파라디케로스*Paradiceros*가 그 뒤를 따른다. 그들이 향하고 있는 물웅덩이에서는 악어, 거북과 하얀 섭금류 새가 먹이를 찾아 돌아다닌다. 매우 범상치 않아 보이는 코끼리 친척 둘이 우뚝 서서 그들을 내려다보고 있다. 하나인 플라티벨로돈*Platybelodon*은 키가 3미터로 오늘날의 암컷 아프리카코끼리 크기이지만, 그것은 엄니가 위에도 있고 아래에도 있다. 그것의 아래쪽 엄니는 실은 그것의 아래턱에 삽처럼 붙어 있는 엄청나게 확장된 앞니다. 그것이 물속에서는 진흙을 휘저으며 길고 바보 같은 아래턱을 휘휘 돌리고 있지만, 일반적으로 위쪽 엄니와 아래쪽 주걱은 그것의 짧은 코를 가지고 나뭇가지들을 입으로 밀어넣기 전에 그것들을 꽉 잡고 함께 꾸리는 데에 사용한다. 플라티벨로돈 곁에는 몸뚱이가 더 크고 위쪽 엄니가 없는, 하지만 아마도 나무껍질을 벗기기 위해 엄니처럼 턱 아래에서 뒤로 구부러진 아래쪽 앞니를 가진 데이노테리움*Deinotherium* 한 쌍이 있다.

키가 작아 관목처럼 보이는 물웅덩이 근처 교목들 안에는 언뜻 아무것도 살지 않는 듯하지만, 약간의 잎 뒤에서 둥글고 지능적인 두 눈이 코끼리들을 빤히 내다본다. 그 그늘에는 크기가 작은 침팬지만 하고 몸무게가 약 18킬로그램인 초기 유인원, 프로콘술*Proconsul*이 숨어 있다. 주둥이가 넓고 눈이 큰데, 이빨을 보면 과일을 먹고 사는 것 같다. 프로콘술이 이제 긴 팔과 다리를 빠르게 놀리며 굵은 나뭇가지를 따라 네 발로 경쾌하게 움직이면서, 재주를 보여준다. 그것은 나뭇가지에 매달린 채 몸을 앞뒤로 흔들더니 땅으로 휙 뛰어내린 다음, 떨어진 과일 몇 개를 얼른 손에 퍼담아 들고는 그것을 먹으러 다시 둥치를 기어오른다.

우리가 이 장면을 그려볼 수 있는 것은 포트 터난 주위 화석지에서 수집된 수천 점의 표본 덕분이다. 이 마이오세 포유류 종 다수가 다른 화석 산지에서도 나와서 그들의 분류 체계와 기능에 대해 상세하게 연구할 수 있었다. 전문가들은 인간을 닮은 영장류에 초점을 맞춰왔고, 오래도록 토론하고

사자의 두 배 크기이고 1400만 년 전의 아프리카 사바나에서 공포의 대상이었던 거대한 포식성 히아이노돈목 메기스토테리움.

논쟁해왔다—우리 이 짐승을 프로콘술이라고 부를까, 케냐피테쿠스*Kenyapithecus*라고 부를까, 아니면 에켐보*Ekembo*라고 부를까? 그것은 진보된 원숭이일까, 원시적 유인원일까? 그것이 달리기를, 걷기를, 기어오르기를, 또는 현생 유인원처럼 나뭇가지에 매달려 몸을 흔들어서 건너다니기를 할 수 있었을까? 관심은 그 시기의 고기후와 식물에도 쏠려왔다. 이 생태계는 한랭화하는 기후로 어떻게 영향을 받았으며, 이것은 현대 세계와 어떻게 관련될까?

그랑 쿠퓌르

포트 터난 사바나는 3400만 년 전, 그랑 쿠퓌르Grande Coupure의 시기에 시작된 새로운 더 추운 세계의 부분이었다. 팔레오세와 에오세에는 전 세계 온도가 일반적으로 따뜻했지만(13장을 보라), 다시는 역전되지 않은 온도 하강이 있었다. 우리는 공룡과 초기 포유류의 '온실 세계'로부터 현재의 '냉실 세계'로 이동해왔다. 이것은 현대 세계의 형성에 엄청나게 영향을 미쳐왔으므로, 무슨 일이 왜 일어났는지를 조목조목 따져볼 가치가 있다. 이 사건은 무엇이었으며, 그것은 왜 그랑 쿠퓌르라 불릴까?

신생대의 후반은 짧은 지구 온난화 일화로 시작한 다음, 장기 한랭화를 표시하는 영구적 온도 하강이 뒤따랐다. 이 3390만 년 전 에오세-올리고세 멸종 사건은 여러 구성요소를 포함하는데, 그중 하나가 1910년에 유럽의 포유류 동물상에서 급속한 교체의 시기를 발견한 스위스의 고생물학자 한스 게오르크 슈텔린(1890~1941)에 의해 그랑 쿠퓌르('거대한 단절')로 명명되었다. 슈텔린은 독일어로 쓰인, 반추 포유류의 배 발생에 관한 논문으로 박사학위를 받은 의사로 경력을 시작한 터였다. 그는 거대한 콧수염에 엄해 보이는 외모였지만, 즐거움에 눈을 반짝이며, 특히 프랑스어의 묘미에서 희열을 느끼며 모든 주제를 토론하고 논의했던 것처럼 보인다. 파리 분지의 에오세와 올리고세를 공부하는 과정에서 슈텔린은 에오세의 유럽형 포유류에 코뿔소, 거대 돼지, 새로운 설치류(햄스터와 비버)와 새로운 식충류(고슴도치) 같은 아시아형 포유류 집단이 스며 있음을 알아차렸었다. 거기에는 일부 중대형 초식동물의 광범위한 멸종도 있었다.

이 사건의 원인은 복잡하지만, 포유류 교체의 시기 언저리에는 틀림없이 한랭화 사건이 있었다. 혹시 이 더 낮은 온도들도 북아메리카의 체서피크만 크레이터와 러시아의 포피가이 크레이터 둘 다로 표시되는, 운석 충돌로 촉발되었을까? 그렇지만 이 운석 충돌들의 연대 측정은 그것들이 한랭화보다 얼마간 먼저 일어났음을 시사한다. 더 그럴듯한 원인은 북극과 남극에서 더 광범위한 빙원을 만들어냄으로써 결국 추가적 한랭화로 이어진, 40퍼센트에 이르는 대기 이산화탄소 농도의 급격한 감소와 관계가 있는 듯하다.

에오세-올리고세 한랭화 사건은 전 지구적 기후에서 백악기와 신생대 전반의 온난한 국면이 막을 내린, 그리고 온도가 오늘날까지 거의 연속적으로 하강을 계속한 전환점을 표시한다. 세계는 엄청나게 달라졌다.

빙상과 해류

올리고세에 시작된 가장 극적인 변화는 영구적인 극 빙상의 형성이었다. 이 시기 이전에도 양극에 겨울 동안 얼음이 존재해왔다는 데에는 의심의 여지가 없지만, 그것은 여름에는 녹았다. 이제는 그 얼음이 일 년 내내 그대로 있었다. 현대의 남극 빙상은 올리고세 초에 자라기 시작했고, 그 뒤로 한 번도 성장을 멈춘 적이 없다. 이것은 서에서 동으로 달리면서 남극대륙을 빙빙 도는 강력한 물의 이동, 남극순환류Antarctic Circumpolar Current(ACC)의 형성과 동시에 발생했다. 왜 서에서 동으로? 그게 지구가 도는 방향이고, 지구가 돌면 대양의 물 덩어리는 적도와 양극에서 같은 방향으로 질질 끌린다.

ACC는 왜 이 시기에 시작되었을까? 신생대 초기 동안 남극대륙은 남극에 가로누워 있었지만, 남아메리카의 최남단이 아직 남극대륙 땅덩어리에 융합되어 있었다. 두 대륙은 약 2500만 년 전, 올리고세 후기에 마침내 갈라졌고, 드레이크 해협이 뚫렸다. 서쪽에서 흘러오다 장벽에 부딪혀 남아메리카의 서해안으로 솟구쳐 올랐었던 차가운 물이 갑자기 뚫고 나와 세계일주를 계속할 수 있었다. ACC는 클라크 로스, 쿡, 스콧, 아문센, 섀클턴과 다른 모든 남극 탐험가의 시절부터 선원들을 괴롭혀왔다. 당신은 그 흐름을 따라 남아메리카에서 남아프리카로, 거기서 오스트레일리아로, 그리고 다시 남아메리카의 남단으로 항해할 수 있다. 하지만 그 반대인 동에서 서로는 어느 정도는 그 흐름 때문에, 하지만 편서풍 때문에도 더 문제가 많을 수 있다.

북쪽의 그린란드 빙상은 훨씬 더 나중에 왔다. 1800만 년 전부터 북극 위에는 작은 빙상들이 있었지만, 현재의 큰 빙상은 500만 년 전에야 규모가 극적으로 커지기 시작했고, 이것이 거대한 북반구 빙하시대—우리가 잠시 후에 돌아올 매머드, 털코뿔소와 다부진 네안데르탈인의 시기—의 전주곡이었다. 이것은 오늘날 우리가 아는 세계이므로, 핵심 질문은 두 가지다. 3400만 년 전 지구 온도는 얼마나 급속히, 그리고 왜 떨어졌을까?

얼마나 차갑게, 얼마나 빠르게, 그리고 왜?

해양 기록은 한랭 국면이 섭씨 5.4도의 온도 급강하로 개시되었음을 보여준다. 스톡홀름 대학에서 해양 고생물학자 헬렌 콕살과 동료들은 방해석 껍데기를 가진, 특히 해저면 위에 살았던 미생물인 유공충의 산소 동위원소 기록을 연구했다. 풍부한 산소-16 동위원소 대 드문 산소-18 동위원소의 비가 수온의 척도를 준다. 물이 데워지는 동안 산소-16이 먼저 수증기로 증발하고, 그러면 나머지 물에 산소-18이 풍부해지므로, 두 동위원소의 비가 온도를 표시하도록 조정될 수 있기 때문이다. 그들은 총 30만 년의 구간 동안 대양 온도가 각각 약 4만 년의 두 단계에서 떨어졌다는 사실을 알아냈고, 남빙양, 대서양과 태평양의 밑바닥에서 채취한 암석 심들이 그것이 전세계적 변화였음을 가리키고 있다.

콕살과 동료들은 탄산염 보상 심도carbonate compensation depth(CCD)—심해에서 탄산칼슘이 압력을 받아 용해되는 수심—에서도 주목할 만한 변화를 확인했다. 유공충, 연체동물, 산호 같은 동물은 CCD 위에서는 행복하다. 껍데기가 온전하게 남아 있으니까. CCD 아래에서는 그들이 가장 불편하다. 껍데기가 녹아버려서. 오늘날에는 CCD가 약 4.5킬로미터 깊이에 있다. CCD는 3400만 년 전의 급격한 한랭화 시점에 3.5킬로미터 깊이로부터 현재의 수심까지 아래로 거꾸러졌는데, 1킬로미터의 이 꽤나 놀라운 이동은 대양의 어떤 극적 변화를 가리킨다. 이 일화는 남극대륙 빙상의 성장과 연관되어왔지만, 콕살과 동료들은 그것이 전 세계적으로 일어났으며, 따라서 한편으로 북극에서의 빙하작용도 얼마간 암시한다고 지적한다.

CCD의 깊이는 대양의 산도와 알칼리도 간 균형(pH 수치)에 달렸다. 산성도 아니고 알칼리성도 아닌 순수한 물은 7의 pH를 가진다. 7 아래의 수치는 산의 축적을, 7 위의 수치는 알칼리도의 증가를 가리킨다. 오늘날은 바닷물이 8.1의 pH를 갖고 있으므로 그것은 약간 알칼리성이지만, 대기에서 이산화탄소 농도가 올라가는 동안 그 수치는 그 잣대의 산 쪽으로 떨어진다. 올리고세 초에는 남극대륙 빙상의 성장이 대양에서 물을 꺼내어 그것을 얼음으로 바꾸었다. 전 세계적으로 넓은 면적의 대륙붕을 드러내면서 해수면이 떨어졌다. 이것은 산호와 기타 얕은 물 동물의 탄산칼슘 생산량을 줄였고, 그 동물들이 물에서 탄산칼슘을 추출하지 않게 됨에 따라 대양을 더 알칼리성으로 만들었다. 게다가 대륙붕이 노출됨에 따라 해안 주위의 엄청난 석회암층이 침식에, 따라서 더 많은 탄산칼슘이 대양으로 휩쓸려 들어가는 과정에 개방되었다. 아마도 이 두 가지 효과가 대양의 알칼리도를 빠르게 끌어올렸을 것이고, 그렇게 해서 CCD를 급속히 끌어내렸을 것이다.

지상에서도 똑같이 급속한 온도 하강이 확인되었다. 오스트리아에서 나온 갈탄의 화학적 성질이 똑같이 급속한 온도 감소를 표시한다는 것을 브리스톨 대학의 지구화학자 비토리아 로레타노와 동료들이 주도한 2021년 논문이 보여주었다. 그 팀은 석탄에서 퇴적 당시의 원래 pH와 온도를 나타내는 특정 지질脂質(막을 형성하고, 에너지 저장에 관련되는 생물에서 발견되는 광범위한 지방질과 왁스질)을 연구했다. 그들도 대양에서와 똑같은 급속한 섭씨 5도 하강을 발견했다. 따라서 급격한 한랭화는 바닷속에서뿐만 아니라 지상에서도 일어났던 것인데, 그 바탕에 깔린 원인은 무엇이었을까? 로레타노와 동료들은 지구–대양 컴퓨터 시뮬레이션 실험을 통해 최근 3400만 년 동안의 한랭 국면의 개시에 대해 가능할 법한 다양한 설명들을 시험했다. 실험 결과는, 주원인이 대기 중 이산화탄소 비율의 감소라는 것을 보여주었다.

하지만 무엇이 급격하고 영구적인 이산화탄소 농도 감소를 초래했을까? 2017년에 몬트리올 맥길 대학의 기후 과학자 주느비에브 엘스워스와 동료들은 그 변화를 드레이크 해협의 개통과 대서양 물 순환의 변화에 묶었다. 드레이크 해협이 뚫렸을 때, ACC가 처음 생겨나고 있는 남쪽 빙상을 빙빙 돌기 시작했고 대양 순환이 극적으로 달라졌다. 단기 온난화와 우기가 전 세계적으로 암석의 풍화를 증가시켰다. 풍화란 강우와 일교차와 계절에 따른 온도 변화로 지상의 암석을 부수고 녹이는 모든 과정을 포함하고, 전 지구적 탄산염-규산염 순환의 핵심 부분이기도 하다.

탄산염-규산염 순환은 지각, 대양, 대기를 연결하고 탄소와 기타 원소가 어떻게 균형을 유지하는지를 묘사한다. 이산화탄소는 주로 광합성과 화산 분화를 통해 대기로 들어가고, 풍화를 통해 지각으로 돌아온다. 규산염 암석은, 화강암과 사암이 그렇듯, 물과 이산화탄소를 흡수함으로써 파괴되기 때문이다. 용해된 혼합물은 강을 따라 바다로 휩쓸려 들어가고, 한편으로 해양 유기체가 그들의 골격과 껍데기를 지을 영양소를 제공하면서, 마침내 대양 밑바닥에 정착한다. 해수면이 갑자기 낮아졌던 3400만 년 전처럼 풍화율이 높은 시기에는 높은 풍화율에 의해 다량의 이산화탄소가 흡수되고, 이 경우에는 대기 중 이산화탄소 감소가 지구를 신생대 초에 있었던 온도 조건보다 최소 5도는 더 한랭한 온도 조건 안에 가두면서, 영구히 지속된 듯하다.

온도는 왜 다시 온난화하지 않았을까? 그 이유는 명확하지 않지만, 거대한 극 빙상에 관해서라면 영구적인 뭔가가 있다. 추위는 추위를 부른다. 더 한랭한 온도는 강우량 감소로 이어졌고, 포트 터난에서처럼, 그리고 실은 오늘날 아프리카, 남북 아메리카, 아시아, 오스트레일리아의 중심 부분들에서처럼, 열대와 온대 영역에서 무성한 우림이 물러나고 광범위한 초지로 대체되었다. 인류 진화의 고전적 모형은 이때를 우리 조상들이 나무 바깥의 노천으로 쫓겨난 시기로 제시한다. 이것은 사실일까?

직립 보행

인류학의 역사는 1920년대에 영원히 바뀌었다. 그 10년은 이론에서도 화석에 대한 접근성에서도 분수령이 되었고, 그 둘은 연결되어 있다. 화석 증거가 제한되어 있었던 1930년 이전의 인류학자들은 일반적으로, 우리 조상들이 가까운 친척인 아프리카의 침팬지 및 고릴라와 차별화된 것은 머리가 좋아서였다는 뇌 먼저brain-first 모형을 내세웠다. 이것은 근사한 생각이지만, 사실이 아니다. 1930년 이후 아프리카에서 나온 초기 인류 화석의 수집물이 늘어남에 따라, 인류 진화의 많은 부분에서 우리 조상들은 정확히 말해 초지능적이었던 게 아니라, 똑바로 서서 걸었을 뿐이라는 게 분명해졌다.

어느 유인원 화석이 네발짐승에서 나왔는지 두발짐승에서 나왔는지 구별하기는 쉽다. 침팬지와 고릴라는 주먹을 땅에 대고 걷고(너클 보행) 이따금 가지를 붙잡고 몸을 흔들어 나무에서 나무로 건너다니는 데에 필요한 거대하고 힘센 팔을 갖고 있다. 그들도 똑바로 서서 달릴 수 있지만, 그들의 달리기는 짧은 안짱다리로 서서 비틀거리며 나아가느라 제어가 잘 안 된다. 인류는 고인류든 현생인류든 길고 위아래로 쭉 뻗은 다리를 재빨리 채택했고, 안전한 나무숲 속에서 나무를 타고 돌아다니는 것에서 바깥의 노천으로 나와 걷고 팔을 물건을 나르는 데에 쓰는 쪽으로 전환했다. 그들의 다리와 팔이 세부까지 낱낱이 달라지므로, 달랑 발가락뼈 한 개나 엉덩이 한 조각 같은 단편적 화석조차 그 즉시 자세와 보행을 드러낼 수 있다.

동아프리카와 남아프리카의 마이오세와 플라이오세 초지로부터 점점 더 많은 화석이 발견됨에 따라, 아프리카가 인류의 요람이었음이 분명해졌다. 포트 터난에서 나온 프로콘술은 그 현생형 유인원과 인간의 전신 중 하나였고, 분명히 나무 거주자였다. 아프리카에서 초기 인류의 화석을 찾으려는 노력이 1920년대와 1930년대 내내 확대되었고, 이후로도 매우 활발한 연구 분야로 남았다.

이 모든 노력의 결과로 우리가 아는 것은 700만 년의 인류 진화 대부분이 아프리카에서 일어났다는 사실이다. 최초의 직립 유인원들이 훤히 트인 초지 위로 나갔고, 대부분 뒤에 남아 오늘날에도 여전히 숲에서 사는 침팬지와 고릴라로부터 긴 진화적 분기를 시작한 게 거기서였다. 오스트랄로피테쿠스*Australopithecus*의 여러 종과 친척들이 아프리카의 많은 부분에 이주민을 심었고, 한 계통이 결국 200만여 년 전에 우리 자신의 속屬인 사람*Homo*을 낳았다.

아프리카를 떠난 최초의 인류는 약 160만 년 전에 아라비아반도를 건너 중앙아시아로 퍼져 들어가고 중국과 자바로 건너간 다음 멸종된, 호모 에렉투스*Homo erectus* 종의 구성원들이었다. 네안데르탈인 같은 다양한 구인류 종은 플라이스토세의 빙하시대에 중동과 유럽으로 들어갔고, 결국 약 10만 년 전에 전 세계에 퍼지는 현생인류 호모 사피엔스*Homo Sapiens*는 30만 년 전 아프리카에서 진화했다. 나머지 수십 가지 인류 종은 모두 절멸했고, 오늘날의 인류는 그들의 모든 종류와 다양성에도 불구하고 그 단일한 종의 구성원이다. 이 사실들은 명료한 듯하지만, 그것을 이해하기까지 거쳐온 길은 험난했다.

인류학자라는 것

이 이야기에서 핵심 인물은 케냐에서 태어났고 현지 언어 키쿠유어에 유창했던, 전설적인 이름 루이스 리키(1903~1972)였다. 그는 케임브리지 대학에서 공부하는 동안에도 올두바이 같은 유명한 화석지에서 동료들과 초기

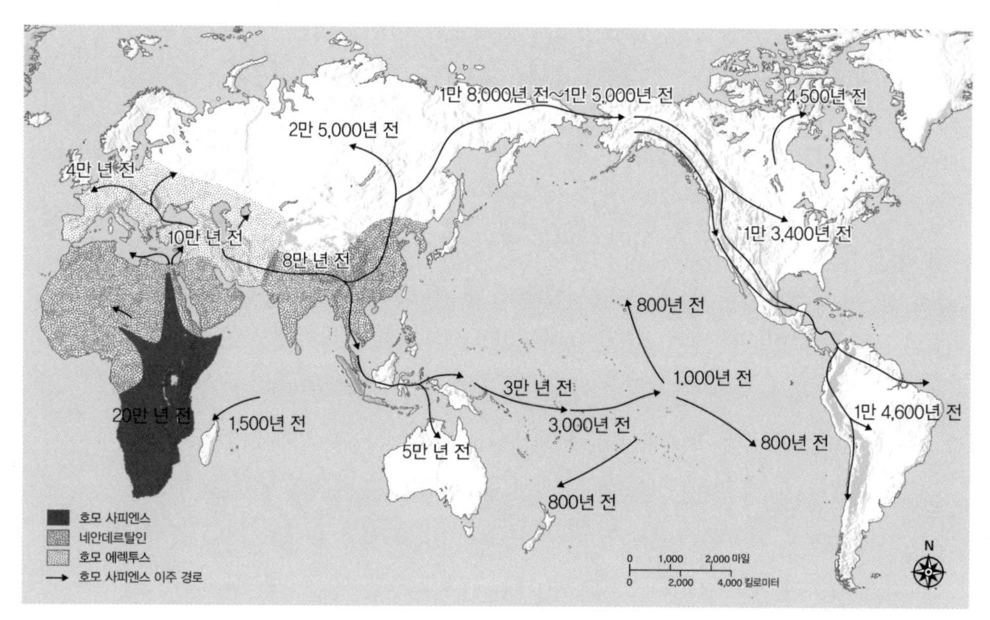

10만 년 전부터 아프리카에서 유럽으로, 그리고 아시아를 건너 인도네시아와 오스트레일리아로, 그리고 북쪽으로 베링 해협을 건너 남북아메리카로 이동하고 있는, 현생인류의 전 세계적 확산.

인류를 닮은 오스트랄로피테쿠스의 수많은 예를, 그것의 작은 뇌 및 직립 걸음걸이와 함께 찾아낸 것을 포함해, 화석을 수집하러 아프리카로 돌아가기를 멈추지 않았다. 리키는 전통적인 학계의 자리를 거의 갖지 않은 채 다채로운 삶을 살았고, 따라서 책 쓰기와 강연 및 기타 수단으로 자신과 가족을 부양할 길을 찾았다—한동안 그는 케냐에서 경찰로 고용되기도 했다. 영국의 통치로부터 독립하는 길은 혼란스러웠지만 리키 일가는 케냐 시민이었으므로, 독립 후에도 그들은 그 나라에서 생활을 유지했다.

리키 가문은 예나 지금이나 모두 저마다 독립적으로 발견을 해낸 고인류학자들이다. 루이스의 아내인 메리 리키(1913~1996)는 프로콘술의 발견과 오스트랄로피테쿠스의 발견 및 연구, 그리고 이런 초기 인류의 발자국이 찍힌 주목할 만한 장소의 발견에 크게 공헌했다. 그들의 아들 리처드 리키

(1944~2022)도 초기 인류에 관한 그의 업적으로, 그뿐만 아니라 케냐 국립 박물관 관장으로서, 그리고 나중에는 케냐 야생보호국 국장이라는 중책을 맡은 것으로도 부모만큼 유명했다. 야생보호국 국장으로서, 그는 상아를 노린 코끼리 밀렵을 막기 위해 성공적으로 싸웠지만, 1993년에 비행기 사고로 입은 부상으로 무릎 아래 다리를 양쪽 다 잃었다. 방해 공작이 의심되었지만, 입증되지는 않았다. 1990년대 초에 그는 역시 저명한 고인류학자인 그의 딸 루이즈를 데려다주고 데려가려고 브리스톨 대학에 들르곤 했다. 그 해 사고 후에 우리는 교내의 오래된 고급 주점인 화이트베어에 앉아 있었는데, 리처드가 그의 맥주를 벌컥벌컥 들이켜기 전에 주석으로 만들어진 의족을 벗더니 그게 얼마나 쓸리는지 모른다면서 그것을 한쪽에 세웠다. 부모와 마찬가지로 가공할 인물이었던 리처드는 다리를 잃은 것에도 케냐 정치의 산발적 위험에도 꿈쩍하지 않았다.

아버지와 아들은 둘 다 다른 고인류학자들과 수년간 많은 언쟁을 벌였는데, 누가 옳았는지야 누가 말할 수 있겠는가? 그들은 케냐 시민권과 케냐 정부 내 고위직을 가진 덕에 남들이 박물관과 화석지에 접근할 가능성을 통제할 수 있었다. 과학자가 화석 수만큼 많이 있는 까닭에, 흔히들 고인류학은 허구한 날 쌈박질만 해온 분야인 것 같다고 말한다. 인류 진화의 분야는 우리 자신의 혈통에 관한 분야인 만큼, 기원과 지능과 인종에 관해 공표한다는 것은 위험부담이 큰 일이다. 두 가지 희망적인 점이라면 첫째, 많은 고인류학자는 용케 티격태격하지 않고 지낸다는 점, 그리고 둘째, 개인적 원한이 얼마나 사무치건 과학은 증거에 의존하므로 진실은 으레 공식적인 과학 출판을 위한 엄격한 절차를 통해 모습을 드러내리라는 점이다.

얼어붙은 북녘

인류 진화의 많은 부분은 배경에서 온도가 낮아지는 가운데 일어났다. 이 배경은 258만 년 전부터 1만 1700년 전까지 계속된 플라이스토세의 특징, 빙하시대로 이어졌다. 이것이 매머드, 털코뿔소, 동굴사자와 네안데르탈인의 시기였다(컬러도판 26을 보라). 무엇이 그것을 불렀으며, 오늘날 그 유산은 무엇일까?

캐나다 대부분을 가로지르고 내려와 미국의 시카고를 지나고, 북유럽을 남으로 멀리 런던과 베를린까지 타넘고, 러시아의 많은 부분 위로 연장되는 최대 범위로, 거대한 빙상들이 북쪽 대륙들을 뒤덮고 있었다. 알프스와 히말라야 같은 남쪽의 모든 고지대가 남아메리카, 아프리카, 오스트레일리아와 뉴질랜드에 있는 산들과 아울러 오늘날 거기 있는 만년설보다 더

플라이스토세 동안 캐나다와 북미뿐 아니라 북유럽과 아시아까지 뒤덮으면서 북극에서부터 남으로 연장된 거대한 빙상.

큰 만년설을 갖고 있었다. 엄청난 부피의 얼음이 결과적으로 해수면을 낮춤—예컨대 영국이 유럽 대륙과 연결됨—에 따라 초기 인류는 얼음을 좋아하는 포유류와 더불어 지금의 100킬로미터 해협을 걸어서 왔다갔다할 수 있었다.

기후는 지난 100만 년에 걸쳐 빙기라 불리는 열한 번의 중대한 한랭 국면과 더 온난한 간빙기 사이를 왔다갔다했다. 빙기 동안에는 매머드와 동굴곰이 널리 퍼졌고, 간빙기가 시작되면 빙상이 북쪽으로 줄어들어 기후가 때로는 오늘날보다 훨씬 더 따뜻해졌고, 하마와 코끼리가 멀리 런던까지 북상했다. 유명하기로 말하자면, 1957년에 도로 보수 작업 중에 발견되었듯, 트래펄가광장이 약 12만 년 전에는 하마 떼의 식민지였다. 3400만 년 전 대기와 대양 온도가 섭씨 5도 떨어진 적이 있었던 것과 꼭 마찬가지로, 1400만 년 전 정확히 포트 터난 포유류의 시기에도 비슷한 한랭화 사건이 한 번 더 있었고, 그다음에는 플라이오세 말과 플라이스토세 초에 지구 온도가 다시 곤두박질쳤다. 정확한 원인은 확실치 않지만, 빙기와 간빙기의 주기성은 오래전부터 이해되어 있었다.

얼핏 복잡한 그 온도의 교차는 매개변수를 처음으로 알아본 세르비아의 수학자 밀루틴 밀란코비치(1879~1958)의 이름을 따서 밀란코비치 주기로 명명된 세 가지 천문학적 매개변수로 나뉠 수 있다. 그 주기들은 각각 지구 공전 궤도의 이심률, 지구 자전축의 경사, 세차운동이라 불리는 지구 자전의 느린 흔들림에 의해 발생하는 10만 년, 4만 1000년, 2만 3000년의 간격을 가졌다. 지구의 궤도와 축 흔들림이 이 세 가지 측면을 가진 까닭에 여름과 겨울의 길이에 변동이 생기거나 행성의 태양으로부터의 거리에 변동이 생긴다. 그것이 더 가까울 때는 상황이 활기를 띠고, 더 멀어졌을 때는 길어진 어둠과 추위 때문에 빙기가 발생한다.

매머드 피바다(아니면 말고)

마지막 플라이스토세 빙하기는 1만 1700년 전에 끝났고, 그것은 매머드와 마스토돈, 털코뿔소, 동굴곰 등 추위에 적응된 북유럽, 시베리아, 캐나다의 동물 다수 그리고 다부진 체구, 짙은 눈썹, 동물 가죽을 입는 습관으로 추위를 막아낸 네안데르탈인의 가속된 멸종과 겹쳤다. 플라이스토세 말 멸종은 모두 급속한 기후 변화의 결과였을까, 아니면 인류의 발흥이 한몫했을까?

무엇이 플라이스토세 포유류의 멸종을 초래했는가에 관한 기후 변화 대 남획 논쟁은 때때로 가열되면서 오래전부터 계속되어왔다. 일부 고생물학자는 남획을 뒷받침하는 증거로, 초기 인류가 빙하시대 코끼리를 죽이고 도축한 매머드 살해 현장을 가리킨다. 와이오밍 대학의 고고학자 토드 수로벨은 연대가 1만 2850년 전으로 측정되는 초기 인류의 야영지와 준성체 콜롬비아 매머드(맘무투스 콜룸비*Mammuthus columbi*)의 골격을 함께 보여주는 와이오밍주의 라프렐 매머드 유적지La Prele Mammoth Site를 연구해왔다. 수로벨은 매머드 한 마리가 사람 서른 명을 한 달 이상 먹이고도 남을, 200만 킬로칼로리에 상당하는 여러 톤의 고기를 제공할 것으로 추산한다. 매머드를 잡으면 그런 초기 사람들에게 매우 유익할 테지만, 그들은 그것을 어떻게 했으며 그 어마어마한 사체를 어떻게 가공했을까?

수로벨은 초기 사냥꾼들이 목재 끝에 날카롭게 깎은 부싯돌 촉을 달아 매우 효과적인 창을 제작했다는 증거가 유럽과 북아메리카 전역에서 나온다고 보고한다. 많은 상상의 이야기, 이미지, 영화 장면이 시사하는 바에 따르면, 아마도 사냥꾼 열 명으로 꾸려진 집단이 먹잇감이 될 만한 동물을 에워쌀 것이다. 코끼리는 위험을 경계할 테고, 그것이 빨리 달리지는 못해도, 만약 그들이 너무 가까워지면 그것은 사냥꾼들을 쉽사리 죽일 수 있을 것이다. 그들은 동맥을 맞혀 거기서 피가 철철 솟구쳐나오기를 바라거나 다리 뒤 오금줄 같은 급소를 끊기를 바라며 창을 던져서 그 가엾은 짐승을 괴롭

힐 거라고 추정된다. 어떤 식으로든 그 동물은 피를 흘려 죽거나 움직일 수 없을지도 모르고, 숨이 끊어지기까지는 여러 시간이 걸릴 수 있을 것이다.

그런 다음, 사냥하는 무리는 5톤짜리 거수를 질질 끌고 떠나려고 시도하는 대신에 그들의 야영지를 죽은 동물 쪽으로 옮길 것이라고, 수로벨은 주장한다. 라프렐 터는 그 골격 가까이에서 돌로 된 창촉, 칼, 긁개를 비롯해 바늘까지 포함된 인공물을 보여준다. 아마도 무리 전체가 고기의 분할과 조리에 참여하러 거기에 쪼그리고 앉았을 것이다. 일부 고귀하고 힘센 사냥꾼이 그 동물의 텁수룩한 생가죽과 3센티미터 두께 껍질을 발라내야 할 것이다. 심장, 간, 콩팥 같은 내장을 꺼내는 일은 이 인기 있는 고기 토막들을 잘라내기 위해 배를 가르고 들어간 다음 완전히 안쪽을 비집고 올라갈 사냥꾼 한 명의 훨씬 더 큰 희생을 요구할 것이다. 돌칼을 이용한 난도질로 고기의 뒷다리며 허리며 갈비 부위가 저며질 것이다. 그 사냥꾼들이 고기나 내장을 많은 현대의 사냥꾼이 그러듯 날로 먹었는지, 아니면 익혔는지는 분명치 않다. 이곳에서, 그리고 다른 매머드 살해 현장에서, 부러지고 검게 탄 매머드 뼈 중에 초기 사람들이 뼈에서 살을 길게 베어냈던 자국을 보여주는 일부가 발견됨으로써 입증되듯, 최소한 일부는 조리되었다.

이런 사냥 장면들이 플라이스토세 포유류의 종말을 예고했을까? 남획 가설은 일부 영향력 있는 연구자들의 옹호를 받아왔지만, 비판자들은 세계의 모든 부분에 인류가 비교적 드물었다는 점, 그리고 서로 다른 포유류가 서로 다른 대륙에서 때로는 인류의 도착과 일치하고 때로는 일치하지 않는 서로 다른 시기에 멸종되었다는 점을 지적한다. 플라이스토세 전문가들은 북쪽의 대륙들을 가로질러 온난화하는 기후가 어떻게 전형적 식생을, 매머드, 털코뿔소와 기타 빙하기 포유류의 기본 식사를 이루던 얼어붙은 툰드라의 추위에 적응된 작은 식물로부터 사슴, 무스, 순록을 부양하는 현대의 숲, 초지, 툰드라 식물대로 바꾸는가를 오래전부터 인식하고 있었다.

2021년에 기후 변화 가설과 남획 가설을 놓고 치러진 결정적 시험에서,

독일 예나에 있는 막스 플랑크 화학생태학연구소의 매슈 스튜어트와 동료들은 가장 그럴듯한 사례가 급속한 기후 변화에 대해 만들어질 수 있다는 것을 보여주었다. 그들은 북아메리카에서 연대가 잘 측정된 플라이스토세 대형 포유류(거대 동물군) 발굴지 521군데로부터 데이터를 모았고 이것을 자세한 기후 변화 기록 및 지역별 인류 도착 시기와 비교했다. 문제는 인류의 도착으로부터든 급격한 온도 변화로부터든 매머드, 마스토돈, 털코뿔소 등의 개체군 크기에 더 큰 영향을 미친 쪽을 그들이 탐지할 수 있을까 하는 것이었다. 기후가 번번이 이겼다. 사냥이 한몫했음은 틀림없지만, 이 사람들은 엽총을 갖고 있지 않았고, 우리는 그들이 무차별하게 사냥했다고 가정하지도 않으므로, 아마도 그들의 플라이스토세 말 멸종에서는 급속한 기후 변화 및 온난에 더 적응된 동물과의 경쟁이 더 큰 몫을 했을 것이다.

이 멸종 사건은 인류가 복잡한 언어, 도구, 예술, 종교와 같은 문명의 특징을 진화시키기 시작한 시점을 표시한다. 인류는 자연계와 와이오밍주 라 프렐 매머드 살해 현장의 시기부터, 그리고 흔히 그것에 해를 끼쳐온 방식으로 상호작용해왔다—마지막 장에서 우리는 이 인류 문명의 시기에서 멸종을 탐구해 그것을 지질학적 과거의 멸종과 비교하고, 오늘날 우리는 어디에 있는지, 그리고 앞으로 우리는 어디로 가고 있을지 가늠해본다.

15
산업 시대

도도새의 학살

당신이 최초로 도도를 본 사람이었다고 상상해보라—그 새는 어떤 모습이었을까? 우리는『이상한 나라의 앨리스』(1865)에서 다른 동물들에게 호령하며 뒤뚱뒤뚱 걸어다니던, 루이스 캐럴의 고루한 양복쟁이 교수같은 새에 익숙할 것이다. 하지만 이 도도는 옥스퍼드 대학의 수학 교수이자 유명한 아동문학가 루이스 캐럴로 이중생활을 영위했던 찰스 도지슨 자신을 모델로 한 자전적 모습이었다. 그렇지만 삽화가 존 테니얼의 유명한 판화에서 멋지게 제시된 캐럴의 묘사는 도도가 실제로 보여준 모습이 아니다.

테니얼의 그림은 동물학 논문들에서 나온 이미지에 바탕을 둔 것이었지만, 이 논문들이 근본적으로 틀려 있었다. 당시가 그랬듯, 멸종한 생명체를 기재하고 있던 교수들은 살아 있는 도도를 실제로 본 적이 한 번도 없었고 그것의 유일한 산지였던 인도양의 모리셔스섬까지 여행할 수도 없었다. 그렇지만 17세기에 그것을 보았던 선원과 여행가에 의해 쓰인 다양한 설명이

『이상한 나라의 앨리스』에서 앨리스에게 유식한 투로 말하며 다른 동물들의 활동을 정리하고 있는 도도. 하지만 복원은 얼마나 사실적일까?

있다. 목격자에 의한 몇 안 되는 그림 일부는 우리에게 익숙한 구형이 아니라, 사뭇 앙상한 새를 보여준다. 스코틀랜드 국립박물관의 동물학자 앤드루 키치너는 그것의 진짜 몸무게가 10.6~17.5킬로그램이었으며 수컷이 암컷보다 더 무거웠을 것으로 추정했다(도도의 대중적 이미지는 수컷을 두 배로 무겁게 만든다).

도도는 오늘날의 표준적인 시내 비둘기보다 훨씬 더 큰 날지 못하는 비둘기였지만, 그래도 비둘기였다. 성체 표본들은 키가 최고 1미터였고 더 밝은 빛깔의 첫째날개깃, 퇴화한 날개, 동그랗게 말린 꼬리깃 뭉치와 함께 전반적으로 잿빛이나 고동빛이 감도는 매력적인 깃털을 지니고 있었다. 머리는 비둘기의 특징인 잿빛 대머리였고, 부리는 초록과 검정과 노랑이 어우러져 있었다. 다리는 노르스름한 빛깔이었다. 이 새들은 구부러진 거대한 부리를 이용해 견과를 깼고 갖가지 영양가 높은 씨앗과 과일을 먹었다. 그들은 게와 패류도 먹었겠지만, 우리가 확실히 아는 건 아니다. 실은 도도에게서 살아남은 것이라고는 무수한 뼈, 하지만 전혀 완전하지 않은 골격, 그리고 영국 옥스퍼드 박물관에 있는 약간의 가죽 조각과 깃털뿐이다.

도도는 1598년에 처음 보고되었고, 1662년 무렵 멸종했다—이 불쌍한 새들이 문자 그대로 모두 곤봉에 맞아서 죽었는지 아니면 갖가지 이유로 죽었는지는 논쟁이 되지만, 막심한 피해를 주는 인간의 위력을 예시하는 사실이다. 그들은 방문객을 호기심으로 쳐다보며 주위에 그냥 서 있었고 도망칠 줄 몰랐기 때문에, 선원들은 도도가 아주 만만한 먹잇감이라는 걸 알게 되었다. 수많은 선원의 설명이 살코기가 특별히 맛있지는 않았다고 전했음에도—예컨대 1634년에 영국인 여행가 토머스 허버트 경은 "그것은 비위가 좋은 사람이라면 찾을지 몰라도 약한 사람에게는 역겹고 영양가도 없는 먹거리로보다는 경이로운 것으로 더 유명하다"고 썼다—선원들은 여전히 그들을 많이 죽였다. 다른 일부는 배로 데려다 애완동물 삼아 먹이를 주었거나 진기한 구경거리 삼아 유럽으로 가지고 돌아갔다. 그들의 멸종은 학살과도 부분적으로는 관계가 있겠지만, 아마도 더 많은 부분은 돼지, 고양이, 개, 쥐에다 마카크원숭이까지 포함해 선원들이 도입한 동물들의 약탈에서 기인했을 것이다. 예컨대 도도의 알을 쥐가 먹었다고 해도 무리가 아니다. 어쨌든 도도는 첫 보고로부터 64년 안에, 인간이 개입한 가운데 모조리 살해당했다.

도도는 그렇지 않아도 위험했을까? 그렇다고 할 수도 있고, 아니라고 할 수도 있다. 우리는 아마도 도도의 죽음으로부터 얻을 교훈을 도덕적인 것과 생물학적인 것, 두 가지로 꼽을 수 있을 것이다. 첫째, 도덕적 교훈. 도도는 독특하고 비범한 새였고, 그것의 실종은 무의미한 멸종의 사례다. 거기에는 도도에게 항복을 강요한 자연재해도, 기후 변화도, 다른 종과의 경쟁도 없었다. 단 한 종의 멸종이든 다수 종의 멸종이든 모든 자연적 멸종의 사례에는 자연적 원인이 있고, 뭔가가 마침내 실종된 종을 대신한다. 생각이 있는 사람이라면 인간이 동물을 멸종할 때까지 학살해서는 안 된다는 데에 대부분 동의할 것이다.

둘째, 생물학적 교훈은 섬처럼 제한된 면적 안에서 작은 개체군 크기로 사는 종은 위험하다는 것이다. 이것은 어떤 곳area에서든 그곳에 들어 있는 종의 수는 그곳의 면적에 의존한다고 언명하는, 생태학에서 확립된 지 오래인 종-면적 관계Species-Area Relationship에서 필연적으로 도출되는 결론이다. 큰 섬에는 종이 많고, 작은 섬에는 종이 많지 않다. 이 평범한 관찰은 여행자들에 의해 그리고 생물지리학의 초창기부터는 생물학자들에 의해서도 계속되어온 터였고, 주목할 만하게는 1920년에 스웨덴 물리학자 스반테 아레니우스(1859~1927)에 의해 수학적 형태로 제시되었다.

아레니우스는 물리화학 분야에서 1903년에 노벨상을 받았을 만큼 중요한 발견을 많이 했고, 그런 다음 많은 물리학자와 화학자가 그러듯이 말년에는 생물학으로 관심을 돌렸다. 그는 생물학을, 그리고 특히 진화를 엄격하게 수학적인 형태로 주조할 수 있다고 생각한 다른 일부에 비하면 성공한 편이었다. 누구나—과학자만이 아니라—자연에 얼마간 예측 가능성이 있다고 생각하기를 좋아하기 때문에, 그것은 나쁜 노력이 아니다. 하지만 중력을 받는 물체의 낙하 속도나 큰 항공기를 땅에서 들어올리는 데에 필요한 힘은 우리가 정확하게 모형화할 수 있는 반면에, 생물학은 실망스럽게도 많은 규칙들을 따르지 않는다.

그렇지만 종-면적 관계는 상당히 일정한 법칙으로 확인되어왔다. 너무도 일정한 나머지, 훌륭한 생물학자 로버트 맥아더와 에드워드 O. 윌슨이 그들의 섬 생물지리학 이론Theory of Island Biogeography에서 아레니우스의 시각을 숫자적 사고 전체로 연장했을 정도다. 그들은 그것이 위도에 따라 엄청나게 수정되기는 해도—물리학처럼 예컨대 '어느 섬이 1제곱킬로미터 혹은 100제곱킬로미터라고 치면 이것이 당신이 발견하게 될 식물과 동물 종의 숫자다'라는 방정식이 공식화될 수는 없어도—그 관계는 참임을 보여주었다. 그 섬이 열대에서는 100종을 뽐낼지도 모르지만, 북극 영역에서는 두세 종밖에 담고 있지 않을지도 모른다. 예측은 어렵다.

맥아더와 윌슨은 당신 섬 위의 종 수가 가장 가까운 본토로부터 그 섬이 얼마나 먼가에 달렸다는 점에도 주목했다. 모리셔스는 역시 섬인 마다가스카르로부터 약 800킬로미터, 그리고 아프리카 본토로부터는 1700킬로미터나 떨어져 있다. 이것은 종이 고작 10~20킬로미터쯤 연안에 있었던 섬보다는 모리셔스에 도달할 기회가 지금껏 더 적었다는 뜻이다. 식물은 씨와 홀씨를 바람에 날림으로써 대양을 건너 퍼질 수 있고, 아니면 심지어 물새의 발에 붙어서 실려갈 수도 있다. 동물은 다른 방법으로 섬에 도착한다. 그들이 날짐승(새, 박쥐, 곤충)이나 작은 짐승(거미, 곤충)이면 바람을 타고, 아니면 래프팅—어쩌다 보니 폭풍에 바다로 휩쓸려 나온 목재와 흙 무더기 안에서 떠다니면서—을 이용한다.

이런 관찰들을 함께 엮는 생태학자들은 생물다양성이 어디서든 온도와 먹이 공급에 달렸으며 지상에서는 먹이 공급이 강우량에 달렸다는 것을 몇 번이고 보여준 터다. 따라서 실은, 평균 온도와 강우량의 조합을 모형화하기만 해도 지상의 어떤 지점에서든 종 다양성을 타당성 있게 예측해줄 수 있다(5장을 보라). 대양에서 모형화하는 조합은 온도와 생산성(일반적으로 물 세제곱미터당 플랑크톤의 부피로 측정되는 먹이의 양)이다. 보전생물학자들은 지상과 대양에서 생물다양성이 이례적으로 높은 영역을 핫스폿hotspot으로 구분한다. 열대우림과 산호초 같은 이 생물다양성 핫스폿은 모두 적도 주위에 있다.

그 밖의 주된 종 위험 요인은 식성의 특화다. 판다는 오로지 어린 대나무 순만 먹어서 아무리 조건이 좋아도 충분한 영양분을 찾기가 힘들고, 그들이 멸종 위기의 상징과도 같은 것은 이런 이유에서다. 도도는 우리가 말할 수 있는 한에서는 영양가 높은 식물성 식품(풀줄기보다는 과일과 씨앗이 언제나 더 낫다)을 골고루 먹었으므로, 짐작건대 변화하는 조건에서도 살아남을 수 있었을 것이다.

그렇다면 생물학은 우리에게 특화와 작은 개체군 크기가 멸종으로 이끌

수 있는 심각한 위험 요인임을 알려주는 셈이다. 한 섬이나 산꼭대기 위에서만 나는 종은 아닌 편이 좋고, 당신의 식성이나 그 밖의 생활 요건에서 너무 특화되지는 않는 편이 좋다. 멸종 위기종의 보전 적색 목록Red List에는 그런 종이 많이 들어 있다. 바퀴벌레나 비둘기인 편이 좋다는… 아니, 그게 언제나 더 좋다는 걸까?

나그네비둘기의 비극

비둘기는 어디에나 있는 것 같다. 만약 당신이 시내에 산다면 특히 더. 세계 여러 곳에서 비둘기는 법적으로, 당신이 농지 위에서 그들을 마음대로 쏠 수 있다는 걸 뜻하는 해충으로 분류된다. 런던, 뉴욕, 케이프타운에서는 그들이 자동차에게 학대를 당하면서도 불멸의 존재임을 과시하듯, 빵 껍질 따위 부스러기를 찾아 대로 위를 깡충거린다. 그들은 널리 퍼져 있고, 수억 마리가 있고, 모든 날씨와 먹이 공급에 적응력이 엄청난 듯하다. 그렇지만 1800년대 초에 가장 풍부한 북아메리카 토종 비둘기는 5대호 주위 낙엽수림에서 도토리 같은 숲의 열매와 씨앗을 주식으로 하고, 공동으로 둥지를 틀고, 때때로 먹이를 찾아 수백만 마리의 거대한 무리를 이루어 이주하며 살았던 나그네비둘기passenger pigeon였다. 나그네비둘기는 북아메리카에 30억~50억 마리가 있는 것으로 추정되었다. 위대한 조류학자 존 제임스 오듀본은 1813년에, 그가 지나가는 거대한 나그네비둘기 떼를 구경하는 동안 "공중이 문자 그대로 비둘기로 가득 찼다. 한낮의 빛이 일식 때처럼 희미해졌다. 똥이 녹아내리는 눈송이와 다름없이 방울져 내렸고, 끊임없이 퍼덕이는 날갯짓 소리는 내 감각을 달래어 쉬게 하는 경향이 있었다"라고 썼다.

북아메리카의 초기 농부들은 이 어마어마한 새떼가 하늘을 새까맣게 뒤덮고 자신들로 하여금 공포에 사로잡히게 한다고, 그 이유는 막대한 숫자의 새가 메뚜기 떼처럼 곡물 밭을 통째로 집어삼킬 수도 있어서라고 보고했다.

오듀본은 그들을 자연의 경이로 인식했지만, 새내기 농부들은 그러지 않았다. 새들은 아메리카 원주민과 유럽인 정착민한테도 사냥을 당했지만, 총과 똘똘 뭉친 사냥 단체를 가진 농부들은 많은 수를 죽일 수 있었고 이것은 그들의 작물을 보호하기 위해서는 필수적이라고 여겨졌다. 일부 드문 목소리가 주의를 촉구했고 비둘기가 언제까지나 그곳에 있지는 않으리라는 점을 같은 시민들에게 상기시켰다. 무리의 크기가 대폭 줄어든 다음인 1870년대와 1880년대에는 보전법들이 만들어졌지만, 그래도 학살이 계속되었다. 농부와 그들의 총은 서로 떨어지려 들지 않았다. 새 3만 마리나 5만 마리가 든 자루가 자랑스레 떠벌여지고, 포상되었다. 시골 사람들은 식용으로가 아니라 재미로 비둘기를 죽이고 있었다.

들소 두개골. 이 사진은 눈을 비비고 다시 보지 않을 수 없다. 이 무더기 안에 정말 들소 1만 마리의 해골이 있다고? 1800년대에 북아메리카의 유럽인 정착민들은 열광적인 살수였고, 여기서 그들은 심지어 들소 살을 먹고 있지도 않았다.

새 수천 마리의 횃대가 아직 있었던 1870년대에는 비극이 반전될 수도 있었지만, 1901년에 마지막 야생 새가 총에 맞았다. 그때쯤에는, 비록 동물원에 표본 수십 마리가 아직 있기는 했지만, 이미 너무 늦어 있었다. 1914년에 신시내티 동물원에서 마사라 불린 마지막 나그네비둘기가 숨을 거두었다. 보전생물학자들은 어느 종이 그것의 생존을 확실히 하는 데에 요구되는 가장 작은 개체의 수인 생존가능최소개체수Minimum Viable Population(MVP)에 관해 이야기한다. MVP는 둘 이상이고, 실은 둘보다 상당히 더 많다. 조류, 포유류, 파충류 각각의 암컷과 수컷을 구하는 노아의 방주 모형은 그 둘이 그 종의 유전자 풀을 전폭적으로 대표하지는 않기 때문에 부적절하다.

조류와 포유류에게 적절한 MVP는 대개 500~1000인데, 그 수치조차 자식과 부모 또는 가까운 사촌들처럼 관계가 가까운 동물끼리 교배하는 근친교배의 위험을 수반한다. 이상적으로라면 지리적으로 분리된 두세 집단의 표본—예컨대 미시간, 뉴욕, 펜실베이니아 출신의 나그네비둘기—을 포함하는 5000 이상의 MVP가 훨씬 더 좋다. 그게 바로 동물원을 통해 출발 개체수 대여섯으로부터 종을 구하겠다는 노력이 기만적인 이유이자 힘든 작업을 많이 요구하는 이유다. 야생에서라면 그처럼 낮은 수는 그 종의 운이 다했음을 가리킬 것이다.

한때 너무도 흔해서 1800년대 초에 그 떼를 처음 본 유럽인들이 그 굉장한 풍요로움과 생산성에 탄복했던 북아메리카 들소에게도 비슷한 학살이 초래되었다(왼쪽 페이지를 보라). 만약 북아메리카 초지에서 들소가 수천 단위로 풀을 뜯을 수 있다면, 이것은 농사를 짓기에 훌륭한 땅이 틀림없다. 다행히 그 총질은 들소가 모두 살해당하기 전에 멈추었고, 그들은 이제 북아메리카의 현대 시민들에 의해 자랑스럽게 보전된다.

유럽인과 비非아메리카원주민만 늘 악역일까? 꼭 그런 건 아니다.

모아새와 마오리족

인간이 초래했다고 최초로 기록된 멸종 일부는 1400년대에 뉴질랜드에서 일어났다. 그곳이 한때 고향이었던 얼마간의 날지 못하는 굉장한 새, 모아에는 아홉 종이 있었는데, 가장 큰 종은 키가 3.6미터였고 가장 작은 종도 칠면조만 했다. 이 현생 타조와 에뮤의 친척들은 아마도 오랫동안 세계의 다른 부분으로부터 격리된 상태였던 뉴질랜드에 토종 포유류가 없어서 다양한 새가 포유류같은 역할을 인수한 탓에, 수백만 년 전부터 날지 못하게 된 터였다. 포식자 역할을 하는(아마도 들고양이의 대역을 맡은) 날지 못하는 앵무새가 아직 있고 날지 못하는 뜸부기, 날지 못하는 오리, 그리고 말할 필요도 없이, 짐작건대 다른 땅에서는 고슴도치와 쥐로 채워질 자리를 차지하는 닭만 한 야행성 사냥꾼 키위도 아직 있다.

모아는 섬들이 아직 오스트레일리아에 연결되어 있던 6000만 년 전에 뉴질랜드에 도달했고, 그런 다음 잎과 잔가지를 먹고 살면서, 그리고 생태적으로 영양과 라마의 대역을 맡으면서 분화했다. 폴리네시아인들이 1300년 이전의 언젠가 뉴질랜드에 도착해 정착했고, 오늘날의 마오리족이 되었다. 그들은 식용으로 모아를 사냥했고, 종의 죽음에는 그들의 삼림벌채도 어느 정도 이바지했을 것이다. 알려진 한에서는, 모아의 아홉 종 모두가 마오리족이 정착한 후 고작 150년 만인 1445년 무렵에 멸종했다.

그렇지만 도도와 나그네비둘기의 사례와 달리, 마오리족이 과도한 사냥(다시 말해 동물을, 죽이기 쉽다는 이유로 죽이기)을 일삼았다는 증거는 없다. 모아는 짐작건대 명백히 식용으로 살해당했지만, 새로운 인간 포식자가 지나치게 빨랐고, 모아는 필요한 행동과 습성을 그들이 살아남을 수 있을 만큼 빨리 진화시킬 수 없었다. 모아가 먹잇감이 되어왔던 주목할 만한 하스트수리는 현생 독수리 대부분의 두 배 크기였지만, 그것도 1400년경 멸종되었다. 결론은 마오리족도 무지막지하게 파괴적이었다는 게 아니라, 인간은 그들의 존재만으로도 멸종을 초래한다는 것이다.

이렇게 해서 우리는 종이 과도하게 특화됨으로써 혹은 도도가 그랬고 모아도 그랬을 수 있듯이 소수로 살아감으로써 위험에 처하게 된다는 것을 배웠다. 섬 생활은 지금껏 그래왔듯 언제나, 종의 정원定員이 채워져 있지 않고 포식이 존재하지 않거나 저조한 뉴질랜드 같은 경우는 특히 더 위험 요소다. 토착 종이 인간의 행동에 익숙지 않을 섬에 대해서는 인간이 특히 더 부정적인 영향을 미치는 듯하다는 점 또한 분명하다. 설사 우리가 자연과 조화롭게 살고자 노력할지라도, 우리는 여전히 식용으로 죽이고 우리가 무슨 짓을 하고 있다는 깨달음도 없이 서식지를 파괴할 수 있다.

홀로세와 인류세

아득히 먼 시간을 통과하는 우리의 모험에서 우리는 선캄브리아기 후기의 에디아카라 동물과 캄브리아기 대폭발로부터 1만 1700년 전, 빙하시대의 끝에서 플라이스토세의 끝과 홀로세의 시작을 표시하는 멸종 사건에 이르기까지 6억 년 이상의 기간을 가로질러왔다. 기후는 플라이스토세부터 한랭화를 계속했지만, 빙상은 뒤로 물러나더니 다시는 이전의 넓은 범위로 돌아오지 않았다. 매머드, 동굴곰, 큰뿔사슴은 사라진 터였고, 유럽들소, 늑대, 곰, 스라소니 같은 플라이스토세 동물이 살아남기는 했지만, 이들도 결국은 인간 개체수의 장기적인 압력으로 유럽에서는 대부분 전멸되었고 북아메리카의 천연 황야에서 들소, 카리부, 곰과 기타 대형 포유류가 명맥을 잇고 있을 뿐이다.

새로운 지질학적 세世, epoch를 도입하자는 의견이 제시되어왔다. 인류세Anthropocene. 이 제안에 기반이 된 용어는 '인간'을 뜻하는 그리스어 anthropos에서 유래하고, 지난 세기에도 산발적으로 사용되었지만, 2000년 이후로 대기화학자 파울 크뤼천에 의해 채택되어 홍보되어왔다. 그 용어에는 크뤼천 등이 느낀 지구에 대한 인간의 영향력이 특히 1700년대의 산업화 이후로 지금까지 너무도 엄청나서 우리가 보아온 이전의 모든 자연적 위기 및 기후 변화와 동등한 수준임을 반영하려는 의도가 있다. 이 제안의 문제는 인류세가 언제 시작되었는가에 관한 합의가 없다는 것이다—그것은 인간이 정착해 농사를 시작한 1만 2000년 전이었을까, 아니면 유럽인이 대규모 지구 탐험과 식민을 시작한 14세기였을까, 아니면 유럽에서 석탄 기반 산업이 발달하기 시작한 1700년부터였을까, 아니면 최초의 원자폭탄이 터진 1945년이었을까, 아니면 전 세계 총인구가 50억에 도달한 1987년이었을까?

크뤼천을 포함한 대부분은 인간의 활동이 대기에 심각하게 영향을 주기 시작한 시점을 가리킬 것이다(컬러도판 27을 보라). 이것은 1800년 이전 산업혁명의 시작, 아니면 대기 중 이산화탄소와 전 지구 온도에 대한 인간의 영향이 자연의 영향을 능가하기 시작한 1960년으로 여겨질 수 있을 것이다. 홀로세에 상당하는 게 아니라 20세기에 관한 새로운 뭔가와 인간이 지구 기후의 기능에 끼치는 영향의 깊이를 반영하는 인류세를 공식적인 지질학적 세로 인정받게 하자는 강력한 운동이 벌어져왔다. 다양한 위원회와 기관이 그 주장을 홍보해왔지만, 지금까지는 관련된 국제 지질학위원회들이 움직이기를 꺼렸다. 두고 보면 알 일이다.

모든 인간의 무게는 얼마나 될까?

지구와 자연에 대한 인간의 영향은 널리 인정되기 때문에, 어떤 면에서 인류세 싸움은 부차적이다. 우리는 사람들이 매머드와 마스토돈 같은 대형 포유류를 사냥하기 위해 함께 협동하는 무리를 지은 이후로 언제나 영향을 미치고 있었다. 마오리족과 모아새의 이야기는 인간이 어찌어찌 자연과 조화를 이루어 살아가는 동안에도 광범위한 멸종을 초래할 수 있음을 보여주지만, 종 학살과 서식지 파괴의 점증은 19세기부터 줄곧 믿을 수 없는 수준을 실현해왔고, 이 상황은 인간 개체수의 압력으로 훨씬 더 나빠지기만 한다.

인간 개체수 증가의 통계는 분명하다. 1800년에 10억, 1927년에 20억, 1974년에 40억, 1999년에 60억, 2022년에 80억. 1800년부터 1927년까지 127년 만에 개체수가 두 배가 되고, 그런 다음 20억 명이 추가되는 데에 걸리는 시간이 47년, 25년, 23년으로 계속 짧아지는 것으로 볼 때, 이것은 기하급수적 증가다. 우리는 그 속도가 느려지고 있고, 이번 세기에는 절정에 달할지도 모르며, 그다음에는 심지어 내려가기 시작할지도 모른다고 희망할 수 있을 따름이다. 그렇지만 국가의 성공은 더 많은 삼림 벌채, 더 많은 생산과 더 많은 온실가스를 의미하는 개체군 크기와 국내총생산 증가에 달렸으므로, 권력자들이 인구 감소를 늘 권장하지는 않을 것이다. 이렇게 바라보면, 천연 서식지가 초고속으로 농지로 전환되고 있는 판에 자전거를 이용하고, 식물성 식품만 먹고, 재생 커피잔을 쓰는 등의 모든 친환경 생활수단은 하찮은 영향밖에 미치지 못한다. 그렇지만 이것은 우리의 본분을 다하지 않을 이유가 아니기에 나는 막연히 낙관적으로 걷고, 지역 농산물을 먹고, 내 쓰레기를 재활용하기를 계속한다.

생명에 끼치는 인간의 영향력을 우리가 측정할 수 있냐고? 2018년에 이스라엘 와이즈만 과학연구소의 이논 바르온에 의해 한 가지 방법이 제시되었다. 그와 동료들은 지구상의 모든 생물의 총 질량을 추산해 탄소 550기가톤이라는 기절초풍할 수치를 내놓았다. 인간은 쥐꼬리만 한 0.06기가톤을 구성하고, 그들이 길들인 포유류(돼지, 양, 소, 낙타)가 0.1기가톤에 달해 다소 더 많은 부분을 구성한다. 하지만 모든 야생 포유류의 총합은 이제 훨씬 더 적은, 0.007기가톤을 구성할 뿐이다. 이것은 모든 포유류의 파이 도표를 보며 이해하는 편이 더 쉽다. 모든 야생 포유류가 합쳐서 파이의 4퍼센트이고, 인간이 36퍼센트이고, 우리가 길들인 포유류가 60퍼센트를 구성한다. 같은 저자들의 추산에 따르면, 사육되는 닭이 야생 조류 1만 종 모두의 생물량의 세 배를 구성한다.

인류세의 기후 변화

온실가스가 가장 많이 토론되고 논박되어왔음은 말할 필요도 없다. 우리는 주로 지구의 역사 내내 그토록 중요한 대기 가스였던 이산화탄소에 관해 떠들고 있다. 그것의 증가는 이상고온 사건 동안, 그 사건이 페름기 말 대멸종처럼 큰 사건이건 팔레오세-에오세 최고온기(PETM)처럼 훨씬 더 작은 사건이건, 일차 견인차였음을 기억하라. 이산화탄소 농도는 중생대와 신생대를 통과하는 내내 지구 전체 온도를 결정해왔고, 이산화탄소의 감소는 예컨대 3400만 년 전부터 현재까지 내려가고 있는 지구 전체 온도의 주원인으로 제시되어왔다.

매체에서 벌어지는 유익하지 않은 기후 변화 회의론 논쟁을 누구나 목격해왔다. 미국 등지에서는 사업체와 근본주의 단체에 의해 이런 논쟁이 홍보되어왔다. 예컨대 미국에서는 1960년대에 배치되어 흡연은 위대한 것이라고 사람들을 설득하려 했던 바로 그 압력단체와 방법이 이용되어왔다. 훌륭한 탐사 전문 과학사가 나오미 오레스케스와 에릭 콘웨이가 그들의 2010년 책『의혹을 팝니다-담배 산업에서 지구 온난화까지 기업의 용병이 된 과학자들』(유강은 옮김, 미지북스, 2012)에서 보여주었듯, 미국의 기후변화 부정론자들은 일찍이 담배가 건강한 생활방식의 중요한 일부라고 말했던 바로 그 부도덕하고 시대에 뒤떨어진 과학자들을 땅에서 다시 파냈다. 나는 그들의 책 등지에 주어진 명료하게 표현된 기후 변화 변론을 모두 반복할 필요를 느끼지 못한다—에너지집약적 생활방식과 맞물린 현재의 거대한 인간 개체군은 유례없는 속도로 식물과 동물을 죽이고 있을 뿐 아니라 세계 기후를 변화시키기에 충분한 이산화탄소를 발생시키고 있다.

기후 온난화를 뒷받침하는 증거는 무엇일까? 시간 경과에 따른 온도 그래프가 평균 지구 온도는 섭씨 1도 이상이 1900년 이후에 올라갔음을 보여준다. 그 그래프는 물리학자들에 의해 계기로 읽은 온도가 수집되기 시작한 1850년에서 시작한다. 기록은 얼음 심, 오래된 나무, 산소 동위원소 따위를 이용함으로써 수천 년 혹은 수백만 년 더 과거로 연장될 수도 있지만, 계측치는 강하게 신뢰할 수 있는 수치다. 온도는 당연히 해마다 등락을 거듭하고, 패턴은 1850년부터 1950년까지 0.5도를 넘지 않는 완만한 오르내림을 보여준다. 1920년쯤 어떤 시점들에 인간의 영향이 온도를 예상되는 수준보다 높게 밀어올리기 시작했지만, 1960년 이후에는 이 효과가 분명해진다. 그 날짜 이후 지구 온도는 ±0.5도의 한계를 벗어나 상승하면서, 2010년에 1.0도 증가를 지나면서, 그리고 2030년에서의 1.5도를 향해 가면서 날아오른다. 인간 활동의 영향이 없다면, 세계 온도의 증가는 아직도 0도 언저리일 것으로 추정된다.

우리는 지역적으로도 온도 변화를 본다. 북대서양 안의 작은 조각들과 남극대륙 주위의 가느다란 띠에서는 지금껏 아무 변화도 없었고, 남대서양의 남쪽 끝에 있는 웨들해에서는 약간의 온도 하강마저 있지만, 그 외의 장소에서, 특히 북극 주위 어떤 장소에서는 4도 이상 온도가 따뜻해지고 있어서, 끊임없이 이어지는 빙상 위의 생활에 미세하게 조율된 북극곰과 기타 동물의 입지를 위태롭게 하고 있다. 유럽, 아프리카, 아시아의 대부분과 아메리카의 몇 부분에 걸친 최고 2도의 큰 온도 상승에도 주목하라. 대양은 양극에서 오는 더 차가운 물을 섞어 상황을 조금 완화하므로 약간 더 작은 온도 상승을 경험한다.

상승하는 온도의 영향

나처럼 북쪽의 온대 유럽에 살면서 온도 상승에 관해 농담하기는 쉽다. 맞아, 우리는 더 건조한 여름과 더 심각한 허리케인급 폭풍을 경험하지만, 전반적으로 더 따뜻한 온도란 우리가 더는 혹독한 겨울을 맞지 않고 포도밭이 북으로 퍼지고 있다는 뜻이야. 축축하고 쌀쌀한 영국 기후를 프랑스 남부의 아늑한 햇살과 끝내주는 포도주로 바꿔준다면 누가 마다하겠어? 시카고와 뉴욕에서도 유사하게, 카리브해에서 오는 허리케인은 더 잦고 더 험악하지만, 겨울이 더 짧고 여름은 더 길다.

하지만 열대 주위에 사는 대개 말이 없는 사람들도 좀 생각해보라. 사하라 사막은 해마다 7600제곱킬로미터씩 커지고, 2022년의 크기는 과거 1920년의 크기보다 10퍼센트가 더 크다. 이것은 가공되지 않은 수치이지만, 그것은 수천 사람의 죽음과 같은 값이다. 온 마을 사람이 해마다 그들이 한때 농사짓던 영역 밖으로 이주한다. 아프리카, 인도, 남중국, 오스트레일리아에 있는 사람들은 우리가 5장에서 보았듯 식물과 동물 대부분의 사망 온도인, 섭씨 40도가 넘는 여름 온도에 익숙해지고 있다. 부자 나라에 있는 개체군이 더위 속에서 냉정을 유지하는 데에 도움이 되는 냉방은 답이 아니다. 그것은 전력을 먹고 이산화탄소를 발생시킴으로써 결국은 사람들을 열대 주위 고향에서 몰아내는 데에 이바지하며 온도를 올린다.

사하라 사막의 확장은 급속한 온도 변화가 그처럼 도망치거나 달리 살 곳을 찾을 수 없는 식물 종과 동물 종을 죽이면서 야생의 생물을 해치기도 한다는 많은 징후 가운데 하나일 뿐이다. 어떤 이들은 1, 2도의 온도 상승이 많은 차이를 만들지는 않을 거라고 주장하겠지만, 그것은 많은 차이를 만든다. 과거의 대멸종 다수는 5도밖에 안 되는, 열대의 기온과 바다 표면 온도를 편안한 구간에서 죽음의 구간으로 옮기기에는 충분한 온도 상승으로 견인되었다.

교훈

생명이 거쳐온 다양한 시도와 위기를 골똘히 바라보러 잠깐씩 머물며 미친

듯 돌진해 지질학적 시간을 뚫고 나온 우리는 그 밖에 어떤 것을 배웠을까? 현재의 위기에 대한 논의에서 우리가 보아왔듯, 과거가 정말로 현재를 알려주기는 한다. 우리는 잘 기록된 그 나름의 역사적 종 수 변화와 지구 온도 변화를 가진 오늘날을 아득히 먼 시간에서 나온 그런 데이터와 비교할 수 있다. 지구와 대기와 대양이 오늘 작동하는 방식은 그것들이 늘 작동해온 방식이다. 그러므로 시간을 앞뒤로 왔다갔다하기, 에디아카라기 동물이나 공룡 같은 과거의 어떤 비범한 생물을 살펴보기, 그리고 그런 다음 그들을 현생 벌레나 악어와 비교하기라는 이 책의 접근법은 전적으로 적절하다. 대양과 대기의 변화하는 화학적 성질과 온도에 관한 풍부한 시계열 데이터를 모두 탐구하는 것은 이 많은 다른 각본이 지구의 기능과 생물다양성에 어떤 영향을 미쳐왔는가를 평가하는 또 하나의 훌륭한 방법이다.

과거로부터 얻은 또 다른 교훈은 이상고온 사건들이 대규모 멸종에 대해 예측할 수 있는 모형에 해당한다는 것이다. 5600만 년 묵은 PETM의 집중 연구가 그것은 북대서양에 있는 화산들의 분화와 심해 메탄 수화물의 석방으로 연결되는 이상고온 사건이었음을 확증해왔다. 상승한 온도는 최고 6도였고, 멸종은 일부 서식지에서 심각했지만 다른 서식지에서는 그렇지 않았다. 그 척도의 반대쪽에서 2억 5200만 년 전 페름기 말 대멸종은 10~15도의 온도 상승으로 연결되었고 생물다양성에 끼친 영향은 더할 나위 없이 심각했다. 종의 90~95퍼센트가 사라졌다. 화산의 분화, 이산화탄소 배출, 지구 온난화, 산성비, 대양 산성화, 대양 무산소증으로 이루어진 보편적 이상고온 모형은 열 건 이상의 과거 사건들에도 잘 들어맞고, 현재의 이상고온 위기에도 잘 들어맞는 듯하다. 물론 지금 대기로 이산화탄소를 퍼붓고 있는 것은 화산 분화가 아니라 자동차, 공장, 비행기, 소와 기타 인류를 섬기는 모든 종류의 생산자다. 이 모든 요인이 인간의 필요와 욕망에 따라 편성되고 그것들이 막대한 양의 탄소를 생산한다. 온도가 상승을 계속하고, 모든 결과가 뒤따른다. 적어도 과거의 멸종 사건에서는 이산화탄소의 생산이 화산 분화가 멈춤에 따라, 몇백 년 혹은 몇천 년 후 대기와 대양이 정상으로 돌아가는 것을 허락하면서 마침내 종식되었다.

우리가 보아왔듯 생명은 초토화하는 과거 위기로부터 언제나 회복해왔으므로, 낙관주의자는 '뭐, 생명은 언제나 길을 찾아 회복했어'라거나 '지구는 이산화탄소 충격을 딛고 일어설 수 있어'라고 주장할 수 있을지도 모른다. 두 진술이 모두 참이긴 한데, 우리는 시간 규모에 문제가 있다는 것도 알 수 있다. 기후 평형의 회복은 1000년이 걸릴지도 모르고, 대멸종 후 새로운 생명의 진화적 폭발은 100만 년 이상이 걸릴 수 있다. 지구와 생명한테는 괜찮지만, 수명이 짧고 주의 지속 시간도 짧은 인간한테는 그렇지 않다.

이것은 멸종을 재촉하는 데에 인간이 끼쳐온 비범한 영향에 관한 이번 장에서 우리가 보아온, 새로운 현상이면서 더 아득히 먼 시간의 어떤 대멸종이나 멸종 사건과도 무관한 무엇에 의해 강조된다. 늘 그렇듯 무심코 멸종을 초래하고 있는 인간의 살생 충동은 해결이 어렵다. 인간 이전에 멸종은 자연의 일부, 지구와 생명에 지장을 주는 다수의 단기, 중기, 장기 과정과 어울리는 뭔가였다. 그렇지만 충격적이게도 대규모 화산 분화와 소행성 충돌을 포함하는 이 자연적 과정들과 달리, 인간은 그들의 행동을 의식하고 할 일과 하지 않을 일을 선택할 수 있다. 그래서 멸종을 초래하는 일은 우리가 왜 피해야 할까? 내가 이 책의 도입부에서 언급했듯이 에드워드 O. 윌슨은 윤리적 주장들의 집합체를, 생명 사랑을 뜻하는 '바이오필리아'로 불렀다. 이 가운데 으뜸이 자연은 아름답고 주목할 만하며 모든 종은 가치가 있다는 것이다. 우리는 도도새 같은 종이 없어져서 다시는 볼 수 없게 되면 후회한다. 혹시 바퀴벌레, 해초나 모기 종의 멸종은 후회되지 않을지도 모르지만, 우리는 후회해야 마땅하다.

마지막으로, 우리의 멸종 사건 탐구의 가닥들을 한데 모으고 있자니 증거가 보여준다. 선캄브리아기 말 사건은 캄브리아기 대폭발에서 현생 동물 집단의 기원을 가능하게 해주었다. 캄브리아기 말 대멸종은 그토록 많은 해양 집단이 팽창했고 생명이 땅 위로 기어올랐던 오르도비스기 대규모 다양화 사건을 촉발했다. 페름기 말 대멸종은 트라이아스기 혁명을 촉발해 그 모든 맛있고 알찬 바다 생명체와 단열된 온혈의 원시 공룡과 원시 포유류를 데려왔다. 그리고 백악기 말 대멸종은 속씨식물, 포유류, 조류에게 번성할 기회를 주었다. PETM과 플라이스토세 말 멸종 같은 그 밖의 사건들도 황폐를 부르는 막대한 숫자의 종 손실과 일치해왔다기보다는 기원 및 기회와 더 일치해온 듯하다. 이 복습을 통해 참신한 교훈이 드러난 터다. 오늘날로부터 바라본 이 과거의 멸종 사건들은 모두 종합적인 생명의 역사에 혁혁하게 창의적인 공을 세웠다.

연대표

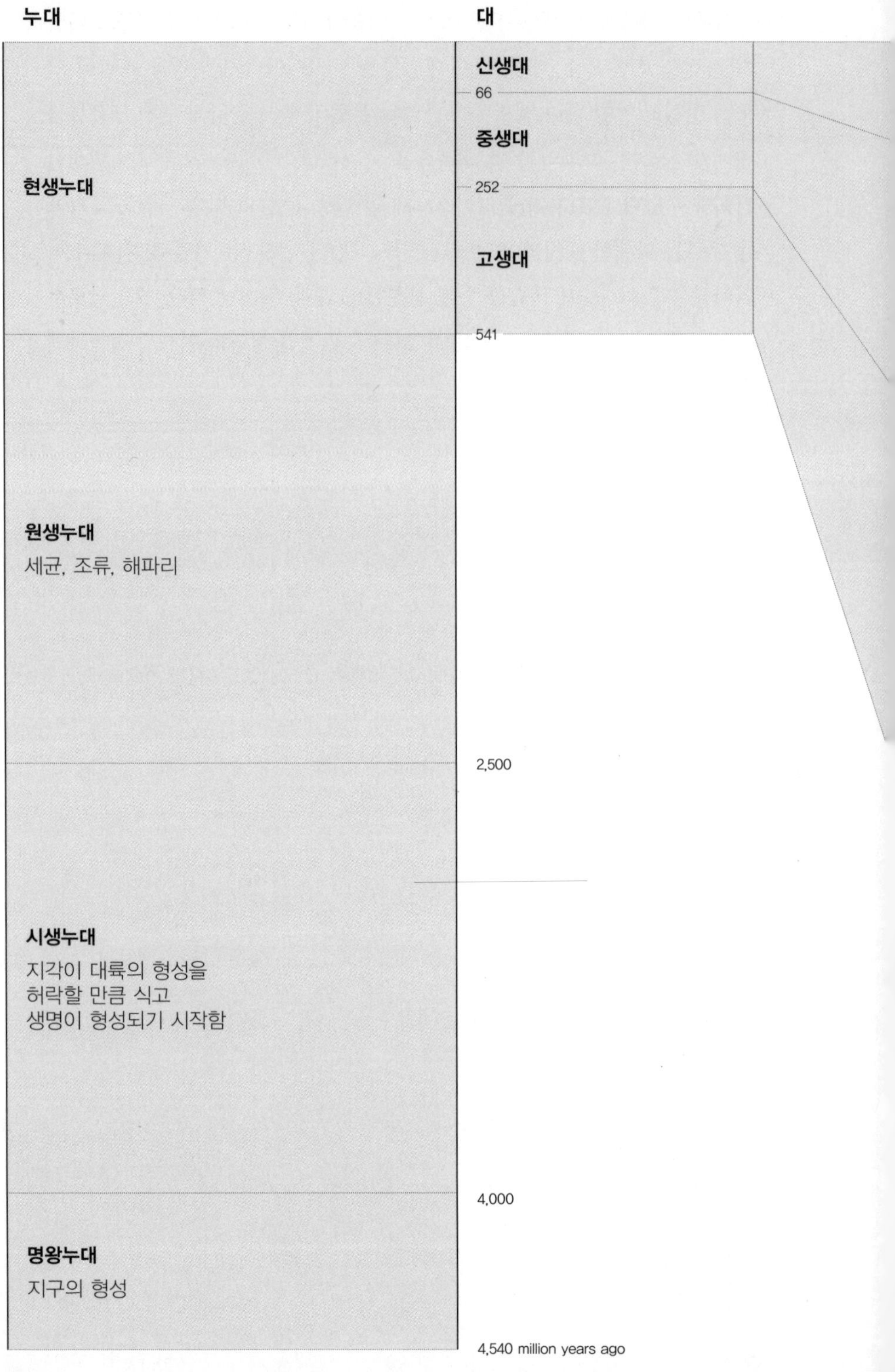

누대	대
현생누대	**신생대** 66 **중생대** 252 **고생대** 541
원생누대 세균, 조류, 해파리	2,500
시생누대 지각이 대륙의 형성을 허락할 만큼 식고 생명이 형성되기 시작함	4,000
명왕누대 지구의 형성	4,540 million years ago

대	기		연대	멸종
			오늘날	
신생대	**제4기**	인간의 발흥	1.8	
신생대	**제3기**	포유류의 발흥	66	백악기 말 멸종
중생대	**백악기**	현생 종자식물, 공룡	145	
중생대	**쥐라기**	최초의 새	201	트라이아스기 말 멸종
중생대	**트라이아스기**	소철, 최초의 공룡	252	페름기 말 멸종
고생대	**페름기**	최초의 파충류	299	
고생대	**석탄기**	최초의 곤충	359	데본기 말 멸종
고생대	**데본기**	최초의 종자식물, 연골어류	419	
고생대	**실루리아기**	최초의 육상 동물	444	오르도비스기 말 멸종
고생대	**오르도비스기**	초기 경골어류	485	
고생대	**캄브리아기**	무척추동물, 완족류, 삼엽충	541 million years ago	

감사의 말

책을 위해 나의 질문에 답해주고 이미지를 제공해준 전 세계의 많은 학계 동료에게 고마움을 전한다. 개별 장들을 읽고 논평해준 크리스 더핀(런던), 멜라니 두링(웁살라), 데이비드 하퍼(더럼), 미하엘 헤네한(포츠담과 브리스톨), 에이드리언 리스터(런던), 알렉스 류(케임브리지), 로언 마틴데일(텍사스주 오스틴), 피터 월프(펜실베이니아주 유니버시티파크)에게 특히 감사한다.

테임스 앤 허드슨에서 책을 의뢰하고 책의 모양과 형식을 의논해준 벤 헤이스, 단호하지만 공정하게 교열을 보아준 조앤 머리, 이미지를 건사해준 루이즈 토머스와 실리아 팰코너, 책을 우아하게 디자인해준 맷 영, 편집을 도와준 인디아 잭슨, 홍보를 맡아준 케이틀린 커크먼, 출발부터 마감까지 내내 책을 감독해준 젠 무어에게 감사한다.

옮기고 나서

“다 잘될 거야”라는 말로 끝나는 『대멸종 연대기』(2019, 흐름출판)를 옮긴 게 5년 전이다. 과학 저널리스트인 저자 피터 브래넌은 차마 자신의 입으로는 희망을 발설하지 못하고, 그렇게 작고한 모친의 입버릇에 기대어 희망을 우회했더랬다. 그가 2014년에 취재한 스미스소니언의 고생물학자 더글러스 어윈은 당시 무슨 유행처럼 여섯 번째 대멸종이 ‘진행되고 있다’고 떠드는 기사들을 ‘쓰레기 과학’이라고 일갈했었다. 만약 대멸종이 시작되었다면 이미 모든 게 끝난 거라고, 우리에게 희망은 대멸종에 들어서지 않았을 때만 있는 거라고 말이다.

2024년 7월 25일, 구글신에게 여쭈었다. 여섯 번째 대멸종이 시작되었나요? “전문가들은 이제 우리가 여섯 번째 대멸종의 한복판에 있다고 믿는단다”라는 응답을 받았다. 언제부턴가 이른바 전문가들의 호흡이 가빠진 게 사실이다. 심지어 ‘1950년부터’ 여섯 번째 대멸종이 시작되었다고 시점을 단언하기도 한다. 물론 이른바 ‘인류세’를 새 지질시대로 도입하자는 제안은 그 시점의 지질학적 불확실성이 부분적 사유가 되어 지난 3월에 국제지질과학연맹에 의해 부결된 터이고, 향후 10년간은 정식으로 재논의될 수 없다고 한다.

그레타 툰베리도 말했다. “희망은 우리가 진실을 말할 때만 찾아온다. 과학이 우리에게 행동해야 할 근거로 알려준 모든 지식이 곧 희망이다.” 툰베리가 그 희망의 근거로 지목하는 과학적 지식의 생산자 중 한 사람, 벤턴은 인류세의 지질시대 지정 논란에 대해 "지구와 자연에 대한 인간의 영향은 널리 인정되기 때문에, 어떤 면에서 인류세 싸움은 부차적"이라고 담담히 말한다. 전작인 『대멸종』(류운 옮김, 2007, 뿌리와이파리)에서 "과학자들도 인간이다. 그들 역시 편견에 사로잡힐 수 있고, 겁을 집어먹기도 하고, 압박감을 느끼기도 한다. 격변론이 훌륭한 예이다.… 지질학자들이 정말로 과거에 대멸종이 있었으며, 운석충돌 흔적처럼 보이는 지각의 구조물이 실제로 운석 구임을 용기 있게 받아들이기까지 무려 150년이 걸렸다"라고도 했던 그는 운동가도 아니고 저널리스트도 아닌, 인간 과학자를 아는 과학자 본인이라는 점이 그 무엇보다 이 책을 남다르게 한다.

'멸종들'이라는 백과사전적 원제에 걸맞게 전지적 시점에서 멸종을 분류하고 분석해 메커니즘과 모형까지 제시하는 벤턴은 마치 거짓말처럼, 그 자신이 대멸종을 발견하기까지 했다. 『대멸종 연대기』를 옮겨봤다는 이유로 이 책의 검토를 의뢰받았을 때 옮긴이의 눈길을 가장 먼저 사로잡은 것은 바로 아마존의 책 소개에서 통상적인 5대 대멸종 순서에 따른다면 네 번째로 꼽혀야 할 트라이아스기 멸종 대신에 '새로 발견된 멸종'이라며 난데없이 '카닉절 다우 사건'을 내세우고 있다는 점이었다. 놀랍게도 그 내막(밝히면 스포일러가 되는)에는 '여섯 번째 대멸종'의 정의를 바꿀 뻔했던 벤턴, 그리고 이미 미친 듯 파헤쳐진 공룡이라는 스타의 '숨겨진 과거'가 있었다. 그게 미끼였다면 제대로 걸려든 셈이지만, 아무려나 책 뚜껑을 열어버린 나는 뉴스를 보러 텔레비전을 켰다가 연속극에 넋을 잃은 사람처럼 그의 '옛날이야기'에 시공간을 잊고 말았다. 이보다 더 큰 스케일로 역대 살수들을 프로파일링하는 추리물을 나는 알지 못한다. 사건들은 철저히 실화를 기반으로 하고, 심지어 그 살수들은 무시무시하게도 우리 곁에 살아 있다. 벤턴은 냉동된 매머드를 녹이는 대신 '팔레오바이오필리아'를 위해 자신의 뼈를 묻어온 인류의 이야기들을 되살린다. 그들도 우리 곁에 살아 있다.

이 책을 옮긴 직후에 열어본 툰베리의 『기후 책』(이순희 옮김, 2023, 김영사) 안에서 브래넌을 다시 만났다. 그는 「문제를 해결하려면 먼저 문제를 정확히 이해해야 한다」라는 툰베리의 여는 글에 이어서, 104명의 필진 중 첫 번째 주자로 「지구에 새겨진 이산화탄소의 역사」를 이야기하고 있었다. 근황이 궁금해져 검색해본 어윈은 언론에서는 보이지 않았지만, 바로 올해에 나온 그의 논문 제목에서 '인류세의 생태학적 회복력'이라는 문구를 찾아볼 수 있었다. 2017년에 『여섯 번째 대멸종』을 써서 논의를 촉발한 언론인 엘리자베스 콜버트는 후속작 『화이트 스카이』(김보영 옮김, 2022, 쌤앤파커스)에서 여전히 연구자들을 따라다니며 이번엔 지구공학적 해법들을 감시하고 있었고, 이제는 이것저것 가릴 때가 아니라 갖은 방법을 총동원할 때라며 70만 구독자를 거느린 노익장 유튜버 생태학자가 추천사를 써주고 있었다.

2007년에 탄생해 세 권째에서 선구적으로 저자 벤턴의 『대멸종』(사상 최대의 '페름기 말' 대멸종을 다룬다)을 소개하고 스물다섯 권째에 이르러 멸종 연구의 최신 동향을 업데이트하기까지, 해마다 '단군 이래 최악의 불황'이라는 출판계의 생태적 틈바구니를 지켜온 '오파비니아 시리즈'도 '숨–쉬는사장님'이라는 아이디를 쓰는 출판사 대표와 함께 아직 살아 있다.

인류세 도입이 공표될 디데이로 기대를 모았던
부산 세계지질과학총회를 한 달 앞둔 여름날에

김미선

참고문헌

머리말

- Rosenzweig, M. L. and McCord, R. D. 1991. 'Incumbent replacement: evidence for long-term evolutionary progress'. *Paleobiology* 17, 23–27.
- Shapiro, B. 2015. *How to Clone a Mammoth*. Princeton University Press, Princeton.
- Slater, G. J. 2013. 'Phylogenetic evidence for a shift in the mode of mammalian body size evolution at the Cretaceous–Palaeogene boundary'. *Methods in Ecology and Evolution* 4, 734–44.
- Wilson, E. O. 1984. *Biophilia*. Harvard University Press, Cambridge, Mass.
- Wilson, E. O. 1992. *The Diversity of Life*. Harvard University Press, Cambridge, Mass.
- Wrigley, C. A. 2021. 'Ice and ivory: the cryopolitics of mammoth de–extinction'. *Journal of Political Ecology* 28, 782–803.

제1장 최초의 동물과 대멸종

- Hoffman, P. F. and Schrag, D. P. 2000. 'Snowball Earth'. *Scientific American* 282(1), 68–75.
- Lyons, T., Reinhard, C. Y. and Planavsky, N. J. 2014. 'The rise of oxygen in Earth's early ocean and atmosphere'. *Nature* 506, 307–15.
- Retallack, G. J. 1994. 'Were the Ediacaran fossils lichens?'. *Paleobiology* 20, 523–44.
- Schopf, J. W. 2021. 'Precambrian paleobiology: precedents, progress, and prospects'. *Frontiers in Ecology and Evolution* 9, 707072.
- Seilacher, A. 1989. 'Vendozoa: organismic construction in the Proterozoic biosphere'. *Lethaia* 22, 229–39.
- Seward, A. C. 1931. *Plant Life Through the Ages*. Cambridge University Press, Cambridge.
- Sprigg, R. C. 1947. 'Early Cambrian "jellyfishes" of Ediacara, South Australia and Mount John, Kimberly District, Western Australia'. *Transactions of the Royal Society of South Australia* 73, 72–99.
- Tyler, S. A. and Barghoorn, E. S. 1954. 'Occurrence of structurally preserved plants in

Precambrian rocks of the Canadian shield'. *Science* 119, 606–8.
- Walcott, C. D. 1899. 'Precambrian fossiliferous formations'. *Bulletin of the Geological Society of America* 10, 199–244.

제2장 캄브리아기 대폭발과 멸종

- Budd, G. 2013. 'At the origin of animals: the revolutionary Cambrian fossil record'. *Current Genomics* 14, 344–54.
- Conway Morris, S. *The Crucible of Creation: The Burgess Shale and the Rise of Animals*. Oxford University Press, Oxford.
- Darroch, S. A. F., Smith, E. F., Laflamme, M. and Erwin, D. H. 2018. 'Ediacaran extinction and Cambrian explosion'. *Trends in Ecology and Evolution* 33, 653–63.
- Erwin, D. H., Laflamme, M., Tweedt, S. M., Sperling, E. A., Pisani, D. and Peterson, K. J. 2011. 'The Cambrian conundrum: early divergence and later ecological success in the early history of animals'. *Science* 334, 1091–97.
- Erwin, D. H. and Valentine, J. W. 2013. *The Cambrian Explosion: The Construction of Animal Biodiversity*. Roberts and Company Publishers Inc., Greenwood Village, Colo.
- Gould, S. J. 1989. *Wonderful Life: The Burgess Shale and the Nature of History*. W.W. Norton, New York.
- Knoll, A. H. and Carroll, S. B. 1999. 'Early animal evolution: emerging views from comparative biology and geology'. *Science* 284, 2129–37.
- Whittington, H. B. 1985. *The Burgess Shale*. Yale University Press, New Haven.

제3장 오르도비스기 다양화와 대멸종

- Bancroft, B. B. 1933. *Correlation Tables of the Stages Costonian–Onnian in England and Wales*. Published by the author, Blakeney, Glos.
- Bancroft, B. B. 1945. 'The brachiopod zonal indices of the stages Costonian to Onnian in Britain'. *Journal of Paleontology* 19, 181–252.
- Cocks, L. R. M. 2019. *Llandovery Brachiopods from England and Wales*. *Monographs of the Palaeontographical Society* 172, 1–262.
- Elles, G. L. 1922. 'The age of the Hirnant Beds'. *Geological Magazine* 59, 409–14.
- Harper, D. A. T. 2021. 'Late Ordovician extinctions'. In *Encyclopedia of Geology* (Second Edition). Elsevier, London, pp. 617–27.
- Harper, D. A. T., Hammarlund, E. U. and Rasmussen, C. M. Ø. 2014. 'End Ordovician

extinctions: a coincidence of causes'. *Gondwana Research* 25, 1294–1307.
- Harper, D. A. T., Zhan, R. B. and Jin, J. 2015. 'The Great Ordovician Biodiversification Event: reviewing two decades of research on diversity's big bang illustrated by mainly brachiopod data'. *Palaeoworld* 24, 75–85.
- Jones, O. T. 1923. 'The Hirnant Beds and the base of the Valentian'. *Geological Magazine* 60, 514–19.
- Lamont, A. 1946. 'Mr B. B. Bancroft' [obituary]. *Nature* 157, 42.
- Ling, M. X., Zhan, R. B., Wang, G.X., et al. 2019. 'An extremely brief end Ordovician mass extinction linked to abrupt onset of glaciation'. *Solid Earth Sciences* 4, 190–8.
- Longman, J., Mills, B. J. W., Manners, H. R., Gernon, T. M. and Palmer, M. R. 2021. 'Late Ordovician climate change and extinctions driven by elevated volcanic nutrient supply'. *Nature Geoscience* 14, 924–29.
- Rong, J. Y., Harper, D. A. T., Huang, B., Li, R. Y., Zhang, X. L. and Chen, D. 2020. 'The latest Ordovician Hirnantian brachiopod faunas: new global insights'. *Earth–Science Reviews* 208, 103280.
- Sepkoski, J. J., Jr. 1984. 'A kinetic model of Phanerozoic taxonomic diversity. III. Post–Paleozoic families and mass extinctions'. *Paleobiology* 10, 246–67.
- Servais, T. and Harper, D. A. T. 2018. 'The Great Ordovician Biodiversification Event (GOBE): definition, concept and duration'. *Lethaia* 51, 151–64.
- Tubb, J. and Burek, C. 2020. 'Gertrude Elles: the pioneering graptolite geologist in a woolly hat. Her career, achievements and personal reflections from her family and colleagues'. In *Celebrating 100 Years of Female Fellowship of the Geological Society: Discovering Forgotten Histories* (ed. C. V. Burek and B. M. Higgs), Special Publications of the Geological Society 506, pp. 157–69.

제4장 육상 이주와 데본기 후기 위기

- Abbasi, A. M. 2021. 'Evolution of vertebrate appendicular structures: insight from genetic and palaeontological data'. *Developmental Dynamics* 240, 1005–16.
- Anderson, P. S. L. and Westneat, M. W. 2007. 'Feeding mechanics and bite force modelling of the skull of Dunkleosteus terrelli, an ancient apex predator'. *Biology Letters* 3, 77–80.
- Carr, R. K. 2010. 'Paleoecology of Dunkleosteus terrelli (Placodermi, Arthrodira)'. *Kirtlandia* 57, 36–45.
- Carr, R. K. and Jackson, G. L. 2008. 'The vertebrate fauna of the Cleveland Member

(Famennian) of the Ohio Shale'. *Ohio Geological Survey Guidebook* 22, 1–17.
- Clack, J. A. 2012. *Gaining Ground: The Origin and Evolution of Tetrapods* (2nd edn). Cambridge University Press, Cambridge.
- Coates, M. I. 2003. 'The evolution of paired fins'. *Theory in Biosciences* 122, 266–87.
- Friedman, M. and Sallan, L. C. 2012. 'Five hundred million years of extinction and recovery: a Phanerozoic survey of large–scale diversity patterns in fishes'. *Palaeontology* 55, 707–42.
- Gensel, P. G., Glasspool, I., Gastaldo, R. A., Libertín, M. and Kvaček, J. 2020. 'Back to the beginnings: the Silurian–Devonian as a time of major innovation in plants and their communities'. In *Nature Through Time* (ed. E. Martinetto, E. Tschopp and R. A. Gastaldo). Springer, Cham, Switzerland, pp. 367–98.
- Kaiser, S. I., Aretz, M. and Becker, R. T. 2015. 'The global Hangenberg Crisis (Devonian–Carboniferous transition): review of a first–order mass extinction'. In *Devonian Climate, Sea Level and Evolutionary Events* (ed. R. T. Becker, P. Königshof and C. E. Brett), Special Publications of the Geological Society 423, pp. 387–437.
- McGhee, G. R., Jr. 2013. *When the Invasion of Land Failed: The Legacy of the Devonian Extinctions*. Columbia University Press, New York.
- Sallan, L. C. and Coates, M. I. 2010. 'End–Devonian extinction and a bottleneck in the early evolution of modern jawed vertebrates'. *Proceedings of the National Academy of Sciences*, USA 107, 10131–35.
- Servais, T., Cascales– Minana, B., Cleal, C. J., Gerrienne, P., Harper, D. A. T. and Neumann, M. 2019. 'Revisiting the great Ordovician diversification of land plants: recent data and perspectives'. *Palaeogeography, Palaeoclimatology, Palaeoecology* 534, 109280.

제5장 지구 온난화의 살생법

- Bartels, D. and Hussain, S. S. 2011. 'Resurrection plants: physiology and molecular biology'. *Ecological Studies* 215, 339–64.
- Bedford, T. 1951. 'Obituary: H. M. Vernon, D.M.'. *British Medical Journal* 1951(1), 419.
- Benton, M. J. 2018. 'Hyperthermal–driven mass extinctions: killing models during the Permian– Triassic mass extinction'. *Philosophical Transactions of the Royal Society*, Series A 376, 20170076.
- Day, M. O. and Rubidge, B. S. 2021. 'The late Capitanian mass extinction of terrestrial vertebrates in the Karoo Basin of South Africa'. *Frontiers in Earth Science* 9, 631198.

- Jagadish, S. V. K., Way, D. A. and Sharkey, T. D. 2021. 'Plant heat stress: concepts directing future research'. *Plant, Cell & Environment* 44, 1992–2005.
- Jørgensen, L. B., Ørsted, M., Malte, H., Wang, T. and Overgaard, J. 2022. 'Extreme escalation of heat failure rates in ectotherms with global warming'. *Nature* 611, 93–98.
- Pörtner, H. O., Langenbuch, M. and Michaelidis, B. 2005. 'Synergistic effects of temperature extremes, hypoxia, and increases in CO2 on marine animals: from Earth history to global change'. *Journal of Geophysical Research* 110, C09S10.
- Sahney, S., Benton, M. J. and Falcon–Lang, H. J. 2010. 'Rainforest collapse triggered Pennsylvanian tetrapod diversification in Euramerica'. *Geology* 38, 1079–82.
- Sejian, V., Bhatta, R., Gaughan, J. B., Dunshea, F. R. and Lacetera, N. 2018. 'Review: adaptation of animals to heat stress'. *Animal* 12(s2), s431–s444.
- Teskey, R., Wertin, T., Bauweraerts, I., Ameye, M., McGuire, M. A. and Steppe, K. 2015. 'Response of tree species to heat waves and extreme heat stress'. *Plant, Cell & Environment* 38, 1699–1712.
- Vernon, H. M. 1899. 'The death temperature of certain marine organisms'. *Journal of Physiology* 25, 131–36.
- Zhang, B., Wignall, P. B., Yao, S., Hu, W. and Liu, B. 2021. 'Collapsed upwelling and intensified euxinia in response to climate warming during the Capitanian (Middle Permian) mass extinction'. *Gondwana Research* 89, 31–46.

제6장 사상 최대의 위기

- Benton, M. J. 2015. *When Life Nearly Died*. Thames & Hudson, London.
- Benton, M. J. 2018. 'Hyperthermal–driven mass extinctions: killing models during the Permian– Triassic mass extinction'. *Philosophical Transactions of the Royal Society, Series A* 376, 20170076.
- Benton, M. J. and Newell, A. J. 2014. 'Impacts of global warming on Permo– Triassic terrestrial ecosystems'. *Gondwana Research* 25, 1308–37.
- Erwin, D. H. 1993. *The Great Paleozoic Crisis*. Columbia University Press, New York.
- Erwin, D. H. 2015. *Extinction: How Life Nearly Ended 250 Million Years Ago*. Princeton University Press, Princeton.
- Newell, A. J., Tverdokhlebov, V. P. and Benton, M. J. 1999. 'Interplay of tectonics and climate on a transverse fluvial system, Upper Permian, southern Uralian foreland basin, Russia'. *Sedimentary Geology* 127, 11–29.

- Retallack, G. J., Veevers, J. J. and Morante, R. 1996. 'Global coal gap between Permian–Triassic extinction and Middle Triassic recovery of peat–forming plants'. *Geological Society of America Bulletin* 108, 195–207.
- Ward, P. D., Montgomery, D. R. and Smith, R. H. M. 2000. 'Altered river morphology in South Africa related to the Permian–Triassic extinction'. *Science* 289, 1740–43.
- Wignall, P. B. 2001. 'Large igneous provinces and mass extinctions'. *Earth–Science Reviews* 53, 1–33.
- Wignall, P. B. and Hallam, A. 1992. 'Anoxia as a cause of the Permian–Triassic mass extinction: facies evidence from northern Italy and the western United States'. *Palaeogeography, Palaeoclimatology, Palaeoecology* 93, 21–46.

제7장 트라이아스기 회복

- Bambach, R. K. 1993. 'Seafood through time: changes in biomass, energetics, and productivity in the marine ecosystem'. *Paleobiology* 19, 372–97.
- Benton, M. J. 2021. 'The origin of endothermy in synapsids and archosaurs and arms races in the Triassic'. *Gondwana Research* 100, 261–89.
- Benton, M. J., Dhouailly, D., Jiang, B. Y. and McNamara, M. 2019. 'The early origin of feathers'. *Trends in Ecology & Evolution* 34, 856–69.
- Hu, S., Zhang, Q., Chen, Z.–Q., Zhou, C., Tao, L., Tap, X., Wen, W., Huang, J. and Benton, M. J. 2011. 'The Luoping biota: exceptional preservation, and new evidence on the Triassic recovery from end– Permian mass extinction'. *Proceedings of the Royal Society B*, 278, 2274–82.
- Huttenlocker, A. K. and Farmer, C. G. 2017. 'Bone microvasculature tracks red blood cell size diminution in Triassic mammal and dinosaur forerunners'. *Current Biology* 27, 48–54.
- Kubo, T. and Benton, M. J. 2007. 'Tetrapod postural shift estimated from Permian and Triassic trackways'. *Palaeontology* 52, 1029–37.
- Payne, J. L, Lehrmann, D. J., Wei, J., Orchard, M. J., Schrag, D. P. and Knoll, A. H. 2004. 'Large perturbations of the carbon cycle during recovery from the end–Permian extinction'. *Science* 305, 506–9.
- Sepkoski, J. J., Jr. 1984. 'A kinetic model of Phanerozoic taxonomic diversity. III. Post–Paleozoic families and mass extinctions'. *Paleobiology* 10, 246–67.
- Smith, R. H. M. and Botha–Brink, J. 2014. 'Anatomy of a mass extinction: sedimento-

logical and taphonomic evidence for drought-induced die-offs at the Permo-Triassic boundary in the main Karoo Basin, South Africa'. *Palaeogeography, Palaeoclimatology, Palaeoecology*, 396, 99–118.
- Van Valen, L. M. 1982. 'A resetting of Phanerozoic community evolution'. *Nature* 307, 50–51.
- Watson, D. M. S. 1931. 'On the skeleton of a bauriamorph reptile'. *Proceedings of the Zoological Society of London* 1931, 35–98.
- Yang, Z. X., Jiang, B. Y., McNamara, M. E., et al. 2019. 'Pterosaur integumentary structures with complex feather- like branching'. *Nature Ecology & Evolution* 3, 24–30.

제8장 카닉절 다우 일화와 공룡의 다양화

- Benton, M. J. 1983a. 'Dinosaur success in the Triassic: a noncompetitive ecological model'. *Quarterly Review of Biology* 58, 29–55.
- Benton, M. J. 1983b. 'The Triassic reptile Hyperodapedon from Elgin: functional morphology and relationships'. P*hilosophical Transactions of the Royal Society of London, Series B* 302, 605–717.
- Benton, M. J. 1985. 'More than one event in the late Triassic mass extinction'. *Nature* 321, 857–61.
- Bernardi, M., Gianolla, P., Petti, F. M., Mietto, P. and Benton, M. J. 2018. 'Dinosaur diversification linked with the Carnian Pluvial Episode'. *Nature Communications* 9, 1499.
- Dal Corso, J., Bernardi, M., Sun, Y., et al. 2020. 'Extinction and dawn of the modern world in the Carnian (Late Triassic)'. *Science Advances* 6, eaba0099.
- Dal Corso, J., Gianolla, P., Newton, R. J., et al. 2015. 'Carbon isotope records reveal synchronicity between carbon cycle perturbation and the "Carnian Pluvial Event" in the Tethys realm (Late Triassic)'. *Global and Planetary Change* 127, 79–90.
- Ruffell, A., Simms, M. J. and Wignall, P. B. 2016. 'The Carnian Humid Episode of the late Triassic: a review'. *Geological Magazine* 153, 271–84.
- Simms, M. J. and Ruffell, A. H. 1989. 'Synchroneity of climatic change in the late Triassic'. *Geology* 17, 265–68.
- Simms, M. J. and Ruffell, A. H. 2018. 'The Carnian Pluvial Episode: from discovery, through obscurity, to acceptance'. *Journal of the Geological Society* 175, 989–92.
- Visscher, H., Van Houte, M., Brugman, W. A. and Poort, R. J. 1994. 'Rejection of a Carnian (Late Triassic) "pluvial event" in Europe'. *Reviews in Palaeobotany and Palynology* 83,

217–26.

제9장 트라이아스기 말 대멸종

- Blackburn, T. J., Olsen, P. E., Bowring, S. A, et al. 2013. 'Zircon U– Pb geochronology links the end–Triassic extinction with the Central Atlantic Magmatic Province'. *Science* 340, 941–45.
- Buckland, W. and Conybeare, W. D. 1824. 'Observations on the South–western coal district of England'. *Transactions of the Geological Society of London, Series* 21, 210–316.
- Chapman, A. 2022. *Caves, Coprolites and Catastrophes: The Story of Pioneering Geologist and Fossil–Hunter William Buckland*. SPCK, London.
- Colbert, E. H. 1958. 'Tetrapod extinctions at the end of the Triassic Period'. *Proceedings of the National Academy of Sciences*, USA 44, 973–77.
- Cross, S. R. R., Ivanovski, N., Duffin, C. J., Hildebrandt, C., Parker, A. and Benton, M. J. 2018. 'Microvertebrates from the basal Rhaetian Bone Bed (latest Triassic) at Aust Cliff, S.W. England'. *Proceedings of the Geologists' Association* 129, 635–53.
- Dal Corso, J., Marzoli, A., Tateo, F., et al. 2014. 'The dawn of CAMP volcanism and its bearing on the end– Triassic carbon cycle disruption'. *Journal of the Geological Society* 171, 153–64.
- Marzoli, A., Renne, P. R., Piccirillo, E. M., Ernesto, M., Bellieni, G. and De Min, A. 1999. 'Extensive 200–million–year–old continental flood basalts of the Central Atlantic Magmatic Province'. *Science* 284, 616–18.
- Rampino, M. R. and Stothers, R.B. 1988. 'Flood basalt volcanism during the past 250 million years'. *Science* 241, 663–68.
- Rigo, M., Onoue, T., Tanner, L. H., et al. 2020. 'The Late Triassic Extinction at the Norian/Rhaetian boundary: biotic evidence and geochemical signature'. *Earth–Science Reviews* 204, 103180.
- Ruhl, M., Hesselbo, S. P., Al–Suwaidi, A., et al. 2020. 'On the onset of Central Atlantic Magmatic Province (CAMP) volcanism and environmental and carbon–cycle change at the Triassic–Jurassic transition (Neuquén Basin, Argentina)'. *Earth–Science Reviews* 208, 103229.
- Suan, G., Föllmi, K. B., Adatte, T., Bomou, B., Spangenberg, J. E. and Van De Schootbrugge, B. 2012. 'Major environmental change and bonebed genesis prior to the Triassic–Jurassic mass extinction'. *Journal of the Geological Society* 169, 191–200.

- Thorne, P. M., Ruta, M. and Benton, M. J. 2011. 'Resetting the evolution of marine reptiles at the Triassic–Jurassic boundary'. *Proceedings of the National Academy of Sciences*, USA 108, 8339–44.
- Whiteside, J. H., Olsen, P. E., Kent, D. V., Fowell, S. J and Et–Touhami, M. 2007. 'Synchrony between the Central Atlantic magmatic province and the Triassic–Jurassic mass–extinction event?'. *Palaeogeography, Palaeoclimatology, Palaeoecology* 244, 345–67.
- Wignall, P. B. 2015. *The Worst of Times: How Life on Earth Survived Eighty Million Years of Extinctions*. Princeton University Press, Princeton.
- Wignall, P. B. and Atkinson, J. W. 2020. 'A two–phase end–Triassic mass extinction'. *Earth–Science Reviews* 208, 103282.

제10장 보편적 이상고온 위기 모형

- Copp, C. J. T., Taylor, M. A. and Thackray, J. C. 1999. 'Charles Moore (1814–1881), Somerset geologist'. *Proceedings of the Somerset Archaeological and Natural History Society* 140, 1–36.
- Duffin, C. J. 2019. 'Charles Moore and Late Triassic vertebrates: history and reassessment'. *The Geological Curator* 11, 143–60.
- Jenkyns, H. 1988. 'The early Toarcian (Jurassic) anoxic event—stratigraphic, sedimentary, and geochemical evidence'. *American Journal of Science* 288, 101–51.
- Kump, L. E., Pavlov, A. and Arthur, M. A. 2005. 'Massive release of hydrogen sulfide to the surface ocean and atmosphere during intervals of oceanic anoxia'. *Geology* 33, 397–400.
- Self S., Zhao J., Holasek R. E. et al. 1996. 'The atmospheric impact of the 1991 Mount Pinatubo eruption'. *In Fire and Mud: Eruptions and Lahars of Mount Pinatubo, Philippines* (ed. C. G. Newhall and R. S. Punongbayan). Philippine Institute of Volcanology and Seismology/University of Washington Press, Quezon City/Seattle, pp. 1098–1115.
- Sinha, S., Muscente, A. D., Schiffbauer, J. D, et al. 2021. 'Global controls on phosphatization of fossils during the Toarcian Oceanic Anoxic Event'. *Scientific Reports* 11, 24087.
- Vasseur, R., Lathuiliere, B., Lazar, I., et al. 2021. 'Major coral extinctions during the early Toarcian global warming event'. *Global and Planetary Change* 207, 103647.
- Wignall, P. B. 2015. *The Worst of Times: How Life on Earth Survived Eighty Million Years of Extinctions*. Princeton University Press, Princeton.
- Williams, M., Benton, M. J. and Ross, A. 2015. 'The Strawberry Bank Lagerstätte reveals insights into Early Jurassic life'. *Journal of the Geological Society* 172, 683–92.

제11장 속씨식물 육상 혁명

- Arnold, E. N. and Poinar, G. 2008. 'A 100 million year old gecko with sophisticated adhesive toe pads, preserved in amber from Myanmar'. *Zootaxa* 1847, 62.
- Benton, M. J., Wilf, P. and Sauquet, H. S. 2022. 'The Angiosperm Terrestrial Revolution and the origins of modern biodiversity'. *New Phytologist* 233, 2017–35.
- Friis E. M., Crane P. R. and Pedersen K. R. 2011. *Early Flowers and Angiosperm Evolution*. Cambridge University Press, Cambridge.
- Friis, E. M. and Skarby, A. 1981. 'Structurally preserved angiosperm flowers from the Upper Cretaceous of southern Sweden'. *Nature* 291, 484–86.
- Ross, A. J. 2018. Burmese (Myanmar) amber taxa, on–line checklist v.2018.2

https://www.nms.ac.uk/media/1158001/burmese–amber–taxa–v2018_2.pdf

- Sokol, J. 2019. 'Fossils in Burmese amber offer an exquisite view of dinosaur times—and an ethical minefield'. *Science*, https://www.science.org/content/article/fossils–burmese–amber–offer–exquisite–view–dinosaur–times–and ethical–minefield
- Xing, L., McKellar, R. C., Wang, M., et al. 2016. 'Mummified precocial bird wings in mid–Cretaceous Burmese amber'. *Nature Communications* 7, 12089.
- Xing, L., McKellar, R. C., Xu, X., et al. 2016. 'A feathered dinosaur tail with primitive plumage trapped in mid–Cretaceous amber'. *Current Biology* 26, 3352–60.

제12장 공룡이 죽은 날

- Alvarez, L. W., Alvarez, W., Asaro, F. and Michel, H. V. 1980. 'Extraterrestrial cause for the Cretaceous–Tertiary extinction: experimental results and theoretical interpretation'. *Science* 208, 1095–1108.
- Alvarez, W. 1997. T. rex and the Crater of Doom. Princeton University Press, Princeton.
- Barrass, C. 2019. 'Does fossil site record dino–killing impact?'. *Science* 364, 10–11.
- Black, R. 2022. *The Last Days of the Dinosaurs*. St Martin's Press, New York.
- Chao, E. C., Shoemaker, E. M. and Madsen, B. M. 1960. 'First natural occurrence of coesite'. *Science* 132(3421), 220–22.
- DePalma, R. A., Smit, J., Burnham, D. A., et al. 2019. 'A seismically induced onshore surge deposit at the KPg boundary, North Dakota'. *Proceedings of the National Academy of Sciences*, USA 116, 8190–99.
- During, M. A. D., Smit, J., Voeten, D. F. A. E., et al. 2022. 'The Mesozoic terminated in boreal spring'. *Nature* 603, 91–94.

– Henehan, M. J., Ridgwell, A., Thomas, E., et al. 2019. 'Rapid ocean acidification and protracted Earth system recovery followed the end–Cretaceous Chicxulub impact'. *Proceedings of the National Academy of Sciences*, USA 116, 22500–4.
– Hildebrand, A. R., Penfield, G. T., Kring, D. A., et al. 1991. 'Chicxulub crater: a possible Cretaceous/Tertiary boundary impact crater on the Yucatan Peninsula, Mexico'. *Geology* 19(9), 867–71.
– Hull, P. M., Bornemann, A., Penman, D. E., et al. 2020. 'On impact and volcanism across the Cretaceous– Paleogene boundary'. *Science* 367, 266–72.
– Morgan, J. V., Bralower, T. J., Brugger, J. and Wünnemann, K. 2022. 'The Chicxulub impact and its environmental consequences'. *Nature Reviews Earth & Environment* 3, 338–54.
– Preston, D. 'The day the dinosaurs died'. *The New Yorker*, 8 April 2019.
– Shoemaker, E. M. and Chao, E. C. 1961. 'New evidence for the impact origin of the Ries Basin, Bavaria, Germany'. *Journal of Geophysical Research* 66(10), 3371–78.

제13장 회복과 현대 생태계의 건설

– Benton, M. J., Wilf, P. and Sauquet, H. S. 2022. 'The Angiosperm Terrestrial Revolution and the origins of modern biodiversity'. *New Phytologist* 233, 2017–35.
– Carvalho, M. R., Jaramillo, C., de la Parra, F., et al. 2021. 'Extinction at the end– Cretaceous and the origin of modern Neotropical rainforests'. *Science* 372, 63–68.
– Herrera, F., Carvalho, M. R., Wing, S. L., Jaramillo, C. and Herendeen, P. S. 2019. 'Middle to late Paleocene Leguminosae fruits and leaves from Colombia'. *Australian Systematic Botany* 32, 385–408.
– Hooker, J. J., Collinson, M. E. and Sille, N. P. 2004. 'Eocene–Oligocene mammalian faunal turnover in the Hampshire Basin, UK; calibration to the global time scale and the major cooling event'. *Journal of the Geological Society* 161, 161–72.
– Hutchinson, D. K., Coxall, H. K., Lunt, D. J., et al. 2021. 'The Eocene–Oligocene transition: a review of marine and terrestrial proxy data, models and model–data comparisons'. *Climate of the Past* 17, 269–315.
– Lyson, T. R., Miller, I. M., Bercovici, A. D., et al. 2021. 'Exceptional continental record of biotic recovery after the Cretaceous–Paleogene mass extinction'. *Science* 366, 977–83.
– McInherney, F. A. and Wing, S. L. 2011. 'The Paleocene–Eocene Thermal Maximum: a perturbation of carbon cycle, climate, and biosphere with implications for the future'.

Annual Review of Earth and Planetary Science 39, 489–516.
- Simpson, G. G. 1937. 'The Fort Union of the Crazy Mountain Field, Montana, and its Mammalian Fauna'. *Bulletin of the United States National Museum* 169, 1–287.
- Simpson, G. G. 1940. 'The case history of a scientific news story'. *Science* 92, 148–50.
- Stehlin, H. G. 1910. 'Remarques sur les faunules de mammifères des couches éocènes et oligocènes du Bassin de Paris'. *Bulletin de la Sociéte Géologique de France, Série* (4)9, 488–520.

제14장 식어가는 지구

- Barnosky, A. D., Koch, P. L., Feranec, R. S., Wing, S. L. and Shabel, A.B. 2004. 'Assessing the causes of Late Pleistocene extinctions on the continents'. *Science* 306, 70–75.
- Coxall, H. K., Wilson, P. A., Pälike, H., Lear, C. H. and Backman, J. 2005. 'Rapid stepwise onset of Antarctic glaciation and deeper calcite compensation in the Pacific Ocean'. *Nature* 433, 53–57.
- Elsworth, G., Galbraith, E., Halverson, G. and Yang, S. 2017. 'Enhanced weathering and CO2 drawdown caused by latest Eocene strengthening of the Atlantic meridional overturning circulation'. *Nature Geoscience* 10, 213–16.
- Haynes, G. 2022. 'Sites in the Americas with possible or probable evidence for the butchering of proboscideans'. *Paleoamerica* 8, 187–214.
- Lauretano, V., Kennedy–Asser, A. T., Korasidis, V. A., et al. 2021. 'Eocene to Oligocene terrestrial Southern Hemisphere cooling caused by declining pCO2'. *Nature Geoscience* 14, 659–64.
- Lyle, M., Gibbs, S., Moore, T. G. and Rea, D. K. 2007. 'Late Oligocene initiation of the Antarctic Circumpolar Current: evidence from the South Pacific'. *Geology* 35, 691–94.
- Roberts, A. 2018. Evolution: The Human Story (2nd edn). Dorling Kindersley, London.
- Shipman, P. 1986. 'Palaeoecology of Fort Ternan reconsidered'. *Journal of Human Evolution* 15, 193–204.
- Stehlin, H. G. 1910. 'Remarques sur les faunules de Mammifères des couches éocènes et oligocènes du Bassin de Paris'. *Bulletin de la Société géologique de France* (4)9, 488–520.
- Stewart, M., Carleton, W. C. and Groucutt, H. S. 2021. 'Climate change, not human population growth, correlates with Late Quaternary megafauna declines in North America'. *Nature Communications* 12, 965.
- Stuart, A. J. 2021. *Vanished Giants: The Lost World of the Ice Age*. Chicago University

Press, Chicago.
- Surovell, T. A., Pelton, S. R., Mackie, M., et al. 2021. 'The La Prele Mammoth Site, Converse County, Wyoming, USA'. In *Human–Elephant Interactions: From Past to Present* (ed. G. E. Konidaris, R. Barkai, V. Tourloukis and K. Harvati). Tübingen University Press, Tübingen, Germany, pp. 303–20.
- Van Couvering, J. A. 1999. 'Book Review: Louis S. B. Leakey: Beyond the Evidence, edited by Martin Pickford'. *International Journal of Primatology* 20, 291–94.
- Werdelin, L. and Sanders, W. J. 2010. *Cenozoic Mammals of Africa*. University of California Press, Berkeley.

제15장 산업 시대

- Bar–on, Y. M., Phillips, R. and Milo, R. 2018. 'The biomass distribution on Earth'. *Proceedings of the National Academy of Sciences*, USA 115, 6506–11.
- Crutzen, P. J. 2002. 'Geology of mankind–The Anthropocene'. *Nature* 415, 23.
- Ellis, E. C. 2018. *Anthropocene: A Very Short Introduction*. Oxford University Press, Oxford.
- Fuller, E. 2015. *The Passenger Pigeon*. Princeton University Press, Princeton.
- Hume, J. P. 2006. 'The history of the dodo Raphus cucullatus and the penguin of Mauritius'. *Historical Biology* 18, 69–93.
- Kitchener, A. C. 1993. 'On the external appearance of the dodo, Raphus cucullatus (L, 1758)'. *Archives of Natural History* 20, 279–301.
- MacArthur, R. and Wilson, E. O. 1967. *The Theory of Island Biogeography*. Princeton University Press, Princeton.
- Oreskes, N. and Conway, E. M. 2010. *Merchants of Doubt: How a Handful of Scientists Obscured the Truth on Issues from Tobacco Smoke to Global Warming*. Bloomsbury Press, London.
- Steffen, W., Grinevald, J., Crutzen, P. and McNeil, J. 2011. 'The Anthropocene: conceptual and historical perspectives'. *Philosophical Transactions of the Royal Society* A 369, 842–67.

그림 출처

그림은 먼저 쪽 순서로, 그다음에는 도판 번호 순서로 나열된다.
a = 위, b = 아래, l = 왼쪽, r = 오른쪽

본문 도판

2 Richard Bizley / Science Photo Library; **9** Nationaal Archief, The Hague / Archieven van de Compagnieën op Oost– Indië 1.04.01 Inventory Number 136; **16** Keith Chambers / Science Photo Library; **23 l** Sabena Jane Blackbird / Alamy Stock Photo; **23 r** Zeytun Travel Images / Alamy Stock Photo; **28** Ikonya / Alamy Stock Photo; **32** © Michael Böttinger, Deutsches Klimarechenzentrum; **43** Mary Caperton Morton / the Blonde Coyote; **46 a** Smithsonian National Museum of Natural History, Washington, D.C. Photo Michael Brett– Surman(USNM83935); **46 b** FLHC24 / Alamy Stock Photo; **63** Photos courtesy Professor Huang Bing; **65** agefotostock / Alamy Stock Photo; **91** Album / Alamy Stock Photo; **95** Dimitrii Meinikov / Alamy Stock Photo; **103** Simon Colmer / Nature Picture Library; **124** © University of Bristol / Drawing John Sibbick; **131** Photo Michael J. Benton; **133** © Dr. Shixue Hu, China Geological Survey; **135** Drawing Dr. Feixiang Wu; **145** Silvia Anac; **147** The Natural History Museum, London / Alamy Stock Photo; **163** Michael David Murphy / Alamy Stock Photo; **167** Museum de Toulouse. Photo Didier Descouens (MHNT.PAL.CEP.2001.105); **177** Bath Royal Literary and Scientific Institution. Photo Matt Williams (BRLSI M1297); **189** Westend61 / Alamy Stock Photo; **197** from George O. Poinar and Kenton L. Chambers, 'Tropidogyne pentaptera, sp. nov., a new mid– Cretaceous fossil angiosperm flower in Burmese amber', July 2017; **199** © Else Marie Friis and Kaj Raunshaard Pedersen, Department of Geoscience, Aarhus Universitet; **213** Zachary Frank / Alamy Stock Photo; **220** © Melanie During, Uppsala Universitet; **223** Evgenly Mahnyov / Alamy Stock Photo; **233** Museum National d'Histoire Naturelle, Paris. Photo Mariana Ruiz Villarreal; **237** Tangled Bank Studios LLC; **239** from Fabiany Herrera, Mónica R. Carvalho, Scott L. Wing, Carlos Jaramillo and Patrick S. Herendeen, 'Middle to LatePaleocene

Leguminosae fruits and leaves from Colombia', 2019, CSIRO; **241** Go Travel / Alamy Stock Photo; **251** Roman Uchytel / Alamy Stock Photo; **261** Claus Lunau / Alamy Stock Photo; **267** from Lewis Carroll, Alice's Adventures in Wonderland, 1866. Illustration John Tenniel; **272** Burton Historical Collection, Detroit Public Library

컬러 도판

1 Science Photo Library / Alamy Stock Photo; **2** Mark P. Witton / Science Photo Library; **3** Richard Bizley / Science Photo Library; **4 al** Sebastian Kaulitzki / Alamy Stock Photo; **4 ar** Science Photo Library / Alamy Stock Photo; **4 bl, br** Sebastian Kaulitzki / Alamy Stock Photo; **5** Sinclair Stammers / Science Photo Library; **6** Christian Jegou / Science Photo Library; **7** Richard Bizley / Science Photo Library; **8** Richard Jones / Science Photo Library; **9** Walter Myers / Science Photo Library; **10** Science Stock Photography / Science Photo Library; **11** Universal Images Group North America LLC / DeAgostini / Alamy Stock Photo; **12** The Natural History Museum, London/Alamy Stock Photo; **13** Maricke Peche / Alamy Stock Photo; **14** Henry De la Beche, Duria Antiquior, 1830; **15** Corbin17 / Alamy Stock Photo; **16** Mohamad Haghani / Alamy Stock Photo; **17, 18** Science Photo Library / Alamy Stock Photo; **19** David Parker / Science Photo Library; **20** David A. Kring / Science Photo Library; **21** Science Photo Library / Alamy Stock Photo; **22** Valerie2000 / Shutterstock; **23** Science Photo Library / Alamy Stock Photo; **24** Nature Picture Library / Alamy Stock Photo; **25** Mark P. Witton / Science Photo Library; **26** Mauricio Anton / Science Photo Library; **27** Felix Pharand– Deschnes, Globaia / Science Photo Library; **28** Alex Mustard / Nature Picture Library / Science Photo Library

찾아보기

컬러도판은 숫자 앞에 '(도)'를 붙였다.

【 나 】

【 다 】

【 라 】

【 마 】

【 바 】

【 사 】

【 아 】

【 자 】

【 차 】

【 카 】

【 타 】

【 파 】

【 하 】

뿌리와이파리
오파비니아

01 생명 최초의 30억 년—지구에 새겨진 진화의 발자취
앤드루 H. 놀 지음 | 김명주 옮김
과학기술부 인증 우수과학도서

02 눈의 탄생—캄브리아기 폭발의 수수께끼를 풀다
앤드루 파커 지음 | 오숙은 옮김
한국출판인회의 선정 '이달의 책' | 과학기술부 인증 우수과학도서

03 대멸종—페름기 말을 뒤흔든 진화사 최대의 도전
마이클 J. 벤턴 지음 | 류운 옮김
과학기술부 인증 우수과학도서

04 삼엽충—고생대 3억 년을 누빈 진화의 산증인
리처드 포티 지음 | 이한음 옮김
한국간행물윤리위원회 선정 '이달의 읽을 만한 책'

05 최초의 인류—인류의 기원을 찾아나선 140년의 대탐사(절판)
앤 기번스 지음 | 오숙은 옮김

06 노래하는 네안데르탈인
—음악과 언어로 보는 인류의 진화
스티븐 미슨 지음 | 김명주 옮김

07 미토콘드리아—박테리아에서 인간으로, 진화의 숨은 지배자
닉 레인 지음 | 김정은 옮김
아시아태평양이론물리센터 선정 '2009 올해의 과학도서'

08 공룡 오디세이—진화와 생태로 엮는 중생대 생명의 그물
스콧 샘슨 지음 | 김명주 옮김
아시아태평양이론물리센터 선정 '2011 올해의 과학도서'

09 진화의 키, 산소 농도
—공룡, 새, 그리고 지구의 고대 대기
피터 워드 지음 | 김미선 옮김
한겨레신문 선정 '2012 올해의 책(번역서)'

10 공룡 이후—신생대 6500만 년, 포유류 진화의 역사
도널드 R. 프로세로 지음 | 김정은 옮김
아시아태평양이론물리센터 선정 '2013 올해의 과학도서'

11 지구 이야기—광물과 생물의 공진화로 푸는 지구의 역사
로버트 M. 헤이즌 지음 | 김미선 옮김
유미과학문화재단 선정 '2021년 우수과학도서'

12 최초의 생명꼴, 세포
—별먼지에서 세포로, 복잡성의 진화와 떠오름
데이비드 디머 지음 | 류운 옮김

13 내 안의 바다, 콩팥

—물고기에서 철학자로, 척추동물 진화 5억 년

호머 W. 스미스 지음 | 김홍표 옮김

14 걷는 고래

—그 발굽에서 지느러미까지, 고래의 진화 800만 년의 드라마

J. G. M. '한스' 테비슨 지음 | 김미선 옮김

과학기술정보통신부 인증 2017 우수과학도서

15 산소 **—세상을 만든 분자**

닉 레인 지음 | 양은주 옮김

16 진화의 산증인, 화석 25

—잃어버린 고리? 경계, 전이, 다양성을 보여주는 화석의 매혹

도널드 R. 프로세로 지음 | 김정은 옮김

17 뼈, 그리고 척추동물의 진화

매슈 F. 보넌 지음 | 황미영 옮김 | 박진영 감수

18 최초의 가축, 그러나 개는 늑대다

—늑대-개와 인간의 생태학적 공진화

레이먼드 피에로티 · 브랜디 포그 지음 | 고현석 옮김

19 페니스, 그 진화와 신화

—뒤집어지고 자지러지는 동물계 음경 이야기

에밀리 윌링엄 지음 | 이한음 옮김

20 포유류의 번식 **—암컷 관점**

버지니아 헤이슨 · 테리 오어 지음 | 김미선 옮김 | 최진 감수

대한민국학술원 선정 2021년 우수학술도서

아시아태평양이론물리센터 선정 '2021 올해의 과학도서'

21 지구 격동의 이력서, 암석 25

—우주, 지구, 생명의 퍼즐로 엮은 지질학 입문

도널드 프로세로 지음 | 김정은 옮김

22 탄소 교향곡 **—탄소와 거의 모든 것의 진화**

로버트 M. 헤이즌 지음 | 김홍표 옮김

23 왓! 화석 동물행동학

—먹고 싸(우)고 낳고 기르는 진기한 동물 화석 50

딘 R. 로맥스 지음, 밥 니콜스 그림, 김은영 옮김

24 바다의 제왕 **—두족류, 5억 년의 비범한 진화 이야기**

대나 스타프 지음, 박유진 옮김

지은이 **마이클 J. 벤턴**Michael J. Benton은 영국 브리스톨 대학의 척추동물 고생물학 교수로, 세계 선두의 고생물학연구단을 이끌고 있다. 『공룡: 사라진 세계의 새로운 모습』, 『재발견된 공룡』, 『대멸종』(류운 옮김, 뿌리와이파리, 2007)을 포함, 50권이 넘는 책을 썼다. 고생물학에 봉사하고 지역사회에 참여한 공로로 2021년에 대영제국 4등훈장을 받았으며 매체에서 공룡과 생명의 역사를 논의할 때마다 단골로 출연한다.

옮긴이 **김미선**은 연세대학교 화학과를 졸업했으며 뇌과학과 진화생물학 분야의 책을 주로 옮긴다. 옮긴 책으로 『의식의 탐구』, 『기적을 부르는 뇌』, 『가장 뛰어난 중년의 뇌』, 『뇌, 인간을 읽다』, 『지구 이야기』, 『생각의 한계』, 『뇌와 마음의 오랜 진화』, 『과학철학』, 『꿈꾸는 기계의 진화』, 『포유류의 번식』, 『참 괜찮은 죽음』, 『편견 없는 뇌』 등이 있다. 『진화의 키, 산소 농도』와 『대멸종 연대기』로 제31회, 제38회 한국과학기술도서상 번역상을 수상했다.

대멸종의 지구사

—생명은 어떻게 살아남고 적응하고 진화했는가

2024년 8월 5일 초판 1쇄 찍음
2024년 8월 23일 초판 1쇄 펴냄

지은이 마이클 J. 벤턴
옮긴이 김미선

펴낸이 정종주
편집 박윤선
마케팅 김창덕

펴낸곳 도서출판 뿌리와이파리
등록번호 제10-2201호 (2001년 8월 21일)
주소 서울시 마포구 월드컵로 128-4 (월드빌딩 2층)
전화 02) 324-2142~3 전송 02) 324-2150
전자우편 puripari@hanmail.net

표지디자인 페이지
본문조판 이미연

종이 화인페이퍼
인쇄 및 제본 영신사
라미네이팅 금성산업

값 22,000원
ISBN 978-89-6462-202-5 (03470)